国家自然科学基金青年基金项目(51504260)资助

事故致因模型及其应用

姜 伟 周建凯 武宗豪 黄治顺 编著

应急管理出版社

·北 京·

图书在版编目（CIP）数据

事故致因模型及其应用／姜伟等编著．--北京：应急管理出版社，2022

ISBN 978-7-5020-8630-5

Ⅰ．①事…　Ⅱ．①姜…　Ⅲ．①事故分析—模型　Ⅳ．①X928.02

中国版本图书馆 CIP 数据核字(2021)第 012036 号

事故致因模型及其应用

编　　著　姜　伟　周建凯　武宗豪　黄治顺
责任编辑　籍　磊
责任校对　赵　盼
封面设计　安德馨

出版发行　应急管理出版社（北京市朝阳区芍药居 35 号　100029）
电　　话　010-84657898（总编室）　010-84657880（读者服务部）
网　　址　www.cciph.com.cn
印　　刷　北京虎彩文化传播有限公司
经　　销　全国新华书店

开　　本　787mm×1092mm 1/16　印张　15　字数　354 千字
版　　次　2022 年 11 月第 1 版　2022 年 11 月第 1 次印刷
社内编号　20201781　定价　68.00 元

前　言

事故致因理论以事故为研究对象，探究事故发生原因、始末过程和事故后果，从而发现组织中存在的风险，研究其可能导致的事故，进而采取预防措施，达到防止事故再次发生和预防事故的目的。

自世界上第一个事故致因模型即事故易发倾向模型在1919年提出以来，一百多年来人们提出了60多种模型，大体上分为线性和非线性模型。本书的出发点为尽可能全面地向读者介绍事故致因模型，由于篇幅所限本书所阐述的事故致因模型并不全面，应用的过程分析和研究大多是作者的见解。主要撰写了10个事故致因模型，并研究它们的起源、发展、特点、适用范围、应用和模型间的互相结合，包括树形模型、Bow-tie模型、贝叶斯网络模型、Reason模型、CREAM模型、HFACS模型、AcciMap模型、STAMP模型、事故致因“2-4”模型和FRAM模型，并在最后对这10个事故致因模型进行了综合对比和总结。

全书由姜伟、周建凯、武宗豪、黄治顺执笔撰写。书中的成果主要由姜伟完成，本书在写作过程中得到了多方面的大力支持，课题组成员韩维、李云、杨宁、杨超凡、周向平、苏会媛、崔效源、张卓野参与部分研究，对他们的工作和文献材料的使用许可表示衷心感谢；对在本书编写工作中提出指导意见和帮助的专家、学者也表示衷心感谢。

本书在编写过程中花费了许多心血，在经过作者之间多次讨论与修改的基础上才最终完成。作者认为，本书内容对于事故分析来说，是较为简单、实用的基础知识；衷心地希望，本书能够帮助广大读者学习、了解到本书所撰写的10个事故致因模型，使读者可以节约出大量的时间来仔细分析、解读更多的事故致因模型的意义；同时，部分内容的思路，也可能会为众多事故分析研究者、安全领域从业者、对实际应用感兴趣的人提供一点参考，更长时间地为专业领域服务。

由于作者水平有限，书中难免存在不足之处，敬请广大读者批评指正。

编著者

2021年11月

目　　次

第一章 绪 论

一、事故致因理论的发展

自 1919 年 Greenwood, M. 和 Woods, H. M. 提出了第一个事故致因模型——事故频发倾向理论（Accident Proneness Theory）[1] 至今，对于事故的因果关系理论及模型的研究已经发展了 102 年，形成了较多的理论、模型和方法。这些模型和方法对于系统的安全管理是尤为重要的工具。

海因里希因果连锁论又称海因里希模型或多米诺骨牌理论，该理论由海因里希首先提出，用以阐明导致伤亡事故的各种原因及与事故间的关系。该理论认为，伤亡事故的发生不是一个孤立的事件，尽管伤害可能在某瞬间突然发生，却是一系列事件相继发生的结果[2]。

第二次世界大战后，人们认为大多数工业事故是由事故频发倾向者引起的观念是错误的，有些人较另一些人容易发生事故是与他们从事的作业有较高危险性有关。因此，不能把事故的责任简单地归结成工人的不注意，应该强调机械的、物质的危险性质在事故致因中的重要地位。于是，出现了 Accident Liability（事故遭遇倾向理论），事故遭遇倾向是指某些人员在某些生产作业条件下容易发生事故的倾向[3]。

1949 年葛登阐述了疾病与事故之间的相对性，他认为工伤事故的发生与结核病、小儿麻痹等疾病的发生和感染一样，可以用同样的方式去理解，是与作业人员、现场设施、环境条件等有一定的依存关系，往往集中在一定的时间和地区发生。这种流行病的方法考虑当事人（事故受害人和病人一样）的年龄、性别、生理、心理状况；环境的特征，诸如工作区域的生活区域、社会状况、季节等媒介，而工伤事故的“媒介”则理解为促成事故的能量，即构成伤害的来源，如机械能、电能、热能和辐射能，等等，也就是人们熟知的 AEM（Accident Epidemiology Model）事故流行病学模型[4]。

1953 年石川馨（日本）提出 5M 因素分析法（也称鱼骨图分析法），这在解决问题中是常用的一个有效工具。问题的特性总是受到一些因素的影响，通过头脑风暴找出这些因素，并将它们与特性值一起按相互关联性进行整理，层次分明、条理清楚，而标出重要因素的图形因其形状如鱼骨，又叫鱼骨图。这是一种透过现象看本质的分析方法[5]。

事故能量转移理论是美国的安全专家哈登（Haddon）于 1966 年提出的一种事故控制论。其理论的立论依据是对事故的本质定义，即哈登把事故的本质定义为：事故是能量的不正常转移。这样，研究事故控制的理论则从事故的能量作用类型出发，即研究机械能（动能、势能）、电能、化学能、热能、声能、辐射能的转移规律；研究能量转移作用的规律，即从能级的控制技术，研究能转移的时间和空间规律；预防事故的本质是能量控制，可通过对系统能量的消除、限值、疏导、屏蔽、隔离、转移、距离控制、时间控制、局部弱化、局部强化、系统闭锁等技术措施来控制能量的不正常转移[6]。

瑟利模型是在1969年由美国人瑟利（Surry，J.）提出的理论。该模型把事故的发生过程分为危险出现和危险释放两个阶段，这两个阶段各自包括一组类似的人的信息处理过程，即感觉、认识和行为响应。在危险出现阶段，如果人的信息处理的每个环节都正确，危险就能被消除或得到控制；反之，就会使操作者直接面临危险。在危险释放阶段，如果人的信息处理过程的各个环节都是正确的，则虽然面临着已经显现出来的危险，但仍然可以避免危险释放出来，不会带来伤害或损害；反之，危险就会转化成伤害或损害[7]。

海尔模型（Hale's Model）是研究伤亡事故致因的一种系统模型。1970年名叫海尔的2个同名人认为，当人们对事件的真实情况不能做出适当响应时，事故就会发生。海尔的模型集中于操作者与运行系统的相互作用。他们模型是一个闭环反馈系统，把下列4大方面的相互关系清楚地显示出来：察觉情况，接受信息，处理信息，用行动改变形势和新的察觉、处理、响应[8]。

1970年博德在海因里希事故因果连锁理论的基础上提出了Bird's Model损失起因模型，该理论认为：事故的直接原因是人的不安全行为、物的不安全状态；间接原因包括个人因素以及与工作有关的因素。根本原因是管理的缺陷即管理上存在的问题或缺陷是导致间接原因存在的原因，间接原因的存在又导致直接原因存在，最终导致事故发生[9]。

之后北川彻三提出了Kitagawa's Model（北川彻三事故因果连锁理论），认为事故的间接原因包括技术、教育、身体、精神上的原因。技术原因指机械、装置、设施的设计、建造、维护有缺陷，教育原因指因教育培训不充分而导致人员缺乏安全知识及操作经验，身体原因指人员的身体状况不佳；精神原因指人员的不良态度、不良性格、不稳定情绪。而事故的根本原因是管理、学校教育、社会和历史的原因。管理原因指领导者不重视、作业标准不明、制度有缺陷、人员安排不当；学校教育原因指教育机的教育不充分；社会和历史的原因指安全观念落后、法规不全、监管不力[10]。

1972年威格里斯沃思（Wigglesworth）提出了“人的失误构成所有类型事故的基础”的观点。他认为：在生产过程中，各种信息不断作用于操作者的感官。如果操作者能对“刺激”做出正确的响应，则事故就不会发生；反之，就有可能出现危险。危险是否会带来伤害事故，则取决于一些随机因素。缺点是将所有事故都归结于人失误，忽略了其他因素[11]。

劳伦斯（Lawrence）在威格尔斯沃思和瑟利等人的人失误模型的基础上，通过对南非金矿中发生的事故研究，于1974年提出了针对金矿企业以人失误为主因的事故模型Lawrence's Model。该模型对一般矿山企业和其他企业中比较复杂的事故具有良好的实用价值。在采矿工业中，包括人的因素在内的连续生产活动，可能引起2种结果：发生伤害和不发生伤害。所以“事故”的定义是：使正常生产活动中断的不测事件。在矿山安全工作中使用事故一词，常常作为伤害的同义语。然而，事故是否发生伤害却取决于危险的情况（人体受伤害的概率）和机会因素[11]。

1979年，澳大利亚昆士兰大学首次提出了Bow-Tie模型，壳牌石油公司最开始将其用于商业实践。因为该模型具有直观、简明的特点，近年来被广泛应用于航空、石油、天然气等领域的风险分析与安全管理[12]。

Tripod Beta Model 三角理论始于 20 世纪 80 年代末 90 年代初所做的人类行为因素在事故中的贡献的研究，该研究是莱顿大学、维多利亚大学和曼彻斯特大学在壳牌石油公司的委托下进行的。在当时大部分事故调查技术在研究事故链和失效的屏障时，通常只会分析表象和导致故障的直接原因，很少有技术能够系统性地分析屏障失效的根本原因，以及采取行动来解决根本原因。事故三角分析与其他事故调查和分析方法的不同之处在于，它把人的行为模式应用于解释屏障失效的原因。在事故三角分析中，事故表现为一系列三元组合，即动因、对象和事件。它们描述了发生了什么，也展示出了本应该阻止事故发生的屏障，即事故是如何发生的[13]。

1990 年，Reason，J. 提出了 SCM（瑞士奶酪模型），该模型认为，在一个组织中事故的发生有 4 个层面的因素（4 片奶酪），即组织影响、不安全的监督、不安全行为的前兆、不安全的操作行为。每一片奶酪代表一层防御体系，每片奶酪上的空洞即代表防御体系中存在的漏洞或缺陷，这些孔的位置和大小都在不断变化。当每片奶酪上的孔在瞬间排列在一条直线上，形成“事故机会弹道”，危险就会穿过所有防御措施上的孔导致事故发生。在导致系统出现意外或者错误的一系列个人失败中，瑞士奶酪模型包括显性失效和潜在失效。显性失效是指与事故有直接联系的不安全行为，如在飞机失事中的试验错误；潜在失效也被称为寄居在组织体系中的病原体，是指组织体系中隐藏的一些危险因素，与事故的发生没有直接联系，直到酿成事故才会被发现[14]。

20 世纪 90 年代，Jonson，W. G. 和 Skiba，R. 提出了 Orbit Intersecting Theory（轨迹交叉理论），轨迹交叉理论将事故的发生发展过程描述为：基本原因→间接原因→直接原因→事故→伤害。从事故发展运动的角度，这样的过程被形容为事故致因因素导致事故的运动轨迹，具体包括人的因素运动轨迹和物的因素运动轨迹[15]。

1997 年，Rasmussen，J. 提出了 AcciMap（Accident Map）模型，AcciMap 方法的目的是识别导致（或未能阻止）事故发生的因素，它将可能导致事故的原因细分为 6 个级别，即政府、组织机构、公司管理、技术和操作管理、作业活动和个人行为、环境。AcciMap 方法通常从事件活动的物理序列开始分析，逐级向上，直到政府、监管以及社会层面，试图从系统的各个层面识别事故致因，侧重于分析每一层的故障类型[16]。

1998 年，Hollnagel，E. 提出了 CREAM（Cognitive Reliability and Error Analysis Method）认知可靠性和失误分析方法，CREAM 追溯分析是以人认知活动的失败为出发点，通过分析失误发生的内在机理和相关性历程，深入探讨引发人为失误的根本原因，并对引发人为失误的人为因素、环境因素、组织因素、技术因素、设备因素以及危险源加以改善和优化，以期达到降低人为失误的概率，提升系统安全性与可靠性的目的[17]。

HFACS 模型在 Reason 模型的基础之上被开发出来。Wiegmann 和 Shappell 在 2000 年开发出人因因素分析与分类系统（Human Factors Analysis and Classification System，HFACS），HFACS 将导致事故的人为因素划分为 4 个层次，即组织影响、不安全监督、不安全行为的前提和不安全行为。这 4 个层次中前 3 个层次的因素属于隐性因素，不安全行为属于显性因素。显性因素是事故链中导致事故的最前端，但导致事故的深层原因却在于隐性因素，组织中的隐性因素决定和影响着显性因素[18]。

2002 年 Stewart，J. M. 提出了 Stewart's Model 斯图尔特模型，该模型认为管理愿景、承诺和动力影响了安全的直线赋权、安全参与、活动和培训、综合安全系统和实践、安全组织专家，进而上述5项又影响了安全设施、物理条件和安全意识、员工培训和承诺，最终产生安全绩效或事故[19]。

2004年，美国麻省理工学院教授Leveson，N. 提出了系统理论事故模型与过程（Systems-Theoretic Accident Model and Process，STAMP）。该模型认为导致事故的原因是控制不足或者说是与安全有关的约束执行不力，而非组成部分的故障或失效。STAMP将安全视为控制问题：如果系统内部或外部的事件和扰动未能得到适当的处理和控制，那么事故就会发生[20]。

同年，Hollnagel，E. 提出了FRAM（Function Resonance Accident Model）功能共振事故模型，FRAM从一种全新的视角出发，从系统功能正常运行的角度，关注事情是如何正确地得以实施，从而对系统有全面的认识和了解，能够对系统潜在的功能变化进行功能网络图的建模分析，同时对系统中不可预见的变化随时做出反应，从而使系统变得更加具有恢复力，这对于FRAM分析系统工程整个生命周期也非常有价值[21]。

2005年，傅贵提出了事故致因“2-4”模型，英文简写为“24Model”，该模型认为任何事故都至少发生在社会组织之内，其原因分为组织内部原因和外部原因，其内部原因分布在组织与个人两个层面上。组织层面上的原因分为安全文化、安全管理体系，个人层面上的原因分为习惯性行为和一次性行为与物态[22]。

同年，Attwood，D. 提出了Occupational Accident Model职业事故模型，该模型预测了与各种安全因素变化相关的经济奖励和惩罚。用户可以方便地看到安全要素变化的影响，为他们提供了一种实际的方法来决定将可用的资金花在哪里。此模型可以用于预测在公司或外部级别上对单个元素进行增强后的安全结果，此外还可用于评估不同情景下或资产部署周期各阶段的职业事故相对概率[23]。

2010年，Kujath，M. F.，Amyotte，P. R.，Khan，F. I. 提出了Offshore Oil and Gas Process Model海上油气工艺模型，此模型将损失致病模型与瑞士奶酪模型集成在一起，描绘了海上石油和天然气加工行业的事故情景，可用于现有操作或过去的事故，以确定有关碳氢化合物释放的安全性问题。此模型直接适用于海上石油和天然气加工作业，但是它也可以应用于处理易燃化学品或其他危险化学品行业[24]。

2011年，Ferjencik，M. 提出了IPICA（Integrated Procedure of Incident Cause Analysis），IPICA通过时间线和因果因素图从事件数据的组织开始，并利用事件的复杂线性模型，强调与因果因素相关的过程识别，并对调查过程的安全管理结构实施明确的假设。强调过程和假设意味着根据根本原因图的适用性对因果因素进行分类，区分4个事件原因级别（其中2个在根本原因级别下），根本原因图定义的规范以及在根本原因级别下纳入非线性事件模型[25]。

同年，Rathnayaka，S. 等提出了SHIPP模型，SHIPP模型中采用故障树表征各安全屏障的因果关系，采用事件树描述事故从安全状态到灾难性后果的演变过程，考虑到故障树中基本事件频率通常源于经验数据，基于贝叶斯理论对现场异常事件数据分析以更新安全屏障的失效概率，从而最大程度降低经验数据带来的不确定性。但是该模型主要考虑了泄漏和火灾爆炸事故，缺乏对设备损坏和职业性伤害的解释[26]。

2012年，Koo，C. 提出了认知模型，又称3M认知模型，是人类对真实世界进行认知的过程模型。所谓认知，通常包括感知与注意、知识表示、记忆与学习、语言、问题求解和推理等方面，建立认知模型的技术常称为认知建模。目的是为了从某些方面探索和研究人的思维机制，特别是人的信息处理机制[27]。

2016年，Venkatasubramanian，V. 和 Zhang，Z. 提出了 TeCSMART framework，此方法的中心主题是强调在复杂的社会技术系统中，在不同的抽象层次（这里有7个层次：设备层次、工厂层次、管理层次、市场视层次、监管视层次、政府层次、社会层次）上识别和建模不同主体的目标。在一个复杂的系统中，个体参与者和群体都是以目标为导向的，受其目标和激励的驱动而行动。因此，识别和建模这种目标驱动的行为非常重要。个人（或团体）通常有不同的目标，甚至目标彼此之间存在利益冲突，或者目标来自其他个人。整个系统中目标如何在层次结构中相互作用、转换和分散的动态影响着个人和系统绩效。使用一个简单的反馈控制模块作为模型来表示这种目标驱动行为，提出了一个综合框架，试图捕捉复杂目的系统的基本特征，通过考虑自主（人类）和非人类（即“机器”或“机械”）的影响，对系统风险进行建模、分析和管理，以统一和系统的方式管理实体[28]。

这一系列的事故致因模型可以分为线性和非线性模型，非线性模型又可以细分为以人为基础的模型、以数据为基础的模型、以能量为基础的模型和系统模型。具体如图1-1所示。图中的分类仅是作者的观点，如可能有的模型既可以归为系统模型也可以归为线性模型，分类仅作为参考。

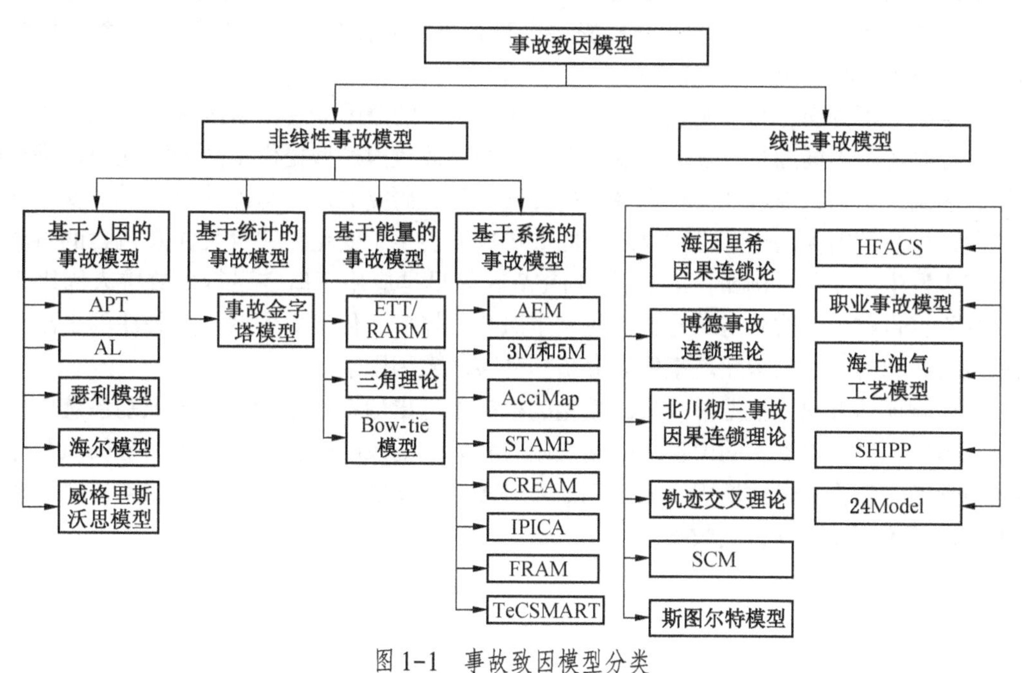

图1-1 事故致因模型分类

图1-1中涉及的缩写解释见表1-1。

表 1-1 事故致因模型缩写解释

缩写	全　称
APT	Accident Proneness Theory
AL	Accident Liability
ETT	Energy Transfer Theory
EARM	Energy Accidental Release Model
AEM	Accident Epidemiology Model
STAMP	System-Theoretic Accident Model and Processes
CREAM	Cognitive Reliability and Error Analysis Method
FRAM	Functional Resonance Analysis Method
SCM	Swiss Cheese Model
HFACS	Human Factors Analysis and Classification System
SHIPP	System Hazard Identification, Prediction, and Prevention
AcciMap	Accident Map

本书中选取了 10 个事故致因模型进行了深入研究和分析。

二、事故致因模型的应用

事故致因模型是安全管理的重要工具，事故致因模型能够调查解释事故发生的机理，识别事故中的重要因素，为事故分析提供框架；事故致因模型可以应用于系统的风险评估，作为技术工具提出改进性措施。

在事故分析方面，为了实现解释和研究事故发生的原因，理清事故进程的发展逻辑的目的，针对各个不同的行业领域特点，有不同的事故致因模型提供事故分析框架以进行事故原因的调查，并且随着社会技术系统的发展、学者研究的扩展与深入以及对于安全认识的变化，事故致因模型也都由建立之初的应用领域发生了变化，并且关注及包含的事故致因因素也发生了变化。例如，Reason 和 HFACS 最早是应用于航空飞行事故中人因因素的调查分析，目前经过改善与结合也可应用于医疗、煤矿、化工等领域，其关注的事故致因因素也由最初的人因因素发展至能够分析多种事故致因因素。

在风险评估方面，根据事故致因模型的框架中给出的不同指标，能够识别系统中的危险有害因素，进而根据不同模型的量化规则，对系统的风险进行评估，将系统的风险这一抽象概念通过量化的形式展现出来。例如 CREAM 能够根据分析所得到的因素，对事故发生概率进行预测，得到量化数据。

第二章 树形事故分析模型

本章介绍的事故分析模型，因分析完的结果近似像树，因此统称为树形事故分析模型，如故障树分析（Fault Tree Analysis，FTA）、管理疏忽与风险树（Management Oversight and Risk Tree，MORT）、事件树分析（Event Tree Analysis，ETA）、为何树分析（Why Tree Analysis，WTA）[5 Whys（Why Staircase）]、原因树分析（Causal Tree Analysis，CTA）、当前现实树（Current Reality Tree，CRT）、决策树分析（Decision Tree Analysis）、分类树分析（Classification Tree Analysis）、议题树分析（Issue Tree Analysis）和假设树分析（Hypothesis Tree Analysis）等。

本章主要介绍6种树形事故分析模型，包括故障树、管理疏忽与风险树、事件树、为何树、原因树和当前现实树。

第一节 故 障 树

一、开发背景

故障树分析方法（Fault Tree Analysis，FTA）的启用源于美国航空工业级国防工业屡次发生事故，因此，美国空军请贝尔实验室研究一套分析事故前因后果的方法。1961年Watson，H. A. 和Mearns，A. B. 发展一套逻辑图，并将该方法成功应用于美国空军Minuteman导弹发射控制系统的研制中，探讨系统可能导致事故的原因[29]，作为一种对民兵洲际弹道导弹发射控制系统进行安全评估的技术。自此之后故障树分析法被许多学者认可应用，也因此得到了深入发展。

二、发展及研究现状

（一）故障树分析模型的发展历程

自故障树被用作分析美国航空工业级国防工业事故开始，故障树分析便开始成为可靠度分析者进行失效分析的工具[30]。

故障树最初运用在航空领域中，1962年义勇兵一型（Minuteman Ⅰ）洲际弹道导弹（ICBM）的发射控制安全研究，第一次公布使用故障树分析技术，之后波音及Avco在1963年至1964年开始将故障树分析用在义勇兵二型（Minuteman Ⅱ）的完全系统上。1965年西雅图进行的系统安全研讨会中，很多学者分享了故障树分析的相关技术和应用，波音公司在1966年开始将故障树分析用在民航机的设计上[31]。

1970年，美国联邦航空管理局（FAA）在联邦公报35 FR 5665（1970-04-08）中发布了针对运输类航空器适航性的规定，这项规定采用了飞机系统及设备的失效概率准则，标志着民航机领域开始普遍使用故障树分析。随后 FAA 在 1998 年发行了 Order 8040.4，建立了包括 FTA 的使用、危害分析在内的风险管理政策，这些政策涵盖了飞机通过认证之后的许多关键活动、航空交通管制及美国国家空域系统的现代化。

除航空领域外，故障树分析早期也应用于核能产业中，美国核能管理委员会在 1975 年开始使用包括故障树分析在内的概率风险评估，在 1979 年的三哩岛核泄漏事故后，大幅扩展了概率风险评估的相关研究。随后美国核能管理委员会在 1981 年出版了 NRC Fault Tree Handbook NUREG-0492，并在核能管理委员会管辖的范围内强制使用概率风险评估技术。

此外，在 1984 年博帕尔事故及 1988 年阿尔法钻井平台爆炸等事故后，美国劳工部职业安全与健康管理局在 1992 年发布的联邦公报 57 FR 6356（1992-02-24）中也将故障树分析视为是流程危害分析的一种可行做法。

随着该方法日趋成熟，出现了很多 FTA 的自动分析求解工具，到 1995 年全球已经开发出 100 多种故障树分析工具[32]。直到目前，在系统安全及可靠度分析中仍广为使用故障树分析，故障树分析也应用在很多主要的工程领域中[33]。

（二）故障树分析模型的研究现状

自故障树分析开发以来，被广泛用于航空、核反应堆、矿井、石油化工、交通、电梯、输送管道、电力等领域中[34-44]。对系统安全进行可靠性分析，在这些领域的应用中主要分为 2 大类：直接应用故障树分析模型进行事故分析、定性或定量的风险分析，或对模型进行改进或结合其他方法再进行事故或风险分析。

在第一类中，学者直接应用故障树分析模型，通过选取顶事件、构建规划故障树，对上述领域进行了可靠性分析。在故障树分析中，系统的成功或失败可以通过顶部事件的状态来描述，顶部事件的状态通常由结构函数来定义[34]。通过分析，可以得到事故发生的最小割集、顶事件发生概率、各基本事件的概率重要度以及结构重要度，了解各基本事件的危害性，发现控制事故首先需要控制的基本事件，并对此提出相应措施[35-40]。

在第二类中，学者对故障树分析模型进行改进，或将其与其他方法结合进行事故分析。例如，将故障树分析与贝叶斯网络结合，结合了故障树易于梳理事件之间因果关系和贝叶斯网络不确定性分析的优势，在故障树分析的基础上，利用贝叶斯网络找出故障风险关键因素，提升系统的可靠性[41,42]；基于改进熵算法提出的故障树-云模型（IEFTC）的风险评估方法，首先利用故障树分析描述事件间的相关性形成对应的风险地图，再结合云模型的数学分析功能，通过故障树的逻辑门进行模糊信息传递，在充分保留风险信息的基础上可以得到更为合理的分析结果[43]；基于状态的故障树分析（CBFTA），将 FTA 的使用扩展到系统设计阶段之外，并使其在系统的整个生命周期内都是有用的和最新的。此外，CBFTA 将统计数据与 CM（Cloudera Manager）数据相结合，因此可靠性值更加准确，为提高系统可靠性提供了一种实用的操作工具[44]。

除故障树外，其他几种树形事故模型在航运、供电企业、铁路资源利用、蓄电池研究、知识共享等领域也得到了应用，如将管理疏忽与风险树（MORT）运用到供电企业中，从系统致因理论出发，通过对供电企业安全管理现状分析，指出了我国供电企业安全管理上的不足[45]；将事件树分析（ETA）运用到列车事故分析，从安全性、经济损失、中断行车时间3个方面，分级介绍列车意外闯入作业地点的风险后果[46]；利用为何树（WTA）分析如何减少废料的损失[47]；利用故障树和因果树（CTA）分析方法，研究铅酸蓄电池在运行和制造过程中的不良老化过程和故障状态[48]；将当前现实树（CRT）运用到知识共享的各障碍因素构建中，为组织制定知识共享对策提供一定的决策参考[49]。

综上所述可以看出，故障树（FTA）、管理疏忽与风险树（MORT）、事件树（ETA）、为何树（WTA）、原因树（CTA）和当前现实树（CRT）6种树形事故模型在多个领域都得到了应用。

三、模型简介

故障树分析是一种工具，以故障树分析图的形式建立事件重构模型，利用逻辑门判定失误类别，如人为失误、设备失误等导致的意外事故，用于更详细地调查因果关系，直观地描述所调查的不良状况可能发生的所有可能。该故障树的目的是列出所有可能的故障机制，并利用科学研究验证或驳斥可能的原因，直到可以确定事件的真正发生机制。

故障树从意外事件/事故/顶端事件（Top Event）寻找根本原因，可用于定性或定量分析[50-52]。国际电机技术委员会（International Electrotechnical Commission，IEC）作为世界上最具权威性的国际标准化机构之一，于2006年颁布了IEC 61025—2006，制定了故障树分析的国际标准。

运用故障树做事故和风险分析涉及的基本概念如下：

1. 基本事件（或者叫基本概念）

位于故障树各分支末端的事件叫作基本事件，它们是造成顶事件发生的最初始原因，在系统安全分析中，故障树的基本事件主要是物的故障及人的失误。

2. 割基和最小割集

故障树的目的是寻找最小割集（MCS）。故障树顶事件发生与否是由构成故障树的各种基本事件的状态决定的。当所有基本事件都发生时，顶事件必然发生。然而，在大多数情况下，并不是所有基本事件都发生时顶事件才发生，只要某些基本事件发生就可导致顶事件发生。在故障树中，把引起顶事件发生的基本事件的集合称为割集，也称截集或截止集[53]。

然而一个故障树中的割集一般不止一个，在这些割集中，凡不包含其他割集的，叫作最小割集。换言之，如果割集中任意去掉一个基本事件后就不是割集，那么这样的割集就是最小割集。所以，最小割集是引起顶事件发生的充分必要条件。

最小割集在故障树分析中起非常重要的作用，归纳起来有4个方面：

（1）表示系统的危险性。最小割集的定义明确指出，每一个最小割基都表示顶事件发生的一种可能，故障树中有几个最小割基，顶事件的发生就有几种可能。从这个意义上讲，最小割集越多，说明系统的危险性越大。

（2）表示顶事件发生的原因组合、故障树顶事件发生，必然是某个最小割基中基本事件同时发生的结果。一旦发生事故，就可知道所有可能发生事故的途径，较快地查出事故的最小割集。掌握了最小割集，对于掌握事故的发生规律、调查事故发生的原因有很大的帮助。

（3）为降低系统的危险性提出控制方向和预防措施。每个最小割集都代表了一种事故模式。由故障树的最小割集可以直观地判断哪种事故模式最危险，哪种次之，哪种可以忽略，以及如何采取措施使事故发生概率下降。

（4）利用最小割集可以判定故障树中基本事件的结构重要度和方便地计算顶事件发生的概率。

3. 径集和最小径集

在故障树中，当所有基本事件都不发生时，顶事件肯定不会发生。然而，顶事件不发生并不要求所有基本事件都不发生，只要某些基本事件不发生，顶事件就不会发生。这些不发生的基本事件的集合称为径集，也称通集或路集[54]。

一个故障树中的径集一般也不止一个，在同一故障树中，不包含其他径集的径集称为最小径集。如果径集中任意去掉一个基本事件后就不再是径集，那么该径集就是最小径集。所以，最小径集是保证顶事件不发生的充分必要条件[55]。

最小径集在故障树分析中的作用与最小割集同样重要，主要表现在以下3个方面：

（1）表示系统的安全性，最小径集表明，一个最小径集中所包含的基本事件都不发生，就可防止顶事件发生。可见，每一个最小径集都是保证故障树顶事件不发生的条件，是采取预防措施，防止发生事故的一种途径。从这个意义上说，最小径集表示了系统的安全性。

（2）选取确保系统安全的最佳方案。每一个最小径集都是防止顶事件发生的一个方案，可以根据最小径集中所包含的基本事件个数的多少、技术上的难易程度、耗费的时间以及投入的资金数量，选择最经济、最有效控制事故的方案。

（3）利用最小径集同样可以判定故障树中基本事件的结构重要度和计算顶事件发生的概率。在故障树分析中，根据具体情况，有时应用最小径集更为方便。在同一个故障树中，最小割集和最小径集数目是不一定相等的。如果故障树中与门多，则其最小割集的数量就少，定性分析最好从最小割集入手；反之，如果故障树中或门多，则其最小径集的数量就少，此时定性分析最好从最小径集入手，从而可更简便有效地得到结果。

4. 基本事件的重要度

故障树分析中涉及的重要度主要有结构重要度、概率重要度和关键重要度。

（1）结构重要度。结构重要度分析不考虑各基本事件发生的难易程度，仅从故障树的结构上研究各基本事件对顶事件的影响程度，是故障树定性分析的一部分。

（2）概率重要度。基本事件的结构重要度分析只是按故障树的结构分析各基本事件对顶事件的影响程度，所以，还应考虑各基本事件发生概率对顶事件发生概率的影响，即对故障树进行概率重要度分析。

故障树的概率重要度分析是依靠各基本事件的概率重要系数大小进行定量分析。所谓概率重要度分析，它表示第 i 个基本事件发生概率的变化引起顶事件发生概率变化的程度。由于顶事件发生概率函数是 n 个基本事件发生概率的多重线性函数，所以，对自变量 q_i 求一次偏导，即可得到该基本事件的概率重要度系数 $I_g(i)$ 为

$$I_g(i) = \frac{\partial P(T)}{\partial_{qi}} \quad (i = 1,\ 2,\ \cdots,\ n) \tag{2-1}$$

式中　$P(T)$——顶事件发生概率；

　　　q_i——第 i 个基本事件发生的概率。

利用式（2-1）求出各基本事件的概率重要度系数，可确定降低哪个基本事件的概率能迅速有效地降低顶事件的发生概率。

（3）关键重要度。当各基本事件发生概率不等时，改变概率大的基本事件比改变概率小的基本事件容易，但基本事件的概率重要度系数并不能反映这一情况，因而它不能从本质上反映各基本事件在故障树中的重要程度。关键重要度分析，它表示第 i 个基本事件发生概率的变化率引起顶事件发生概率的变化率。因此，它比概率重要度更合理更具有实际意义。其表达式为

$$I_g^c = \lim_{\Delta q_i \to 0} \frac{\Delta P(T)/P(T)}{\Delta q_i/q_i} = \frac{q_i}{P(T)} I_g(i) \tag{2-2}$$

式中　$I_g^c(i)$——第 i 个基本事件的关键重要度系数；

　　　$I_g(i)$——第 i 个基本事件的概率重要度系数；

　　　$P(T)$——顶事件发生概率；

　　　q_i——第 i 个基本事件发生的概率。

5. 故障树分析的逻辑符号

表 2-1 是本章涉及的树形分析方法的基本符号，故障树分析方法的逻辑符号也在其中。

表 2-1　逻辑树基本符号[56]

名　　称	FTA	MORT	WTA	CTA
一般事件（General Event）：顶事件、中间事件	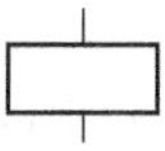	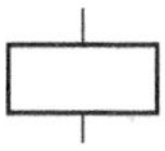	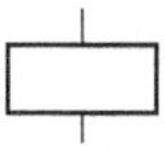	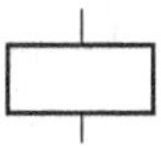
基本事件（Base Event）：即为根本原因，不需做进一步分析	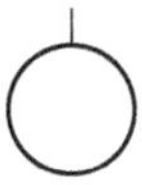			
未发展完整事件（Undeveloped Event）		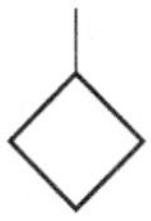		
与门	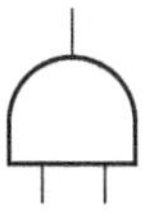	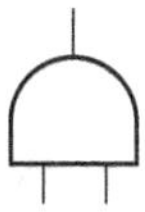	没有逻辑门符号，只运用简单的逻辑树概念	
或门				

注：表中未发展完整事件未发展完的可能原因为：1. 低相关性或低风险；2. 解决方案所需资讯或资源不足；3. 其他分析方法可提供相关资讯。

6. 故障树分析步骤

创建故障树，顶部事件应选择意外的系统故障（如安全系统故障）。顶层事件通过逻辑门（与门/或门）将各事件相连，层层分析其发生的原因，并持续进行该过程，直到事件无法再扩展。运用故障树进行分析的过程如图 2-1 所示。

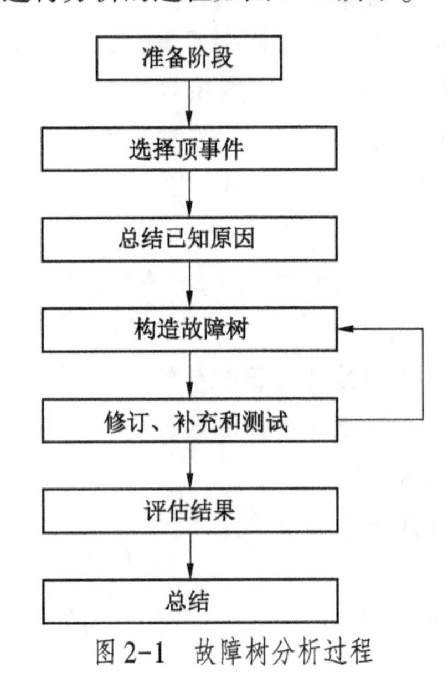

图 2-1　故障树分析过程

1）准备阶段

构建故障树之前需要明确分析的目的和范围，涉及的分析可能需要大量的假设，特别是关于假定的运行条件。

2）选择顶事件

一个重要步骤是选择要分析的意外事件/事故/顶端事件，顶事件是故障树分析中所关心的结果事件，这应该仔细定义，不得含糊或模棱两可。

3）总结已知原因

在构建故障树时，可以利用故障状态和故障事件的现有知识。有时，可以使用失效模式与影响分析（Failure Mode and Effects Analysis，FMEA）、危险与可操作性分析（Hazard and Operability，HAZOP）或偏差分析中确定的故障。此外，还可以利用事故调查的结果。此步骤的结果是将获得可能导致顶事件发生的故障列表，然后使用该故障列表构建树的一部分，最后再检查故障树的完整性。

4）构造故障树

故障树的构建从顶部事件开始。第一步是考虑它是否可以独立地以不止一种的方式发生。如果是这样，系统需要使用或门进行划分，分析继续向下移动，寻找更基本的原因。

5）修订、补充和测试

构建树是一个反复试验的过程。一棵更好、更完整的树是分阶段取得进展的。一个重要的步骤是反复检查树在逻辑上是否没有错误，以及是否需要更正。很难确切地知道一棵树什么时候才算完整，最重要的一点是不应忽略任何重要的故障原因。

6）评估结果

对完成的树进行评估，并得出结论。评估包括以下 4 点：

（1）直接判断结果。故障树提供了顶部事件可能发生的不同方式，它还提供了现有屏障（安全功能）。

（2）编制最小割集列表。割集是基本事件的集合，这些基本事件一起可以产生顶部事件。

（3）最小割集的排序。应特别注意的故障组合可根据最小割集进行评估和排序。

（4）概率估计是故障树的经典应用。如果关于底部事件概率的信息可用，或者如果这些信息可以估计，则可以从最小割集列表中计算顶部事件的发生概率。

7）总结

分析以总结结束，总结可以给出有关假设的信息。在分析的基础上，得出一些结论。

四、案例分析

（一）事故概况

2018 年 11 月 28 日零时 40 分 55 秒，某化工有限公司氯乙烯泄漏扩散至厂外区域，遇火源发生爆燃，导致停放公路两侧等候卸货车辆的司机等 23 人死亡，22 人受伤[57]。

（二）事故经过

2018 年 11 月 27 日 23 时，该化工公司聚氯乙烯车间氯乙烯工段丙班接班。班长、精馏 DCS 操作员、精馏巡检工、转化岗 DCS 操作员上岗。接班后，精馏 DCS 操作员在中控室盯岗操作，班长在中控室查看转化及精馏数据，未见异常。从生产记录、DCS 运行数据记录、监控录像及询问交、接班人员等情况综合分析，接班时生产无异常。

27 日 23 时 20 分左右，精馏巡检工从中控室出来，直接到巡检室。

27 日 23 时 40 分左右，班长到冷冻机房检查未见异常，之后在冷冻机房用手机看视频。

28 日零时 36 分 53 秒，DCS 运行数据记录显示，压缩机入口压力降至 0. 05 kPa。中控室视频显示，操作员在之后 3 min 内进行了操作；DCS 运行数据记录显示，回流阀开度在约 3 min 时间内由 30% 调整至 80%。

28 日零时 39 分 19 秒，DCS 运行数据记录显示，气柜高度快速下降，操作员用对讲机呼叫巡检工，汇报气柜波动，通知其去检查。随后用手机向班长汇报气柜波动大。

零时 41 分左右，班长听见爆炸声，看见厂区南面起火，立即赶往中控室通知调度。调度电话请示生产运行总监后，通知转化岗 DCS 操作员启动紧急停车程序，操作员使用固定电话通知乙炔、烧碱和合成工段紧急停车，停止输气。

同时，班长、巡检员一起打开球罐区喷淋水，随后对氯乙烯打料泵房及周围进行灭火，在灭掉氯乙烯打料泵房及周围残火后，返回中控室。

调取气柜东北角的监控视频，显示 1 号氯乙烯气柜发生过大量泄漏；零时 40 分 55 秒观察到气柜南侧厂区外火光映入视频画面。

（三）构建故障树

根据该事故发生过程及特点，确定顶事件为“爆燃事故”，构建的故障树如图 2-2

所示。

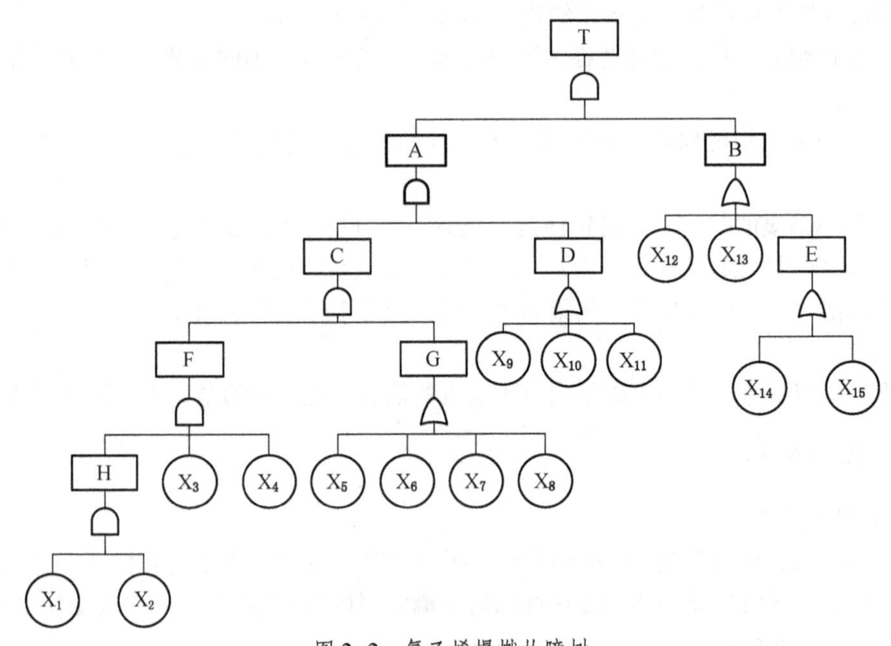

图 2-2 氯乙烯爆燃故障树

表 2-2 氯乙烯爆燃故障树组成因素

符号	名称	符号	名称
T	氯乙烯燃爆事故	X_4	报警仪故障
A	氯乙烯泄漏达到可燃浓度	X_5	管理缺陷
B	存在火源	X_6	气柜长期未检修
C	氯乙烯泄漏	X_7	工作人员岗位技能差
D	厂区内通风不良	X_8	工作人员疏忽
E	高温炉故障	X_9	无通风设施
F	设备故障	X_{10}	通风设施故障
G	管理因素和人为失误	X_{11}	未及时通风
H	环行水封减薄	X_{12}	明火
X_1	气柜倾斜	X_{13}	静电火花
X_2	导轨与导轮间润滑不良	X_{14}	高温炉持续通电
X_3	气柜卡顿	X_{15}	高温炉无自动调节设施

结合调查所得事故实际情况详细分析，从顶事件“氯乙烯燃爆事故”出发，建立故障树分析模型，如图 2-2 所示。其中，氯乙烯爆燃事故是由于 A（氯乙烯泄漏达到可燃浓度）和 B（存在火源）共同作用的结果；C 代表氯乙烯泄漏，D 代表厂区内通风不良，当两者同时存在时会使得氯乙烯发生泄漏且达到可燃浓度；氯乙烯泄漏又是由设备故障与人为失误共同作用引起的，设备故障包括表 2-2 中基本事件 X_1、X_2、X_3、X_4，管理因素和

人为失误包括表 2-2 中基本事件 X_5、X_6、X_7 以及 X_8；厂区通风不良的原因包括表 2-2 中基本事件 X_9、X_{10} 以及 X_{11}。根据事故调查，氯乙烯爆燃事故中存在的火源主要是由于 E（高温炉故障）引起的，除此之外，X_{12}（明火）以及 X_{13}（静电火花）也会影响火源的产生。所涉及基本事件及其符号见表 2-2。

（四）最小割集分析

根据图 2-2，计算故障树最小割集为

$$
\begin{aligned}
T &= A\times B \\
&= C\times D\times B \\
&= F\times G\times(X_9+X_{10}+X_{11})\times(X_{12}+X_{13})\times E \\
&= X_1X_2X_3X_4\times(X_5+X_6+X_7+X_8)\times(X_9+X_{10}+X_{11})\times(X_{12}+X_{13}+X_{14}+X_{15})
\end{aligned}
\qquad (2-3)
$$

对式 2-3 进行化简可得，氯乙烯爆燃事故故障树共有 48 个最小割基，考虑到分析过程涉及数据较为庞大，因此该书仅对该次事故影响较大的氯乙烯泄漏事件进行分析，该事件发生共有 12 个最小割集，该故障树的最小割基分别为：$K_1=\{X_1, X_2, X_3, X_4, X_5, X_9\}$，$K_2=\{X_1, X_2, X_3, X_4, X_5, X_{10}\}$，$K_3=\{X_1, X_2, X_3, X_4, X_5, X_{11}\}$，$K_4=\{X_1, X_2, X_3, X_4, X_6, X_9\}$，$K_5=\{X_1, X_2, X_3, X_4, X_6, X_{10}\}$，$K_6=\{X_1, X_2, X_3, X_4, X_6, X_{11}\}$，$K_7=\{X_1, X_2, X_3, X_4, X_7, X_9\}$，$K_8=\{X_1, X_2, X_3, X_4, X_7, X_{10}\}$，$K_9=\{X_1, X_2, X_3, X_4, X_7, X_{11}\}$，$K_{10}=\{X_1, X_2, X_3, X_4, X_8, X_9\}$，$K_{11}=\{X_1, X_2, X_3, X_4, X_8, X_{10}\}$，$K_{12}=\{X_1, X_2, X_3, X_4, X_8, X_{11}\}$。结构重要度不考虑基本事件的发生概率，或者说假定各个基本事件的发生概率相等，仅从故障树结构上分析各个基本事件对顶上事件发生所产生的影响程度。通过对该故障树分析可得各个底事件结构重要度为

$$I(X_1)=I(X_2)=I(X_3)=(X_4)>I(X_9)=I(X_{10})=I(X_{11})>I(X_5)=I(X_6)=I(X_7)=I(X_8)$$

由上述分析可知，对氯乙烯泄漏加以控制，则可有效降低顶事件发生的概率，对防止此次事故有明显的作用，最终提高系统的可靠性。

第二节　管理疏忽与风险树

一、开发背景

管理疏忽与风险树方法（Management Oversight and Risk Tree，MORT）由 William Johnson 发起，美国原子能委员会（AEC）赞助开发。管理疏忽与风险树方法是一种分析事件原因和成因的方法。该方法反映了美国能源部（Department of Energy）为确保能源行业的高水平安全和质量保证而实施的 34 年计划的关键理念。

1960 年后美国原子能委员会企图将 FTA 逻辑应用于意外事故调查，而许多意外事故调查报告显示：FTA 着重于设备失误，忽略了管理系统失效。因此委托 William Johnson 发展 MORT 技术，MORT 的依据是 FTA，但将系统和管理失误纳入考量，并结合各种最佳可行方法和安全管理系统概念，MORT 是整合性分析程序，提供引发意外事件的原因。

管理疏忽和风险树（MORT）已成为安全组织分析和事故调查的经典方法。该方法的

发展始于1970年。Johnson（1980）编制了详细的指南和使用MORT的原因说明。近年来，人们对该方法的兴趣与日俱增，Noordwijk风险倡议基金会（NRI，2009）已经发布了一份关于该方法的修改性文件（www. NRI. eu. com免费提供）。

二、具体内容

MORT利用FTA的逻辑和概念，提供系统化的方法规划、组织和整合意外事故调查，利用MORT分析，辨识在特定控制因素和管理系统因素方面的失误，将这些因素加以评估和分析，进而辨识意外事故造成原因。

（一）MORT基本概念

（1）MORT事件模式基本符号：大致与FTA逻辑图形相似，除了新增波浪形假设风险图形。

（2）简化：当证据搜集完整和彻底了解MORT系统后，开始从顶端事件分析至基本事件。在分析过程中，分析树会显示资料证据不足之处，这时需要判定是否将未发展完全的事件以菱形标识，同时再进一步探讨或选择特定时间深入探讨。当所有相关证据充足时，分析者应在进行风险假设与风险决策前，进一步简化分析树。

（3）逻辑：以演绎法方式分析事故，MORT用于分析、组织和提供系统化思考逻辑，协助找寻发展事故之根本原因。

（4）选择逻辑门：选择逻辑门及提供限制事项，提供系统真实的最佳描述。

（5）事件的名称：事件的描述要简单、清楚和扼要，且须充分地描述和了解分析的使用方式。分析者应避免抽象难懂的描述，或是在使用者不熟悉的情况下使用专有名词或术语。此外，描述有关于人的事件时，应包含计划、准备、控制和操作等，传递精确的输出事件。

（6）阶层限制：当分析的意外事故较为复杂时，限制MORT阶层的数量为4阶或5阶。

（7）转移符号使用：使用转移符号避免重复辨识事项和简化复杂度。

（8）门的辨识：不用编码逻辑，使用数字或字母符号编排的命名只针对事件。门的辨识借由输入的事件，运作经过逻辑门并且产出特定的事件。因此，不需要针对逻辑门予以特定的编号。

（9）优先顺序：MORT在单一阶层中由左到右指出事件序列或是执行顺序，呈现高阶层的事件具有更大的影响力，可影响顶端事件的发生。而较低层的事件为较详细的贡献因子。构建和使用分析树时，以演绎分析方法从顶端事件开始，然后继续进行从直接原因事件、中间事件到基本事件，源自时间序列链延伸到顶端事件的发生。如果分析者确实有效地完成分析工作，事件将会依照逻辑的顺序发生[58,59]。

MORT最初是一种用于分析组织和管理问题明显的具有核安全重要性的事件方法，后来被用于更一般的事件调查和安全评估。MORT方法具有分析组织有效管理风险的职能。这些功能已被概括描述；重点是“什么”而不是“如何”，这使得MORT可以应用于不同的行业。MORT反映了一种理念，认为管理安全的最有效方法是使其成为企业管理和运营控制的一个组成部分。

根据 MORT 系统的原理，事件是由“能量流”引起的，而“能量流”没有通过适当的屏障和/或控制系统以正确的方式进行控制。它的基础是通过几个相互关联的故障树进行分析，每个故障树代表一个调查领域，并使用预定的检查表填充故障树。这个过程中使用了一个预先确定的检查表，其中包括大约 100 个一般问题和 200 个基本原因。这项技术的实施呈现出一定的复杂性，需要专家用户花费相对较高的工时和资源进行调查。

（二）MORT 结构

如图 2-3 所示，MORT 中最重要的事件被称为“损失”，疏忽、遗漏和承担的风险都可以视作损失。事故序列中的所有因素都被视为疏忽和遗漏，除非它们被转移到“假定风险”分支。对疏忽与遗漏事件的输入是通过与门。这意味着问题表现在工作活动的具体控制中，必然涉及管理活动过程中的问题。

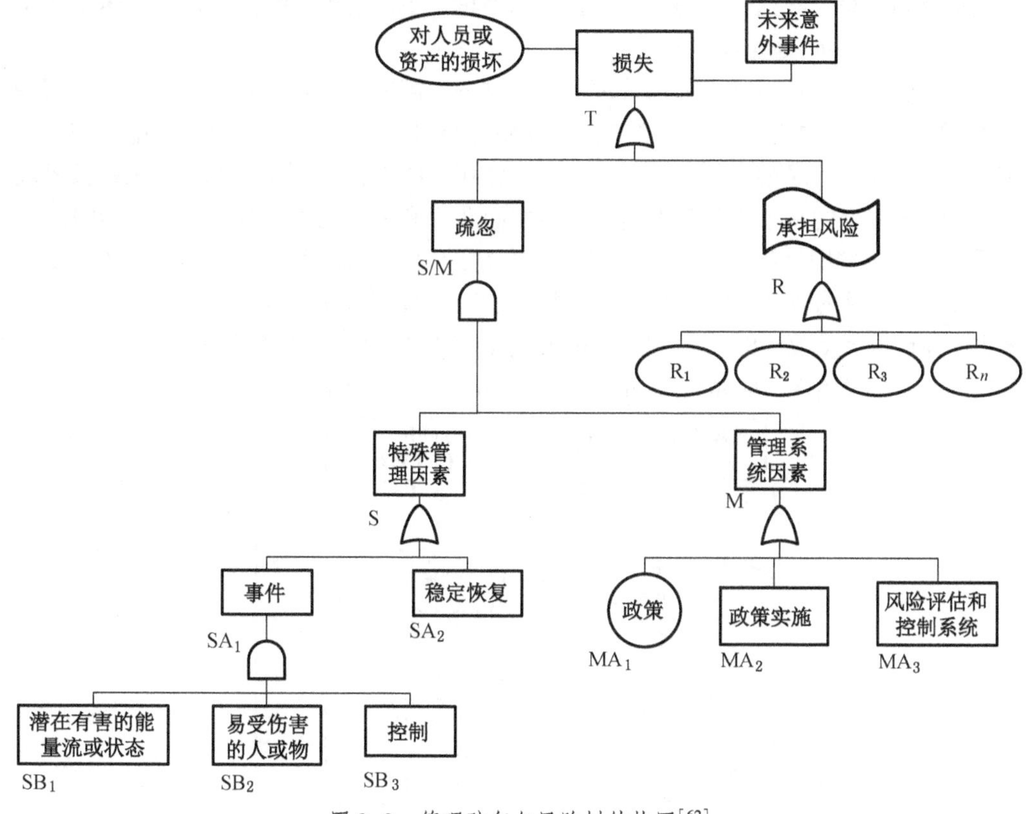

图 2-3 管理疏忽与风险树结构图[62]

MORT 两个主要分支是特殊管理因素欠佳分支（S 分支）和管理系统因素欠佳分支（M 分支）[60]。其中，特殊管理因素欠佳分支（S 分支）重在了解分析与被研究事故有关的、特定的管理疏忽和漏洞，探明究竟发生了什么及怎么发生的；管理系统因素欠佳分支（M 分支）侧重考虑整个管理系统，是对事故根本原因的探寻与分析，找出到底是什么导致事故和损失发生。S 因素和 M 因素是有所区别的，在分析 S 分支时，分析者应将事故发生的过程着重加以考虑。分析 M 分支时，则应在整体管理系统的概念上考虑。

除此之外，还有假定危险分支（R 分支），该分支则是侧重理论分析在安全评价后研究管理系统所能接受的事故、危险性及发生概率，着重分析事故还未发生前的危险状况[61]。

（三）MORT 分析步骤

1. 确定要分析的事件

在这个步骤中，使用一个称为能量追踪和势垒分析的程序来支持。在这一步中，分析员试图识别一组完整的事件，并清楚地定义每一个事件。如果不先进行能量追踪和势垒分析，很难使用 MORT。

2. 根据不必要的能量转移来描述每个事件

在这个步骤中，分析员查看能量是如何与个人或物交换的。这种将事件描述为一系列能量交换的方法被提出作为科学分析事件的一种手段。在同一项研究中，可能需要考虑几种不同的能量转移。在这一步骤中，分析者的目标是了解发生了哪些伤害、损坏或危险。

3. 评估不必要的能量转移

在此步骤中，分析员考虑如何管理活动。这一步需要分析者查看特定于活动和资源的“本地”管理。分析员还寻找“上游”，以找到与事件相关的人员、设备、流程和程序的管理和设计决策。为了使分析系统化，分析员使用 MORT 图，列出主题，并跟踪其进度。

MORT 图表上的每个主题对于预先提供的问题都有一个与之对应的问题。MORT 中的问题是按照特定的顺序提出的，这一顺序旨在帮助用户澄清围绕事件的事实（图 2-4）。分析员专注于事件的背景，确定哪些主题是相关的，问题作为资源来构建他/她自己的查询。与调查中应用的大多数分析形式一样，MORT 帮助分析员构建所知道的内容，并确定需要找出的内容，主要是后者。MORT 分析的重点在于分析人员的询问和反思。

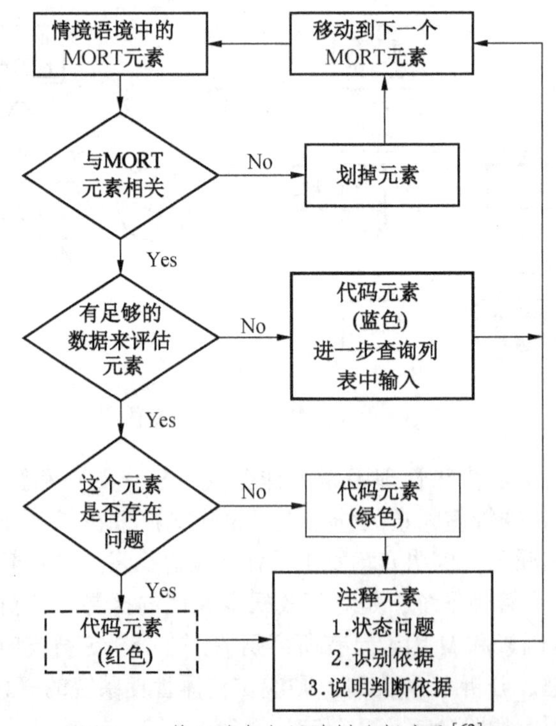

图 2-4 管理疏忽与风险树分析步骤[62]

MORT是一种经过验证免费使用的方法。它着眼于整个管理结构，使用详细的故障树，并给出多达1500个潜在的因果因素。MORT使用障碍分析并确定管理层承担的风险。

图2-4中虚线框图代表与意外事件确有关联，管理系统本身具有缺陷或不太适当或不太充分的事件；实线细线框图代表与意外事件确实有关联，但资料或技术不足以判定的事件；实线加粗框图代表与意外事件确实有关联，但不造成影响，为可以容忍或忽略的事件。

MORT需要经过专业训练，才能有效地对复杂的意外事故进行深入分析[63]。程序的第一步为选择MORT图形，分析者从顶端事件依序往下调查，一层接一层找出根本原因。当MORT分析结束，事件可由特定颜色标注。如与意外事件确有关联，管理系统本身具有缺陷或是不太适当或不太充分的事件标为红色；与意外事件确实有关联，但资料或技术不足以判定的事件标为绿色；与意外事件确实有关联，但不造成影响，为可以容忍或忽略的事件标为蓝色。由此以判定何处需要进行矫正作业，预防意外事故再次发生。

三、案例分析

（一）S分支模型

该部分案例分析的案例与故障树案例分析的案例相同，根据该事故发生过程及特点，确定顶事件为“爆燃事故”。依据对事故后果影响的直接程度由上向下排列事件模块，建立MORT的S分支模型，如图2-5所示。其中，SA_1是指“燃爆事故”，SA_2是指“事故处理欠佳”；按发展流程SA_1下级模块可分为SA_1B_1（人员素质LTA）、SA_1B_2（气柜故障LTA）、SA_1B_3（氯乙烯泄漏LTA）、SA_1B_4（火源LTA）和SA_1B_5（规章制度LTA），S分支模型符号见表2-3。

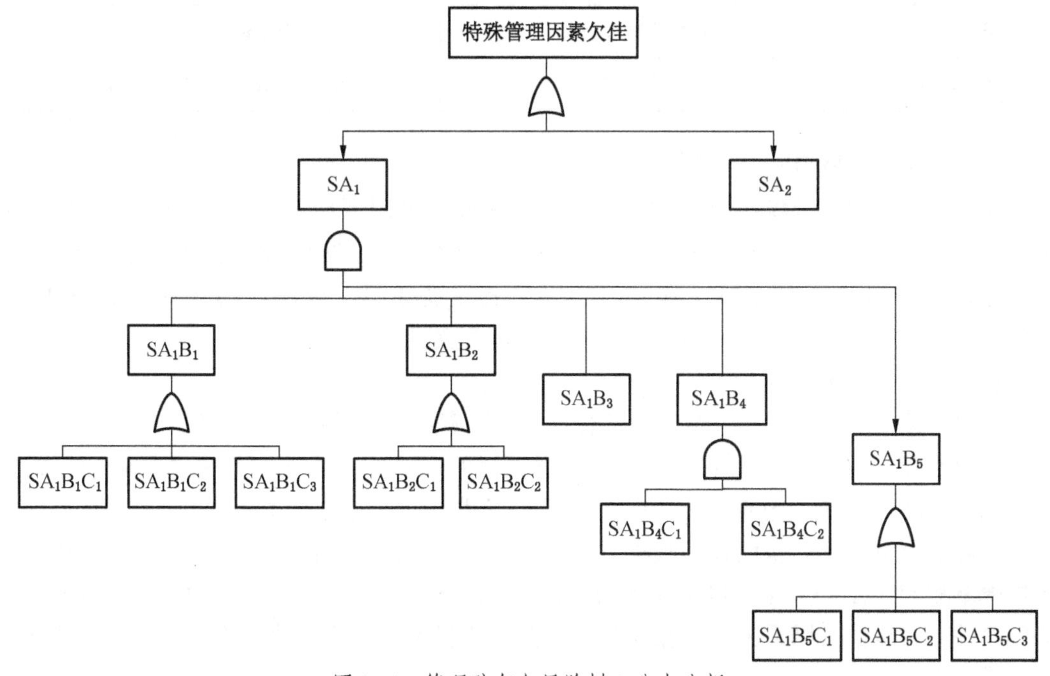

图2-5 管理疏忽与风险树S分支分析

表2-3 S分支模型组成因素

符号	名称	具体含义说明
SA_1	燃爆事故	系统发生的事故
SA_2	事故处理欠佳	对事故的处理欠佳
SA_1B_1	人员情况 LTA	人员情况
SA_1B_2	气柜故障 LTA	气柜是否存在故障
SA_1B_3	氯乙烯泄漏 LTA	氯乙烯是否泄漏
SA_1B_4	火源 LTA	是否存在火源
SA_1B_5	规章制度 LTA	规章制度是否合理
$SA_1B_1C_1$	关键岗位培训 LTA	员工缺乏培训
$SA_1B_1C_2$	员工发现问题能力 LTA	未及时发现存在的问题
$SA_1B_1C_3$	日常检查 LTA	氯乙烯气柜长期未按规定检修
$SA_1B_2C_1$	气柜倾斜 LTA	氯乙烯气柜倾斜，润滑不良
$SA_1B_2C_2$	气柜卡顿 LTA	氯乙烯气柜处于卡顿状态
$SA_1B_4C_1$	高温炉状态 LTA	高温炉通电后可持续升温至1000℃
$SA_1B_4C_2$	高温炉控制设施 LTA	高温炉无控温调节档位
$SA_1B_5C_1$	管理制度情况 LTA	员工在冷冻机房用手机看视频
$SA_1B_5C_2$	隐患整改要求 LTA	气柜和高温炉存在隐患
$SA_1B_5C_3$	安全监管 LTA	未发现气柜和高温炉存在的问题

（二）M分支模型

结合调查所得事故实际情况详细分析，从一般管理因素出发，建立MORT的M分支模型，如图2-6所示。其中，MA_1 指标代表方针政策LTA，MA_2 模块代表政策执行LTA，MA_3 模块代表风险评估LTA，MA_3B_1 模块代表设备LTA，MA_3B_2 模块代表管理LTA，MA_3B_3 模块代表人员LTA。M分支模型符号具体含义见表2-4。

（三）事故分析结果

通过上述分析可以看出，MORT从管理系统因素出发，找出氯乙烯燃爆事故中所有与管理疏忽有关的因素，以一张可供分析的逻辑树的形式表现出来。它借鉴故障树分析方法，用MORT的理论、思想建立了一个理想的模型图，通过阅读该图，可检查、评价系统因素实施的充分程度，从而找出缺陷因素，消除事故隐患，保证企业安全生产。掌握氯乙烯燃爆事故MORT的关键是逐个因素的审查MORT图，从上到下找出导致上层事件发生的缺陷事件，并根据其因果关系，相应的采取安全控制措施，截断缺陷事件链，防止事故发生或进一步扩大。

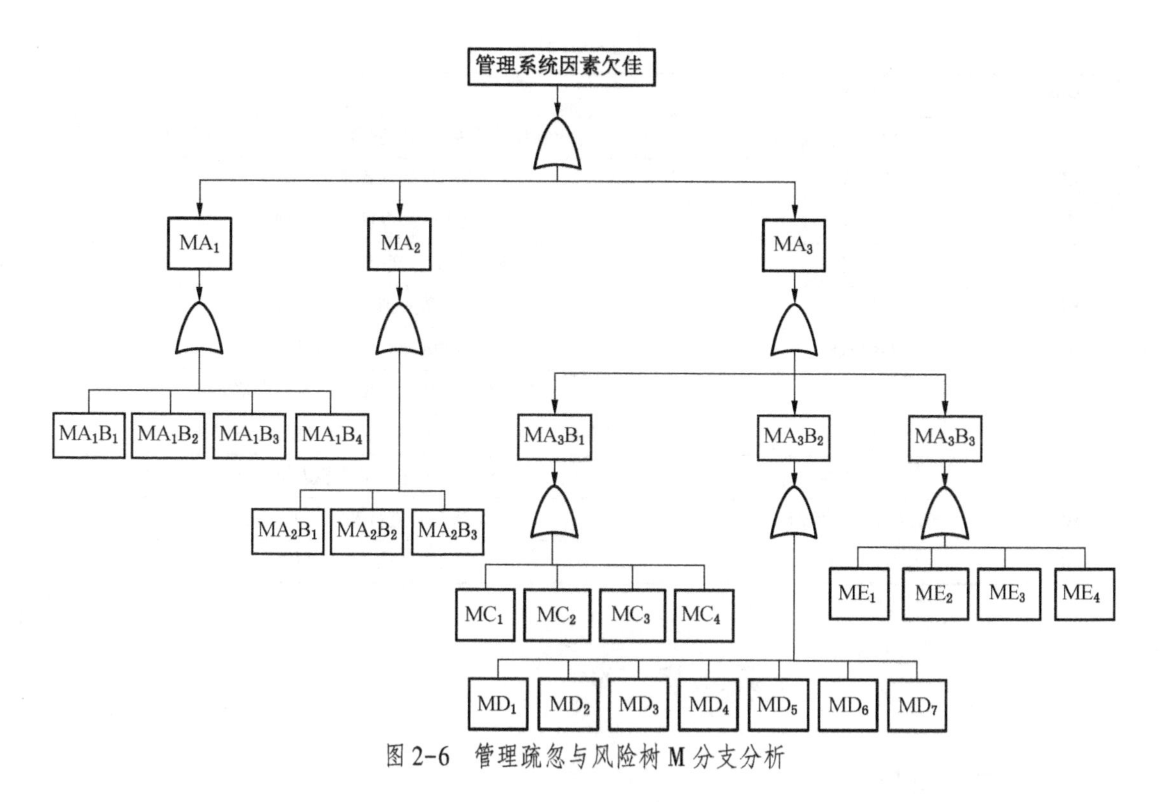

图2-6 管理疏忽与风险树M分支分析

表2-4 M分支模型组成因素

符号	名称	具体含义说明
MA_1	方针政策 LTA	方针政策制定情况
MA_2	政策执行 LTA	政策执行情况
MA_3	风险评估 LTA	风险评估情况
MA_3B_1	设备 LTA	设备风险评估情况
MA_3B_2	管理 LTA	管理风险评估情况
MA_3B_3	人员 LTA	人员风险评估情况
MA_1B_1	制度制定	是否制定相应规章制度
MA_1B_2	制度合理性	制度制定是否合理全面
MA_1B_3	突发情况处理	是否制定书面文件说明可能出现状况及其处理方式
MA_1B_4	政策覆盖程度	全体员工是否了解相关政策及文件
MA_2B_1	政策执行	是否严格按照制定的规章政策执行
MA_2B_2	反馈	是否有途径进行问题反馈
MA_2B_3	监管	落实过程是否有监管
MC_1	气柜概况	气柜概况是否良好
MC_2	气柜保养及检修	是否定期进行气柜保养及检修
MC_3	高温炉概况	高温炉概况是否良好
MC_4	高温炉保养及检修	是否定期进行高温炉保养及检修

表2-4（续）

符号	名称	具体含义说明
MD_1	管理重视程度	各级领导及政府机构对安全管理工作的重视程度
MD_2	部门机构	部门机构设置是否合理
MD_3	培训	是否开展专项岗位培训
MD_4	监督机制	是否严格、规范并切实地执行
MD_5	责任机制	是否分解并落实到岗位、科室、个人
MD_6	奖惩机制	奖惩严明，评定有据
MD_7	文化建设	安全教育与文化建设活动及安全培训
ME_1	安全意识	当班员工是否牢记安全第一；工作过程始终保持警惕性
ME_2	综合素质能力	相关人员综合素质能力情况
ME_3	信息交互及反馈	上下级是否进行及时沟通交流
ME_4	生理心理状态	生理心理状态是否良好

第三节　事　件　树

一、开发背景

事件树分析（Event Tree Analysis，ETA）技术在1975年应用于核电厂的安全与危害分析，并且在1979年应用至石化工业和炼油业，ETA起初为风险预测方法，而后也广泛应用于意外事故调查，运用归纳法理论，显示了由启动事件和其他事件或因素引起的所有可能结果。它考虑到安装的安全屏障是否正常工作，设计和程序缺陷可以被识别，发现可能导致意外事件之起始事件[64,65]，并且可以确定意外事件的各种结果的可能性。

事件树模型可以独立开发，也可以结合事件树-故障树模型来实现更复杂的事件进展场景。

二、具体内容

ETA技术，主要着重于硬件安全屏障，意外事故的发生是由一系列的安全屏障失效导致的。Nivolianitou等[66]认为ETA所述的安全屏障不单指硬件的防护措施，如火灾自动监测系统，也包含管理制度层面的安全屏障，如程序与操作人员的行为，并且考虑附加事件或因子，如外泄气体是否易燃、意外发生当时是否有人员在场、意外发生时的风向等，放置在起始事件前端作为条件考量。在ETA模式中，每种安全系统主要被区分为2种状态：成功或失败。以下为ETA基本分析步骤[67,68]。

（1）确定（并定义）可能导致不必要的初始事件后果。建议从可能导致不良事件发生的第一个重大偏差（系统或设备故障、人为错误或过程不正常）开始。对于每一次发生都应确定潜在进展、系统依赖性、条件系统响应。

（2）确定为应对事件而设计的屏障。与特定事件相关的屏障应按激活顺序列出，屏障例子包括自动检测系统（例如火灾检测）、自动安全系统（例如灭火）、报警警告人员/操作员、程序和操作员行动等。应尽可能在可能发生的顺序中列出其他发生和/或因素和屏障。

（3）构建事件树（图 2-7）。构建从一个启动事件（不是最后事件）开始，通过树的单独分支描述如果防御线成功或失败（F）会发生什么。当发现重大后果或关注点时，分支停止。

（4）描述（潜在的）结果序列。

（5）事件树中的事件频率和分支的（条件）概率。

（6）计算确定后果（结果）的概率/频率。

（7）汇编并呈现分析结果。

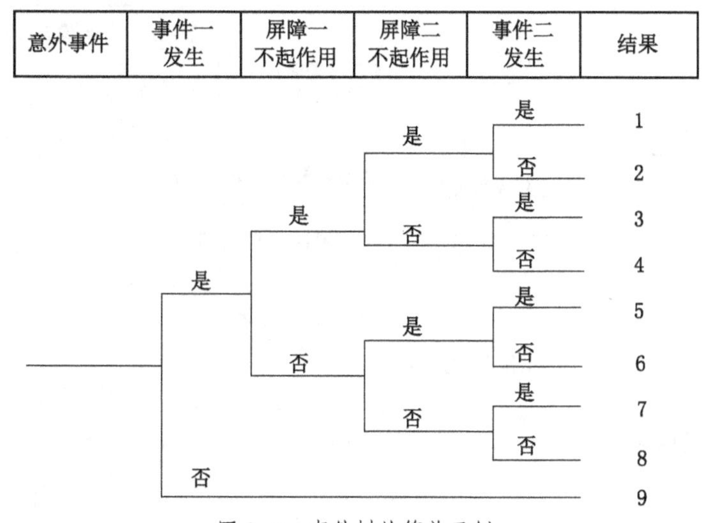

图 2-7 事件树的简单示例

事件树分析是一种在根本原因分析和概率安全分析中帮助评估事件安全重要性的工具。当每个屏障的概率已知时，事件树分析有助于定量确定不同后果的概率。它允许分析各种因素之间的依赖关系和难以使用故障树建模的“多米诺效应”，并允许确定可能的纠正措施的有效性，以通过定量分析可能的未来故障（如拟实施的纠正措施）。

ETA 以情境链的方式，描绘意外事故发生顺序，并且将各种与意外事件相关的安全屏障清楚列出，事故调查分析结束后，可针对失效的安全屏障进行改善。但 ETA 没有提供一定的准则和架构，并且彼此只能调查单一起始事件，容易忽略一些难以描述的相关系统。最难之处是如何辨识屏障的先后顺序，尤其是加入管理层因子和外加环境因子，辨识上更为困难。

三、案例分析

该部分案例分析的案例与故障树案例分析的案例相同，根据第二章第一节中所描述事故的发生过程及特点，对“氯乙烯泄露”为起点，进行事件树的构建。通过分析，该燃爆事故包括 5 个层级。

（1）第一层级：氯乙烯发生泄漏时，报警仪会发生报警，对氯乙烯的泄漏做出报警提示。

（2）第二层级：负责监管氯乙烯泄漏的工作人员需要时刻关注氯乙烯是否泄漏以及关注报警仪状态。

（3）第三层级：要求工作人员发现氯乙烯泄漏时及时采取有效措施。

（4）第四层级：氯乙烯泄漏后未达到爆炸极限。

（5）第五层级：作业场所周围没有火源。

上述5个层级共同组成氯乙烯发生爆燃的基本事件，根据上述5个层级，构建的事件树如图2-8所示。

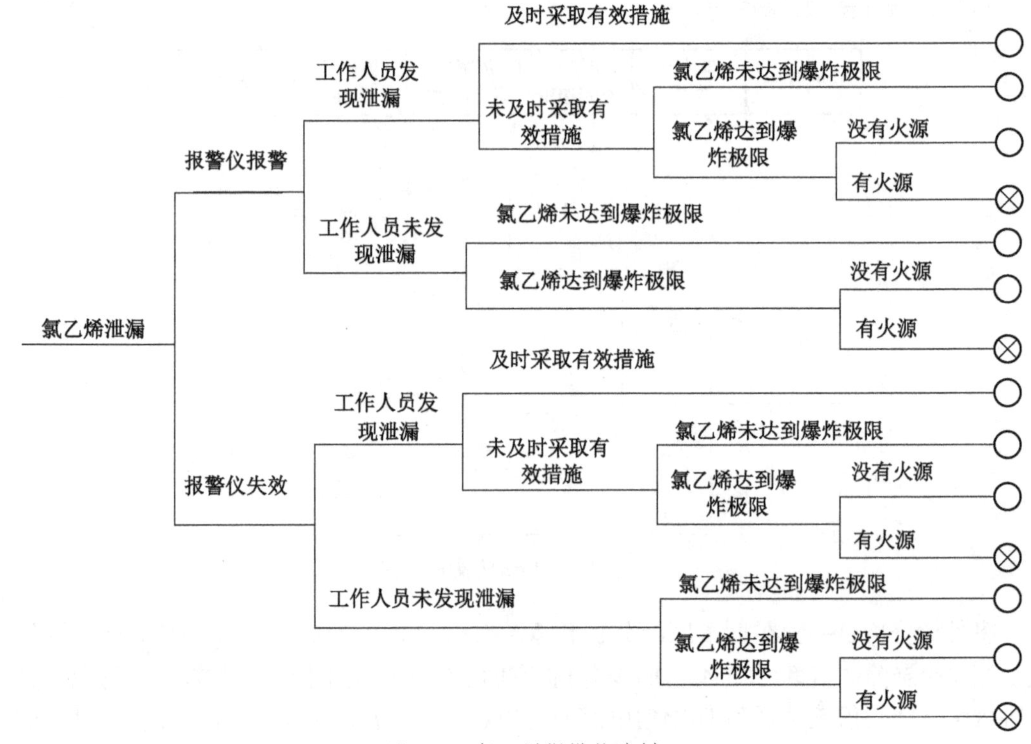

图2-8　氯乙烯爆燃故障树

由上述分析可以看出，该系统发生氯乙烯爆燃事故的途径有4种，对这4个途径中基础事件加以控制，可有效地避免事故的发生。此外，如果知道每个环节的故障率，可以计算出氯乙烯泄漏发生的概率，找出最严重的事故后果。

第四节　为　何　树

一、为何树分析基本概念

为何树分析（Why Tree Analysis，WTA）［5 Whys（Why Staircase）］包含“5个为什

么”是一种提问技巧，用于探索特定问题背后的因果关系。应用5个为什么的目标是确定问题的根本原因。

为何树分析技术可经由个人或小规模的调查小组，针对一件单纯的事件予以调查，这种方法的基本概念是借由分析者不断询问“为什么”大概5次，当树的阶层展开约5次时，可能已经辨识根本原因，事实上并不强调一定要询问5次，对“为什么”的质疑可以继续到第6、第7甚至更高的水平。为何树分析提供简单的方法描述原因和意外事故之交互影响，不断询问“为什么”直到确认设备原因（Physical Factor）、人为因素（Human Factor）和系统原因因素（System Causal Factor）为止。每个为什么有优先顺序，如图2-9所示。

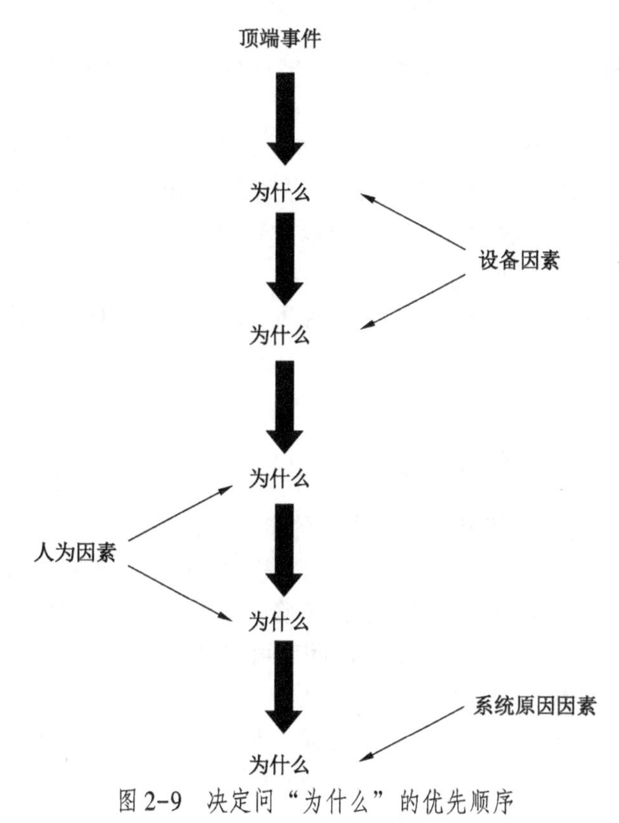

图2-9　决定问“为什么”的优先顺序

为何树分析的示例如图2-10所示。当分析者获得满意的答案或直到超出调查范围，或者直到解决原因超出组织的控制或愿望即可停止。尽管许多根本原因流程试图规定应询问的“为什么”的数量，但在解决问题变得无法从业务或现实角度解决之前，仍需询问“为什么”。

为何树分析执行步骤可以归纳为以下9项：

（1）决定为何树的顶端事件。

（2）收集与事故相关资料并召开调查小组会议。

（3）商讨事故资料的有效性，并且记录证据的相关说明。

（4）列出所有与事故相关的有效资料。

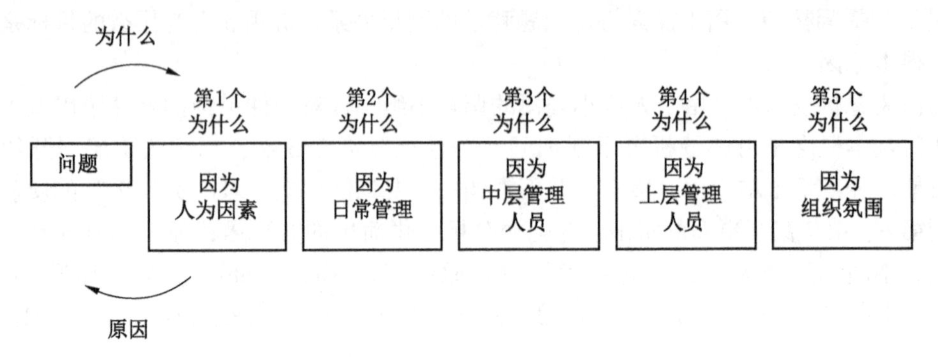

图 2-10 为何树分析示例

(5) 决定优先顺序，可经由调查小组讨论何种事件为造成顶端事件发生的最可能原因。

(6) 推演最优先的可能原因。开始询问“为什么”直到找到系统原因因子为止，一般而言，第一次到第二次“为什么”可以找寻到设备因子，第三次到第四次“为什么”可以找寻到人为因子，第五次“为什么”可以找寻到系统原因因子，如图 2-9 所示。

(7) 验证假设，并继续推演。

(8) 继续推演优先的可能原因，后续事件重复步骤 5 直到所有与意外相关事件都已经解释清楚。

(9) 完成分析图表。

二、为何树分析的优势和缺点

(1) 优势：这种技术可以用于所有类型的事件，以确定组织的弱点，这种简单的技术，可单独或与其他技术一起合用，找到引起事故的原因。如果一个分析者知道如何提出好的、连续的“为什么”问题，并且能够向正确的人提出这些问题，将为给定的问题找到至少一个根本原因。这种方法只需很少的时间就可以进行原因分析，而且不需要使用特殊的软件、图纸或阅读材料。

(2) 缺点：虽然“5 个为什么”是分析者个人帮助找到问题真正原因的有力工具，但有人批评说，“5 个为什么”是一个过于基本的工具，无法深入分析根本原因，以确保原因得到解决。

原因可能包括：①分析者倾向于停止询问，而不是继续寻找根本原因。②无法超越分析者目前的知识范围-无法找到他们还不知道的原因。③缺乏帮助分析者提出正确的“为什么”问题的支持。④结果不可重复，不同的人使用“5 个为什么”会对同一问题提出不同的原因。⑤倾向于只要一个根本原因，而每个问题可能导致许多不同的根本原因。也就是说，“5 Whys”法通常导致问题或事故只有一个根本原因。对于一个给定的问题，为何树省略了与门和或门，缺乏枝节有助于以简单的逻辑分析事故或实践，但大部分事件至少具备两项以上的原因，这样需要多次经历“5 个为什么”的过程，以确保找出所有的根本原因，而要有效地做到这一点，就需要提问者掌握更多的技能。⑥如果其中一个“Why”的答案是错误的，或忽略了关键因素或考虑了不重要的因素，会导致为何树失效。

综上可见，这种方法需要在问题领域有丰富的经验和技术知识，才能学会如何提出正确的为什么问题，“5 Whys”法技巧并不像单独问“为什么”5次那么简单。虽然使用此工具将导致对根本原因的定义，这也是所需的更改（纠正措施），但通常不会导致制定和定义良好的纠正措施。

第五节　原　因　树

一、基本概念

原因树（Causal Tree Analysis，CTA）最初于1983年为某企业应用于安全、程序安全和环境意外事件调查，主要是利用演绎的逻辑。此方法的基本理论为意外事故发生时由于正常操作程序发生改变或变化，分析者必须定义系统中的改变，陈列所有的改变，组织这些改变于图表中并且定义改变事件的相互关系。不同于事故树，原因树分析去除OR逻辑门，用比较容易的方式调查事故，此方法只有AND逻辑门，图形借由简单规则和特定事件构建成相互关系。CTA的另一个名称为多重原因、系统导向事故调查（Multiple-Cause Systems Oriented Incident Investigation，MCSOII）。大部分公司使用这种方法调查复杂事故，当作简化的事故树版本[69]。

在意外事故调查程序中，此方法提供从资料收集到后续的改善措施，CTA需要借由现场作业主管、目击者、安全工作人员、管理人员和一些有经验的人员等共同调查。调查小组首先需要选择资料并且重新构建意外事件，此方法规定以书面的方式总结，而不是以图表的方式陈述，每一项证据应为单一事件或状态。

二、原因树的构建

原因树的构建以意外事件当作起始点，逐步发现导致事件发生的证据，在同一层级的调查中，必须回溯到前置事件，如果诱导前置事件发生的原因都已考量清楚，就可以进行下一阶层。分析者可由询问下列3项问题，验证是否考量周全[70]：

（1）是什么原因所导致？

（2）什么是导致结果的直接必要原因？只陈列直接导致意外事件的原因，在CTA里只有AND没有OR，所以只针对已经确切的事实进行调查分析，并未考量可能的促成因素。

（3）这些因素是该结果发生的充分条件吗？如果答案是否，则继续寻找其他因素，如果答案是是，则进行下一阶段的分析。

第六节　当　前　现　实　树

一、基本概念

当前现实树（Current Reality Tree，CRT）通过关联多个因素而不是孤立事件来解决问题。它的目的是帮助实践者找到症状因素之间的联系，称为不良影响或核心问题。CRT 被设计用来显示系统中现实的当前状态。它反映了促成一系列特定情况的最可能的因果链因素，并为理解复杂系统奠定了基础[71]。

CRT 假设所有系统都受到要素组成部分之间的相互依赖性的影响。与其他工具一样，CRT 使用实体和箭头来描述系统。

实体是某种几何图形中的语句，通常是具有平滑或锐角的矩形。一个实体被表达为一个完整的表达思想的语句。实体可以是原因，也可以是结果，或者两者兼而有之。CRT 中的箭头表示实体之间的充分关系。充分性意味着原因事实上足以产生结果。

不满足充分性条件的实体将不连接。两个实体之间的关系被读取为“if-then”语句，例如“if [原因语句实体], then [效果语句实体]”。

此方法使用充分的原因逻辑来区分相互关系和相互依赖，因为相互依赖产生的影响归因于多个相关的因果因素。CRT 是建立在充分性的基础上的，所以在某些情况下，一个原因本身不足以产生所建议的效果。

此方法中，椭圆符号表明产生效果需要多种原因。这些原因在本质上是有贡献的，因此它们都必须存在，才能产生效果。如果其中一个相互依赖的原因被消除，效果就会消失。包含椭圆的关系被解读为：如果 [第一个促成原因实体] 和 [第二个促成原因实体]。图 2-11 所示为显示一个当前现实树的示例。

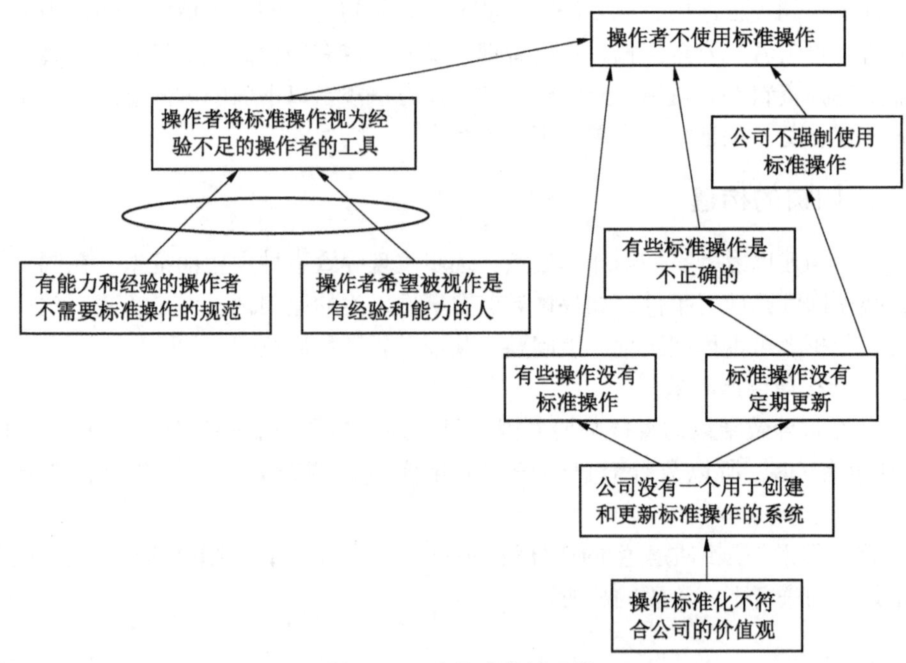

图 2-11　当前现实树示例

CRT 还允许循环，在这种情况下，一个箭头从最后一个原因拉回到前面的原因之一。

尽管从顶部构造，从效果开始，然后向下到原因，但 CRT 是使用“if-then”语句从下到上读取的。箭头从起因引出向上。

二、当前现实树的构造步骤

（1）列出 5 到 10 个与情况相关的问题或不良影响。

（2）测试并寻找任何两个不良影响之间的因果关系。

（3）确定原因和结果。

（4）使用合法保留的类别来测试这种关系。

（5）继续使用“if-then”逻辑连接原因和结果过程，直到所有原因和结果都已连接。

（6）有时原因本身似乎不足以产生效果，使用“and”连接符可以显示其他相关原因。

（7）可以使用一些、很少、很多、经常和有时这样的词来加强逻辑关系。

当原因向下添加并连接在一起时，此过程将继续。在某个点上，无法建立或连接到树的其他原因。当所有结果都与很少的根本原因相关时，构造就完成了，这些根本原因没有前面的因果原因。CRT 构造的最后一步是检查所有连接并测试图表的逻辑。可以修剪或分离未连接到结果的分支，以供以后分析。

CRT 的假设和逻辑从 6 个方面进行评估——清晰性、因果关系存在性、实体存在性、原因不足性、附加原因和预期效果。

清晰性、因果关系存在性和实体存在性是保留的第一个层次，用于澄清意义和问题关系或实体存在性；第二层次的保留包括原因不足、附加原因和预期效果，是第二级，在解决第一级保留后问题仍然存在时使用。

此方法的优点是可以通过对许多不同问题进行分组和组织来找到共同原因。鼓励关注细节、持续评估和输出的完整性。缺点是从业人员可能会发现应用此方法太困难或耗时。

第三章 Bow-tie 模型

第一节 发展及研究现状

一、开发背景

努力去了解和控制生产经营企业中存在的固有风险，对所有生产经营单位与企业来说都是十分重要的。为了深入了解和管理控制这些风险，目前已经产生了许多可用来系统地分析和评估风险的方法。人们渴望寻求确保在全世界所有业务中始终实行符合目的的风险控制的通用方法。

（1）在20世纪60年代，树形事故分析模型被开发并逐渐兴起。其中最具代表性的便是事故树、事件树模型，事故树、事件树模型各有侧重：事故树分析侧重于逻辑地分析事故的原因，可对于其可能的后果及措施却未提及；事件树侧重于分析事件之后的衍生后果，却未提出事故为何发生，问题所在及如何控制。这也就是两种树形模型的弊端之一。

（2）建立事故树和事件树都是为了量化风险，定量的事故树和事件树分析更适合于详细的以技术系统为导向的专项风险分析。但以定量为主的事故分析方法却也存在以下弊端：定量分析时需使用定量工具计算，这些方法适用于某些特定类型的设备，但对组织风险评估却意义不大。人类的预测能力不及机器，操作过程中各种因素（人的想法、设备、时间、天气、组织因素等）相互作用，使预测变得更为困难。要在如世界一般复杂的环境中对未来做出准确预测，可能性几乎为零。

（3）在更加复杂的作业系统中，风险分析会受到人员和组织的影响。事故树和事件树分析有局限性，主要包括两大原因：第一，随着事故树和事件树变得越来越庞大、越来越臃肿、越来越复杂，将会导致该方法的应用人员难以理解和使用；第二，进行事故树或事件树分析的作业环境中，存在太多的变量、干扰和未知因素。例如，即使完全相同的装置，安装到不同的公司也可能有不同的故障率。如何处理设施和流程、作业人员及管理人员如何进行决策是无法被量化的。唯一的办法是对此类风险进行定性管理。另外，在许多组织中，因事故引发的某些后果代价太高，必须采取措施加以管理。因此，最可靠的方法是：设想可能出现的各种风险，并评估组织应对措施的准备情况。

在作业系统越来越复杂、树形模型的定量方法不可能或不可取的环境背景下，Bow-tie模型于1979年被提出，Bow-tie分析法直译自英文术语Bow-tie，也写作Bow tie，由于其分析图的形状酷似男士佩戴的领结（Bow-tie）而得名Bow-tie分析法（蝴蝶结分析法），是一种根据危险事件演化过程，基于安全屏障理论的分析方法，既可用于事故分析也可用于风险分析。

Bow-tie综合考虑了事件树与事故树2种事故模型的分析特点，保留了事故树与事件树的分析功能，在此基础上增加了安全屏障功能，是一种结合管理系统技术的结构化定性分析工具，具有直观、简明、不易错漏的特点，可以对复杂作业环境进行定性风险分析和风险沟通。

在Bow-tie分析模型中，以顶级事件为核心，向前分析导致其发生的可能原因（事故树分析），向后分析顶级事件发生后可能的后续事件（事件树分析），再针对性地设置屏障进行防控。运用Bow-tie法，管理者可以系统全面地对风险进行分析，实现对风险的全面管理，说明特定风险的状况，具体了解风险系统及防控措施系统。

目前，作为一种流行的风险控制评估方法，Bow-tie模型在国内外石油天然气、航空和采矿等高风险行业的风险分析与安全管理中，应用十分广泛[72]。

二、模型发展

目前来看，Bow-tie方法的确切起源较为模糊。最早提到Bow-tie模型的是改编自澳大利亚昆士兰大学提交的1979年ICI（Imperial Chemical Industries）公司Hazan课程笔记，其最初设计目的是希望可以激发安全管理系统的活力[73]。除了起源模糊，Bow-tie法的发展过程也较为碎片化；荷兰壳牌石油集团是第一个将Bow-tie方法完全融入其商业实践的大公司，因此现在通常认为是该公司开发了这种技术，进而使得Bow-tie模型在今天广泛使用[74]。随后，Bow-tie法开始在公司、组织、国家之间以及从行业到监管机构之间传播。例如，2004年美国联邦航空局的科研团队开始研究基于Bow-tie图的风险管理模型[75]，推动了Bow-tie技术的发展。2016年，在哥本哈根举行的IATA（International Air Transport Association）国际运行会议上，Bow-tie模型作为民航安全管理&风险分析的有效工具被重点推介；2016年6月，集团安委会正式通过英国民航局CAA（Civil Aviation Authority）及安全管理咨询公司Cross Management引入Bow-tie模型概念[76]。

此外，欧盟、挪威等都发布了关于Bow-tie法的研究成果，英国国防工业、法国政府、英国健康与安全执行局、澳大利亚国家监管机构、新西兰陆地运输安全局等机构均以国际标准公布了运用Bow-tie分析的案例，英国国民健康服务体系中也使用了Bow-tie方法[72]。但目前，这些公司、组织及国家的研究成果中对Bow-tie法的描述并不统一，没有形成世界范围内认可的标准或通用术语。因此，除形状特征外，Bow-tie法的确切定义尚未在学术界达成共识。但总结各类定义中的共性可见：Bow-tie法是一种图形化的安全分析方法，其直观地表达了事故发生的原因和可能导致的一系列后果，且涵盖了预防事故发生的控制方法，以及减轻或降低事故后果影响的缓解措施。

三、研究现状

（1）石油化工领域，在欧洲Aramis项目中，Bow-tie模型被用来分析与识别风险，并通过Bow-tie模型设立安全屏障[77]。腐蚀是石油和天然气生产和加工设施中安全和资产完整性的主要威胁。Taleb-Berrouane，M. 等从安全、经济两方面提出了一个简单而实用的定量腐蚀风险评估模型。这包括一个自适应Bow-tie模型，用于腐蚀风险，特别侧重于微生物影响的腐蚀，以及腐蚀经济风险概况[78]。胡景武给出了Bow-tie模型和评价预测方法在抚顺石化液化气充装车间等典型企业的安全分析应用[79]。薛鲁宁等以安全屏障为基础，利用事故树和事件树分析方法，建立了海上钻井井喷事故的Bow-tie模型[80]。以英国石油公司事故报告为依据，将事故树分析与事件树分析相结合，对深水固井作业溢流的原因、井涌监测失败的原因和井喷的后果进行了详细分析，分别建立了深水固井作业溢流和溢流井涌监测失效的故障树，并结合井喷事件树建立固井作业井喷事故的Bow-tie模型。该模型为深水固井作业过程井喷事故的防控提供了一定的依据和参考[81]。

（2）煤矿领域，运用Bow-tie模型可对煤矿致命冲撞事故进行分析[82]。为有效评价煤矿瓦斯爆炸事故的风险等级，李红霞等利用模糊Bow-tie模型对煤矿瓦斯爆炸事故进行定性和定量分析[83]。为有效降低煤矿顶板事故风险，提高煤矿安全水平，佟瑞鹏等基于Bow-tie模型与模糊集合理论，提出一种模糊Bow-tie模型定量风险分析方法，并应用于分析某起煤矿顶板事故的风险[84]。

（3）在航空领域，孙殿阁就Bow-tie技术在民用机场安全风险中的具体实施步骤进行了描述，最后给出了其在民用机场风险分析中应用的一个实例，并就其可行性和实际应用进行了系统的研究[85]，刘俊杰等利用该模型分析了262起着陆事件的原因、后果，并制定相应的预防控制措施和减少控制措施，建立重着陆事件改进Bow-tie图。以2016年河北航空发生的重着陆及尾撬擦地事件为例进行实证分析[86]，为更加系统全面地分析民机着陆冲出跑道风险，陆正等结合Shel模型和Reason模型对这些事故的原因进行了具体分析，基于上述分析结果绘制航空器着陆冲出跑道Bow-tie图，对着陆冲出跑道的原因和后果以及相应的预防和控制措施进行了描述[87]。

（4）管道运输领域，Bow-tie模型被引入到城镇燃气管道的风险管理中，学者通过Bow-tie图将故障树与事件树结合起来，定性分析了导致燃气管道泄漏的原因和后果，针对性地提出预防减缓措施，完善燃气管道安全评价体系[88]。陈玉超等将Bow-tie模型和改进的层次分析法相结合得出各影响因素的权重并排序，对管道进行风险评价，便于提出合理的安全管理方案，减少事故的发生[89]。於孝春等运用Bow-tie模型思维，将管道泄漏的故障树与事件树统一到一起对燃气管道进行定量风险评价。采用模糊集相关理论与专家评价相结合的方法得出管道泄漏的模糊可能值，然后基于模糊层次分析法确定管道泄漏后果因素的权重系数，再通过矩阵乘法求得泄漏后果值[90]。胡显伟等为有效评价深水海底管道风险，提出一种新的模糊Bow-tie模型定量风险评价方法，综合运用Bow-tie图、模糊集以及德尔菲法，定量分析油气泄漏概率，进一步利用层次分析法（AHP）研究油气泄漏后果的严重程度，给出泄漏后果因素的权重系数选择方案。同时，结合风险矩阵，实现对高风险深水海底管道的定量风险评价[91]。

（5）在工业风险分析领域，孙震等以Bow-tie模型为基础，借鉴工业部门风险分析方法，建立基于Bow-tie模型的模糊贝叶斯网络风险评估框架，实现从静态层次分析向动态网络推理转变、从风险评估向风险预测深化、从风险发生前评估向风险发生后分析发展，为内部审计职能拓展与价值深化提供借鉴[92]。李琼等选取上海市某镇智慧社区建设项目开展实证研究，结合Bow-tie模型与重大事项社会稳定风险评估机制构建社会稳定风险识别模型，并运用贝叶斯网络模型进行风险测量，得出该项目整体为中等风险等级，其中项目监管机制、风险预警和应急方案、资金筹措情况、群众接受度和满意度、项目公开与宣传情况及舆情反馈机制为高风险，当地经济发展承托能力、预期收益、社会心理及政府执行风险为中风险[93]。

(6) 在航海运输领域，为全面分析油轮靠港装卸作业溢油事故风险，崔文罡等在风险定量分析中引入了模糊 Bow-tie 模型，基于事故树方法分析油轮靠港装卸作业发生溢油事故的原因，采用事件树方法分析溢油事故可能导致的后果，利用模糊集理论与专家评价相结合的方法分析油轮靠港装卸作业溢油的模糊可能值，采用层次分析法确定作业溢油后果因素的权重值，采用矩阵乘法计算溢油后果风险值[94]。为有效降低跨海大桥船桥碰撞风险，提高桥区水域安全，陈伟炯等建立了一种适用于跨海大桥的量化船桥碰撞风险评估方法。首先，结合 Bow-tie 模型与模糊集合理论，构建跨海大桥船桥碰撞风险评估的模糊 Bow-tie 模型来定量分析各结果事件概率；然后，用敏感性分析方法揭示船桥碰撞的主要影响因素；最后，通过对某跨海大桥通航风险评估，实例验证所建评估方法的有效性[95]。摆脱了技术水平和不同场景的图形表示的限制，考虑实际系统的动态方面。提出一种利用真实数据并结合贝叶斯方法来构建 Bow-tie[96]。

总而言之，Bow-tie 事故分析模型应用十分广泛，在石油化工、煤矿、航空航海等领域均有涉猎。

第二节 具 体 内 容

一、模型内容

Bow-tie 模型是风险管理的一种工具办法，旨在通过设置防止一定量的不安全事件发生的屏障方式进行风险管控，达到降低结果发生的概率或严重程度。通常情况下，Bow-tie 模型包含风险隐患、顶事件、潜在结果以及安全屏障 4 大要素，其中安全屏障包括事故前预防措施和事故后控制措施，事故前预防措施在事前设置，以降低事故发生的可能性；事故后控制措施在事故发生后通过相关补救方法，以降低事故的影响程度。但为求读者更详细了解了解模型，并更好应用该模型，安全屏障可更详细划分为预防措施屏障、控制措施屏障、干扰因素、干扰因素的措施屏障等 4 部分。这样做的好处在于，详细划分安全屏障，在进行事故分析时更方便理解，分析更方便。因此，Bow-tie 模型中包含 8 大要素，分别为危险源、顶事件（风险事件）、风险隐患、潜在结果、预防措施屏障、控制措施屏障、干扰因素、干扰因素的措施屏障。如图 3-1 所示。

下面对 Bow-tie 模型中的 8 大要素展开具体解释。

1. 危险源

Bow-tie 模型中，危险源是指一种潜在可能造成人员伤亡、设备结构损伤、材料功能失能的条件、物体或活动。Bow-tie 模型中危险源如何确定：

(1) 任何可能造成伤害或损失的来源，都是危险源。如雨雪天气运行、易燃物、在繁忙跑道上滑行。

(2) 危险源常伴随后果，但不意味着危险源就是后果。如上述 (1) 中，雨雪天气易导致飞机起飞时飞机失控，易燃物易导致明火和爆炸，繁忙跑道上滑行易导致飞机相撞。

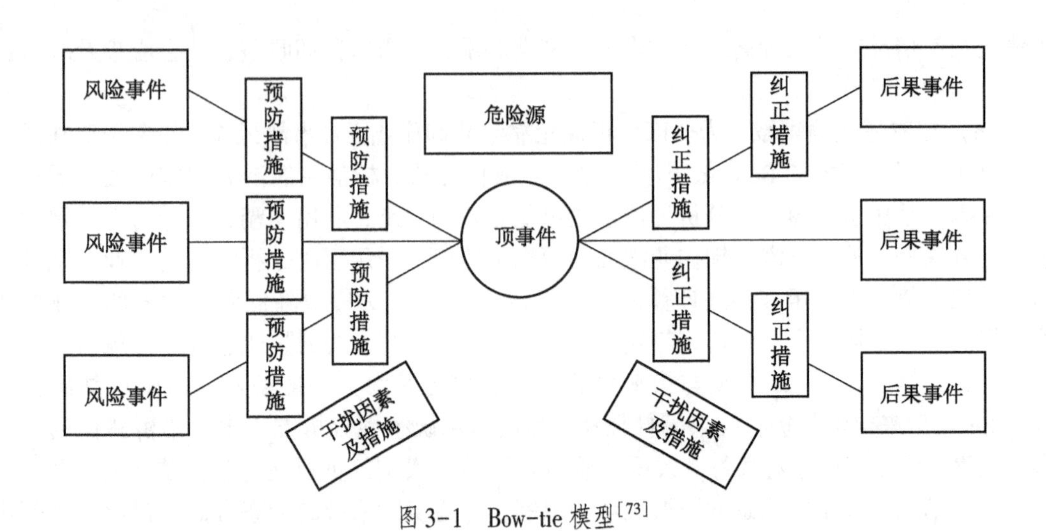

图 3-1 Bow-tie 模型[73]

但这些后果并不一定会发生，Bow-tie 模型危险源的描述中不应包括后果。

2. 顶事件

Bow-tie 模型中，顶事件（Top event ）其实就是事故本身，是伴随风险源（Hazard）次生出现的，每个顶事件都有对应的风险源，而每个风险源往往可能有多个顶事件伴随。在 Bow-tie 模型中，顶事件位于每个 Bow-tie 的中心，是一个初始事件（或“顶事件”）。Bow-tie 模型中风险事件如何确定。例如，危险源为雨雪天气运行，那么风险事件就可以描述为飞机机翼带冰雪起飞，或者飞机在湿滑跑道上起飞。风险事件可看作是风险源具体状态+体量（规模）+发生时间+发生地点+发生可能性的综合。风险事件的描述中同样是不包含事件后果。

3. 风险事件

Bow-tie 模型中，风险事件（Threat）也叫作威胁，是通过产生风险事件从而导致危险源出现的原因或可能性。威胁是顶事件发生的原因，在 Bow-tie 图最左边，是一种可能造成伤害的能源，也是可能导致“顶级事件”的条件。危害的例子包括：碳氢化合物，高架物体，有毒物质。Bow-tie 模型中风险事件描述：

（1）风险隐患的描述要直接。

（2）每一个风险隐患都必须对应一个后果（但多个风险隐患可以对应同一个后果）。

（3）每一个风险隐患都是独立存在的，不存在两个风险隐患相互干扰、相互影响。

（4）在描述风险隐患时可以从人、机、料、法、环等方面逐一考虑和划分。

4. 潜在后果

潜在结果（Consequence），是风险事件发生后所可能产生的结果。可以理解为由上述风险事件引起的事故后果。实例后果包括：火灾和爆炸、环境污染、生产损失或责任增加。Bow-tie 模型中潜在后果的描述：

（1）潜在结果只是结果事件，而不是事件造成的后续人员伤亡、物体损伤等。例如飞机失去控制，航班备降、返航，冲出跑道，飞机相撞。

（2）每一个潜在结果都必须至少对应一个风险隐患在 Bow-tie 图的最右边。

5. 预防措施屏障

在 Bow-tie 中，预防措施屏障位于风险隐患发生前，或在风险隐患与顶事件之间，根据措施的实施阶段和程度不同，大体可细分为清除性措施和预防性措施 2 种。

（1）清除性措施（Elimination），即通过落实此措施，可直接避免隐患发生。

（2）预防性措施（Prevention），即通过落实此措施，在隐患出现后可避免风险事件发生。

6. 纠正措施屏障

在 Bow-tie 模型中，纠正措施屏障位于顶事件与潜在后果之间，或在潜在后果后，根据措施的实施阶段和程度不同，大体可细分为减少性措施和止损性措施 2 种。

（1）减少性措施（Reduction），即通过落实此措施，在风险事件发生后可减少潜在后果发生的可能性。

（2）止损性措施（Mitigation），即通过落实此措施，在潜在后果出现后，减少后果带来的损失。

7. 干扰因素

干扰因素是指对于预防措施或控制措施等存在干扰的、可能造成措施屏障失效的因素或者事件。Bow-tie 模型中干扰因素如下描述：

（1）制定一个 Bow-tie 时，往往要考虑措施屏障的有效性，一旦在评估一个措施屏障为失效时，就要考虑其失效的原因，而这就是干扰因素。

（2）干扰因素的引入是 Bow-tie 运用 PDCA 闭环管理的一个重要体现，Bow-tie 的制定者可以根据需要，对每个预防和措施屏障进行干扰因素的分析，当然也可以仅针对某个或某些有效性较低的措施进行干扰因素分析，从而再针对干扰因素制定专门的措施屏障，最终达成闭环管控。

8. 干扰因素措施屏障

干扰因素的措施屏障，原理与预防和纠正措施屏障相同。可分为以下几种类型：

（1）清除性措施（Elimination），即通过落实此措施，可直接避免隐患发生。

（2）预防性措施（Prevention），即通过落实此措施，在隐患出现后可避免风险事件发生。

（3）减少性措施（Reduction），即通过落实此措施，在风险事件发生后可减少潜在后果发生的可能性。

（4）止损性措施（Mitigation），即通过落实此措施，在潜在后果出现后，减少后果带来的损失。

二、模型与理论基础

Bow-tie 模型中体现了许多安全管理理论和模型的理念。

1. 奶酪 Reason 模型

Reason 模型是曼彻斯特大学教授 James Reason 在其著名的心理学专著《Human error》一书中提出的概念模型，通过国际民航组织的推荐成为航空事故调查与分析的理论模型之一[14]。Reason 模型的内在逻辑是：事故的发生不仅有一个事件本身的反应链，还同时存在一个被穿透的组织缺陷集，事故促发因素和组织各层次的缺陷（或安全风险）是长期存在的并不断自行演化的，但这些事故促因和组织缺陷并不一定造成不安全事件，当多个层次的组织缺陷在一个事故促发因子上同时或依次出现缺陷时，不安全事件就失去多层次的阻断屏障而发生了。这与 Bow-tie 模型中的障碍思维理论相一致：Bow-tie 模型分析事故时，风险隐患与顶事件之间实际上存在许多安全屏障，当安全屏障失效时，风险隐患才可能造成顶事件的发生。由此发现，虽然 Reason 模型是在 Bow-tie 模型后提出，但 Bow-tie 模型中早已蕴含这种安全缺陷与障碍思维。

2. 冰山理论模型

冰山理论是从精神分析学派发展而来，最早由美国哈佛大学戴维·麦克利兰（David McClelland）教授提出的。该理论认为个体素质可划分为海平面的冰山上部分和深藏海平面下的冰山下部分。冰山上部分是外在表现，包括知识和技能，相对而言比较容易通过教育和培训来改变；冰山下部分是人的内在部分，包括自我形象、个性、品质、价值观和态度，不太容易观察，也不太容易通过外界的影响而改变，但对人的行为表现起着关键性的作用[97]。将冰山理论与 Bow-tie 模型事故分析联系起来，可将冰山上部分，即外在表现视为事故与事故特征，是较为清晰呈现在眼前，可以对其进行主动控制来防止造成更严重后果；而冰山下部分则是差错和威胁，或是不安全事件，是隐藏在“海平面”以下，需要人们去发掘分析才能得出的部分。在事故发生与事故特征显现后，将其作为起点，进行挖掘冰山下部分，进而提出被动控制措施。

3. CAPA（Corrective Action&Preventive Action）

CAPA 是一种质量管理的方法，可对产品和过程中出现的或潜在的不合格原因进行分析，采取必要的措施，防止不合格产品和过程发生或再发生，以及在产品性能、过程能力、成本及服务等方面采取纠正/预防措施，从而不断提高产品/过程质量水平以达到顾客满意[98]。CAPA 中的纠正/预防措施解释如下：

（1）纠正措施。组织应采取措施，以消除不合格的原因，防止不合格的产品和过程再出现。纠正措施应与所遇到不合格的影响程度相适应。

（2）预防措施。组织应确定措施，以消除潜在不合格的原因，防止不合格产品和过程的产生。预防措施应与潜在问题的影响程度相适应。

CAPA 中的纠正/预防措施，与 Bow-tie 模型中的预防措施等思维相一致：在风险隐患与顶事件之间可以采取预防措施，主动预防，防止潜在不合格风险隐患的发生，进而阻断顶事件发生；而在顶事件与事故后果之间可以采取纠正措施，此时，事故已发生，组织应尽快采取纠正措施，被动预防，以防止此类事故的再次发生。

三、模型建立

目前关于建立 Bow-tie 图的方法并不唯一，在同时包含上述因素的条件下，建立 Bow-tie 图的方法有很多种。通过总结相关研究成果以及（定性、半定量、定量）3 种情况分类，目前有学者认为 Bow-tie 图建立方法一共有 3 种，分别是：直接的因果关系图方法、故障树-事件树方法和职业风险模型法[72]。但职业风险模型法是一种具有特定评价目标（职业风险评估）的 Bow-tie 图方法，视其 Bow-tie 图形式可以归类为直接因果关系图或故障树-事件树。因此，本书只详细介绍前2种方法。在这2种方法中，故障树-事件树方法应用最为广泛。

（一）直接因果关系图方法

此类Bow-tie模型是在20世纪90年代早期，Lord Alex Curran关于派珀·阿尔法号（Piper Alpha）的灾难的报告后为壳牌公司而设计的[77]。该方法是将不同的场景转化为一种简单的因果关系，如图3-2所示。在Bow-tie的左侧包含多个风险事件（也称为威胁），每个威胁都可能导致中央顶部事件。在Bow-tie的右边，所有的结果也被简化为单一的因果关系，顶部事件可以直接导致每种结果。在原因、顶事件以及后果之间采用单线连接（依据图形放置的需求存在转折），在连线上还附有预防、控制或缓解事故的屏障措施。与下列将要介绍的故障树-事件树方法不同，此种方法的不同的原因/结果只放入一次。

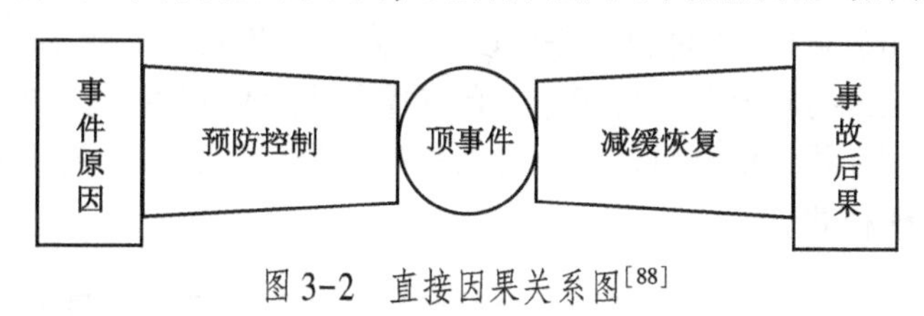

图3-2 直接因果关系图[88]

（二）故障树-事件树方法

1. 构建基础

在介绍故障树-事件树领结法建立前，先介绍故障树、事件树、原因后果图和障碍思维，然后可更充分地了解故障树-事件树方法Bow-tie模型是如何形成与构建的。

（1）故障树[99] 的内容见本书第二章。故障树通常被用来构建Bow-tie图的左侧。

（2）事件树[100] 内容见本书第二章。事件树方法通常构建Bow-tie分析图的右侧。

故障树和事件树之间的主要区别：前者从单个事件向后追溯一个因果路径，后者从单个事件开始，并探索之后的可能性[101]。这2种方法都可以用来量化结束事件的概率（在故障树是顶部事件的情况下，在事件树中是不同的结果）[102]。

（3）原因后果图[103]。Bow-tie模型中一个重要的思想结构，源自尼尔森（Nielsen）（1971）发明的包括故障树和事件树，这可以被认为是最早的Bow-tie雏形。这些图从故障树开始，然后通过所谓的“关键事件”移动到事件树中。尼尔森将关键事件定义为“违反了重要反应堆参数的安全极限”。

（4）障碍思维[72]。障碍是指系统中防止偏差发生的那些部分。一个事故中通常有多种障碍，如果一个障碍失败，就会出现相应偶然事件，这也增加了障碍控制难度性。而预防与控制事故，则是要控制和预防其中的障碍，建立障碍屏障。Bow-tie模型中的事故预防与控制，就是运用预防障碍，建立障碍屏障的思想。目前，障碍屏障思维的概念通常应用于质量、安全和健康等领域，但任何涉及保持正常过程持续运行的领域都可以使用屏障模型[81]。

通过结合故障树与事件树方法，创建了Bow-tie图出现的左右结构。再将原因后果图的思维运用到结构中，并最终将其与障碍思维合并到一个图中，形成了完整的Bow-tie模型图。

2. 构建思路

作为2种十分常用的风险评价方法：故障树通过布尔逻辑（与门和或门）建立各风险因素的失效路径，并最终聚集至一个单一的顶事件；事件树则是从单一事件出发，依据可能的失效路径，逐步推定后续可能发生的失效后果。将两者相结合形成了故障树-事件树领结法。故障树-事件树领结法分析是基于经典的故障树-事件树分析（FTA-ETA），如图3-3所示。

故障树-事件树领结法是以故障树开始，通过必要的预先条件，向后分析潜在的事件，在顶部事件中收敛聚集，之后通过事件树再次发散。然后在故障树与顶事件、顶事件与事件树之间识别安全屏障，以防止事件演变为事故，或完全防止其发生。这种方法可以用来量化Bow-tie模型中确定的顶部事件和后果。此外，使用故障和事件树可以分解风险并对细节详尽分析，使用故障树-事件树方法可以获得最终结果发生的频率，并进行影响评估；然后将其与接受标准进行权衡，以确定结果的频率是否降低到可接受的水平。但这种分析情况的所有可能的相互排他的后续步骤、分析的范围是有限的，只关注危险情况，而不是检查所有潜在的操作模式。

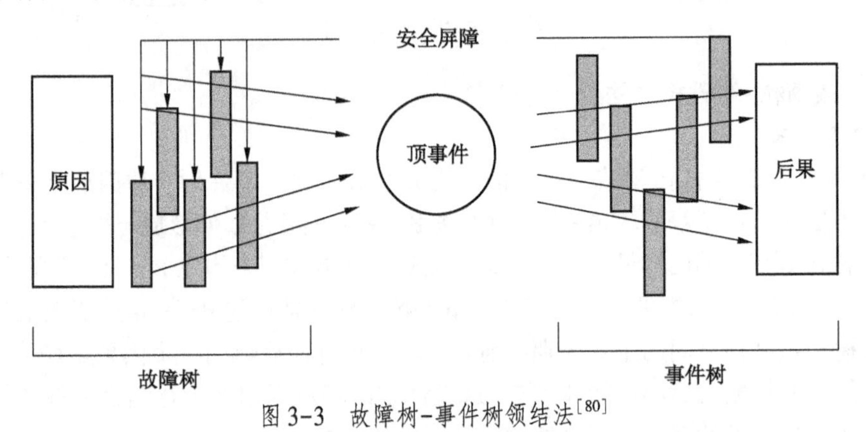

图3-3　故障树-事件树领结法[80]

第三节　事故案例分析应用

一、分析思路

由于直接因果关系图法分析事件过于简单，只考虑简单因果关系，而故障树-事件树分析方法则从2种常用事故分析方法入手，分析较为全面。目前对于Bow-tie模型，应用最多的为故障树-事件树领结法，Bow-tie进行事故分析的基本思想可以基本概括为：通过对安全风险事件进行详细分析，将原因和后果的分析结合起来，设置预防屏障和控制屏障，将事件的危害降至最低。

二、分析步骤

（1）识别顶事件（风险事件），选择风险事件作为Bow-tie图的顶事件。

（2）通过事故树分析方法，分析顶事件，通过事故树分析，将其作为引发顶事件的原因（威胁），把威胁放在Bow-tie图左侧，用直线连接每个危险源与顶事件。

（3）分析危险源导致顶事件发生的内在联系，提出相应的预防措施即安全屏障（主动预防），并放在危险源与顶事件之间。

（4）识别可能造成主动预防失效或干扰预防的因素，将其标注在预防措施旁。

（5）在Bow-tie图的右侧，识别顶事件可能导致的事故后果，用直线连接顶事件与每个潜在的后果。

（6）分析顶事件与结果的内在联系，制定相应的减缓措施（被动控制）；识别可能造成被动控制失效或干扰控制的因素，写在预防措施下边。

（7）通过对安全风险事件进行详细分析，将原因和后果的分析结合起来，设置预防屏障和控制屏障，将事件的危害降至最低。

三、事故分析

（一）案例描述

2018年4月9日，某化工公司市场营销部某副部长通知某货运公司派驻本公司的驾驶员承担危货运输任务，23时56分驾驶员和押运员驾驶危货运输车辆，携带某化工公司提货单，持县公安局核发的《爆炸物品购买许可证》和《道路运输许可证》前往某化工公司炸药库，装载炸药8.4 t，4月10日凌晨1点左右，从某县出发，经沪陕高速，10时53分到达商南西收费站进入沪陕高速，而后进入307省道，经柞水县到达某公司民爆库，在此库卸载炸药3.12 t，22时41分到达另一个民爆库，在值班室办完入库手续后，于23时01分驶入库区，在2号库卸载炸药2.976 t，23时34分驶出库区至距离库区大门25 m的位置停车，打开右侧货箱门往危货配送车上倒装炸药0.576 t，危货配送车于23时41分驶离现场。42分33秒危货配送车开始倒车，尾部倒至送货车右侧货箱门约80 cm处，库管员等人在搬运炸药时突然发生爆炸，爆炸导致7人死亡、2台危货运输车辆损毁，值班室及附近民房内13人受伤，3台私家车和周边24栋民房不同程度受损，直接经济损失约1000余万元。

事故发生后，某县委、县政府主要负责同志迅速带领有关部门负责人赶赴现场开展救援工作，某市迅速启动应急预案，成立了由市公安、安监、交通、卫生等部门以及某县政府有关负责同志组成的应急处置工作组，下设医疗救护、现场维稳、隐患排查等5个工作小组分头开展工作。某省委、省政府负责同志连夜带领有关部门负责人赶往现场，组织省、市医疗机构全力以赴救治伤员；公安机关扩大事故现场搜寻范围，搜集尸体碎片进行DNA个体检测比对，核清遇难人员人数和身份；组织爆破专家指导将库存炸药6.243 t、雷管17041发、导爆索8600 m安全转移到某县民爆公司库房；组织排查周边安全隐患，防止次生事故发生。

（二）事故调查

通过案例描述及调查报告得知，危货配送车违规混装炸药和雷管，两辆危货运输车违规倒装炸药作业过程中，很可能存在静电集聚或车辆漏电引起电雷管起爆的情况，进而引发运输车辆装载的炸药发生爆炸。

引起电雷管起爆具体原因分析：一是静电集聚引发雷管炸药爆炸。根据回放监控录像，在炸药装卸过程中，部分操作人员未按照规定穿戴防静电服和劳保护具，操作中易产生静电集聚，运输车辆未能可靠接地造成静电集聚引起雷管炸药爆炸；二是车辆漏电引发雷管炸药爆炸。危货配送车存在接触不良、启动不正常故障。监控录像显示，装卸作业时，两辆车均处于全车通电状态，其中一辆运输车在爆炸前有一次闪熄过程，存在车辆启动或车灯打开时电路漏电使车体带电引发雷管炸药爆炸。

除上述外，事故中涉事人员及公司也存在以下问题：

（1）作业人员违反操作规程。货运公司有关人员违反规定，未穿戴防静电服从事民爆物品运输、装卸作业；违反规定将车辆处于全车通电状态，且两车同时在同一场地进行装卸。

（2）安全教育培训不到位。经查，某公司于2018年2月公司年度工作会议期间，组织从业人员进行了一次集中教育培训之外，无其他教育培训记载；两家货运公司的驾驶员培训记录中无涉事车辆驾驶员任何培训记录，致使涉事人员均未得到有效的培训教育。

（3）安全管理和责任制落实不到位。某集团爆破公司未设置安全管理机构、配备专职安全管理人员，责任制落实不到位，规章制度落实不严格；两家货运公司未设置安全管理机构、配备专职安全管理人员，对涉事车辆采取使用、管理、监控相分离的管理模式，致使人员及车辆处于失控状态，相关制度规定落实不到位，违反规定使用不具备押运资格的人员从事危险货物运输工作；其中一家货运公司对涉事车辆报备的驾驶人员与实际驾驶人员不符，未能实施有效管控。

（三）Bow-tie模型事故分析

1. 确定顶事件

本次事故的顶事件：雷管炸药运输车辆爆炸事故。

选取雷管炸药运输车辆爆炸事故为顶事件后，对其进行事故树分析。通过事故报告以及事故经过查阅，可以推测，在作业人员装卸炸药过程中，存在静电聚集或车辆漏电的情况，从而产生电火花，与车辆上炸药与雷管接触，随后引发爆炸事故。因此，将静电聚集和车辆漏电作为导致事故发生的最直接原因。将静电聚集和车辆漏电分别作为2条分析路径：

（1）事故调查报告中指出，作业人员工作时，并未穿戴防静电服与防劳保护具，此外，由于作业人员和押送人员资质不符，未经受训练，导致车辆未可靠性接地。因此，推测导致静电聚集的原因是作业人员未穿戴防静电服、作业人员未穿戴劳保护具以及车辆未能可靠接地。

（2）事故资料显示，危货配送车存在接触不良、启动不正常故障等故障情况。此外，监控录像显示，装卸作业时，两辆车均处于全车通电状态，其中一辆在爆炸前有一次闪熄过程，存在车辆启动或车灯打开时电路漏电使车体带电引发雷管炸药爆炸。因此，可以推测导致车辆漏电的原因主要是在运输车辆故障的情况下，作业期间全车通电，导致车辆漏电，产生电火花，进而引发爆炸事故。

2. 针对风险事件，提出安全屏障

（1）对于作业人员未穿戴防静电服与劳保护具，可建立安全屏障：作业人员集中培

训、设置专职安全管理机构、配备专职管理人员进行监督管理。

（2）对于车辆设备未能可靠接地，可建立安全屏障：定期检查维护、临行前车辆检查。

（3）对于车辆故障，可建立安全屏障：车辆状态实时监控、定期检查维修、出行前检查。

（4）对于全车通电状况：押送人员进行监督检查。

3. 干扰因素及干扰因素预防措施

（1）干扰因素：作业人员资质不合格、定期检查未落实、出行前车辆检查遗漏、押送人员资质不合格。

（2）干扰因素预防措施：作业人员资质审查、车辆检查管理规定，押送人员资质审查。

4. 爆炸事故可能造成的后果及控制措施

（1）爆炸事故恶化。爆炸事故通常伴随着起火，二次爆炸等情况发生，本次事故是在装卸过程中，因此周边很可能存在其他易燃易爆品，如若不及时处理，很可能造成更大损失。因此，在场人员要第一时间给公司值班室、保安室报告并及时报警；公司收到警报应第一时间启动应急预案，进行现场救援并维护现场秩序，然后开展救治工作，同时现场工作人员要维护现场秩序，防止事件扩大。在装卸现场配备紧急救治的物资并定期补充。

（2）影响公司运营。本次爆炸导致公司内 7 人死亡、2 台危货运输车辆损毁，值班室受损。这将直接影响后续公司各项工作的正常开展。公司要主动配合相关部门调查，并积极提供相关资料，制定灾后恢复生产的工作计划，在得到准许后保证尽快复工复产。

（3）公司负面影响。爆炸事故发生后。公司的公关部负责应对媒体，回答媒体的提问。为了保证应对媒体的有效性，可以开展相应的培训，制定相应的程序指引，定期开展应急演练等。此外要主动安抚受伤群众与人员家属，积极配合部门调查并进行事故赔偿尽量将对公司的负面影响降至最低。

（4）人员伤亡及周边区域破坏：本次爆炸导致公司内 7 人死亡，附近民房内 13 人受伤，3 台私家车和周边 24 栋民房不同程度受损。对此，公司应及时与事故遇难人员家属协商赔偿、安抚家属、房屋修缮和事故理赔等善后工作。

5. 后果存在的干扰因素及控制措施

（1）应急预案失效，现场救援不及时。为防止应急预案失效的情况，公司要制定应急预案并定期检查更新，并准备备用方案，并定期开展应急演练，确保应急救援及时性，保证救治的有效性。

（2）为逃避责任瞒报误报信息。对于调查过程中个别人员逃避责任瞒报误报信息的情况，在公司日常应对全体工作人员进行责任意识培训，强调责任感，当事故发生时，公司人员应如实汇报，虚假瞒报者给予严重处罚。

（3）人员安抚失败。针对人员安抚失败的情况，应在合法前提下，努力协商，做好善后工作。日常经营中，也可以设立对应专属机构或人员，开展相关培训，专门负责协调协商工作。

到此，利用 Bow-tie 模型对该起民爆事故的分析已结束。分析结果如图 3-4 所示。

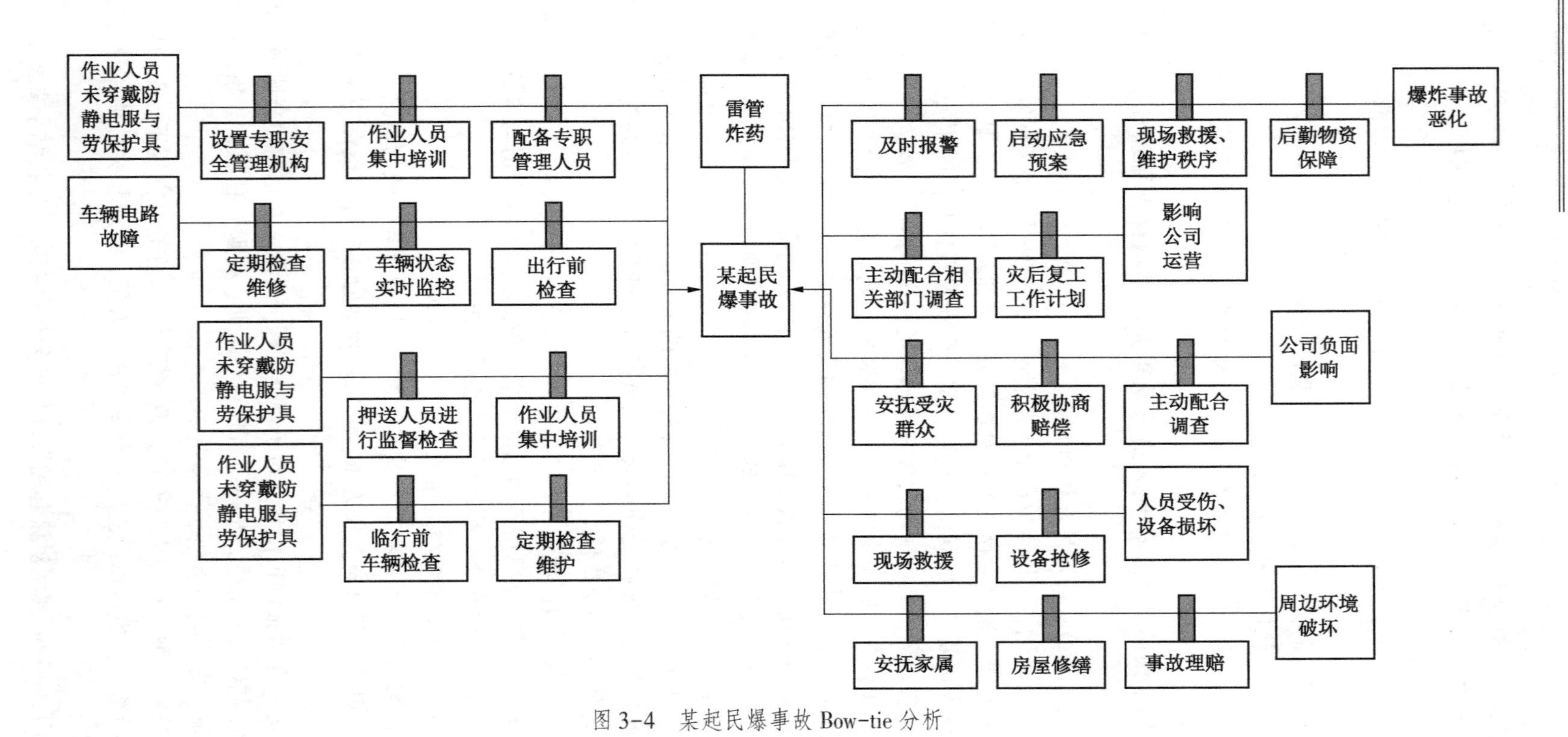

图 3-4 某起民爆事故 Bow-tie 分析

四、风险分析

上述对某起民爆事故案例分析，属于炸药运输事故个例分析，本章要通过 Bow-tie 模型对炸药运输爆炸类事故进行风险分析，从而展示 Bow-tie 模型的风险分析功能。

1. 首先确定顶事件

顶事件为炸药运输车爆炸事故。

2. 收集炸药运输事故案例

贵州福泉炸药运输车爆炸事故[104]、清远“8·27”运输车辆炸药爆炸事故[105]、湖南宁乡鞭炮炸药原料运输车爆炸事故[106]、英德炸药配送车爆炸事故[107]，总结出引起炸药运输车爆炸事故的原因，并据此确定炸药运输车爆炸事故的威胁。本部分仅作为一种举例，实际在应用中可以增加更多案例，或使用其他方法，发现更多的风险。

（1）炸药箱夹带雷管：雷管存在不稳定性，当用炸药箱违规装载雷管时，搬运途中可能存在引发雷管爆炸，进而引发炸药爆炸的后果。

（2）热积累效应：炸药在贮存环境下，会不断分解，且分解的速度随贮存期的增长而增加，这种反应是放热的。当分解反应速度足够大，产生热积累使火药自身被加热而引起自动燃烧，进而引燃炸药引起爆炸。

（3）静电聚集：静电聚集通常是因为作业人员未穿着防静电服与防护用具，或是由于车辆未可靠接地引起。炸药搬运存放过程中，外包装材料等介质发生摩擦会产生静电，如果不采取防静电措施会导致静电荷聚集，一旦存在放电条件就会产生火花放电，当火花放电能力足以点燃炸药或周围易燃物质时就会发生燃烧或爆炸事故。

（4）车辆漏电：炸药运输车辆由于检修疏漏或未经检修上路运输时，易存在车辆线路故障，导致放电现象，从而引燃炸药或易燃物质，进而发生燃烧和爆炸事故。此外，炸药搬运过程中，作业人员易在车辆通电情况下进行作业，更容易发生事故。

（5）明火接触：炸药运输过程中，明火接触很可能会直接引燃炸药，产生燃烧爆炸事故，十分危险。

（6）车辆撞击：炸药运输车辆发生撞击、车祸时，易产生电火花、明火甚至直接发生燃烧，进而发生燃烧事故或爆炸事故。

3. 对风险事件，提出相应安全屏障

（1）对于炸药箱夹带雷管提出安全屏障。首先，公司应严格遵守《道路运输货物管理规定》，对装卸、押送等从业人员进行安全培训，并在装卸过程中安排安全人员或押送人员进行监督检查，保证无夹带混装。

（2）对于热积累威胁，提出相应安全屏障。

（3）对于静电聚集情况的安全屏障与本节中事故分析部分一致。

（4）对于车辆漏电情况的安全屏障与本节中事故分析部分一致

（5）对于明火接触情况提出相应安全屏障。公司应遵守相关制度，装卸过程中严禁烟火；对从业人员进行安全培训，提高防护意识，防止运输过程中明火接触；车辆应贴出醒目标语，告诫行人群众；应确保运输过程中车辆停靠时远离存在明火区域。

（6）对于车辆撞击的情况提出相应安全屏障。公司应预先审核驾驶人员的资质；其次，车辆运输过程中应实时监控，押送人员也要时刻监督，确保车辆运输路线以及遵守交通规则正常驾驶，避免疲劳驾驶、醉酒驾驶、超速驾驶等情况。

4. 安全屏障存在的干扰因素及干扰因素预防措施

（1）干扰因素：车辆所张贴标语失效、车辆维修失效。

（2）干扰因素预防措施：对于车辆张贴标语失效的情况，应定期检查车辆张贴标语并及时更换，防止老化损坏；对于车辆维修失效的情况，公司应加强维修人员培训并定期审核维修指引程序，必要时可委外维修。

5. 事故后果及相应控制措施

（1）爆炸事故恶化：爆炸事故通常伴随着起火，二次爆炸等情况发生。本次事故是在装卸过程中，因此周边很可能存在其他易燃易爆品，如若不及时处理，很可能造成更大损失。因此，在场人员要第一时间给公司值班室、保安室报告并及时报警；公司收到警报应第一时间启动应急预案，同时现场工作人员要维护现场秩序，防止事件扩大。

（2）影响公司运营：一旦发生爆炸事故，将直接影响后续公司各项工作的正常开展。公司要主动配合相关部门调查，并积极提供相关资料，制定灾后恢复生产的工作计划，在得到准许后保证尽快复工复产。

（3）车辆设备受损：爆炸事故的发生，发生事故的车辆将受到严重影响与损坏；如果是在公司装卸搬运过程中发生爆炸事故，则更可能导致公司内其他设备受损损坏。因此，当事故发生时，在确保安全情况下，应及时派人员进行设备抢修，并做好防护措施，防止其他人靠近。

（4）人员群众伤亡：当发生爆炸事故时，公司要立即安排人员进行现场救援并维护现场秩序，然后开展救治工作，在装卸现场配备紧急救治的物资并定期补充。并及时与事故遇难人员家属协商赔偿、安抚家属。

（5）公司负面影响：爆炸事故发生后。公司的公关部负责应对媒体，回答媒体的提问。为了保证安抚乘客和应对媒体的有效性，可以开展相应的培训，制定相应的程序指引，定期开展应急演练等。此外，要主动安抚受伤群众与人员家属，积极配合部门调查并进行事故赔偿，尽量将对公司的负面影响降至最低。

（6）周边环境破坏：对于环境破坏，公司要主动承担环境修复完善，主动进行房屋修缮和事故理赔等善后工作。

6. 事故后果的控制措施中存在的干扰因素及相应干扰因素安全屏障

（1）救治失效。为防止发生救治失效的情况，公司应定期对公司从业人员进行相关救护知识培训，事故发生后及时拨打120进行求助。

（2）为逃避责任瞒报误报信息。对于调查过程中个别人员逃避责任瞒报误报信息的情况，公司日常应对全体工作人员进行责任意识培训，强调责任感，当事故发生时，公司人员应如实汇报，虚假瞒报者给予严重处罚。

（3）维修失效。为防止维修失效的情况，公司应加强维修人员专业技能培训。

（4）安抚失败。为防止安抚失败干扰因素的出现，公司要开展相关安全培训，制定安抚政策，并定期开展应急演练。

（5）应急预案启动失效。针对应急预案启动失效的情况，公司要定期检查更新应急预

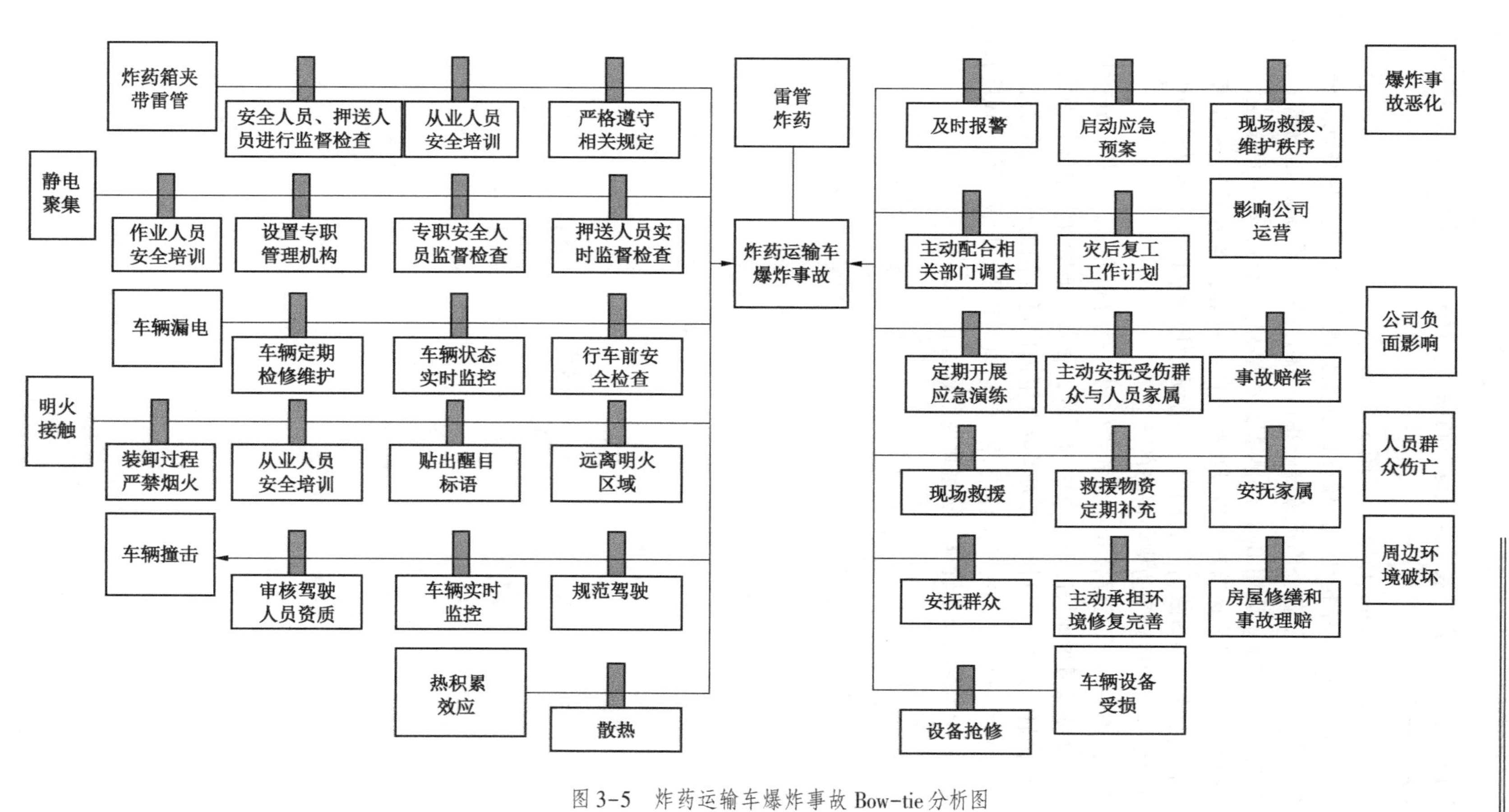

图 3-5 炸药运输车爆炸事故 Bow-tie 分析图

案，并准备备用方案，定期开展应急演练，确保应急救援的及时性，确保事故发生时应急预案启动的准确无误。

炸药运输车爆炸事故 Bow-tie 分析如图 3-5 所示。

Bow-tie 模型作为一项结构化、系统化的安全管理工具，是实现系统安全、降低事故风险的有效途径。本文以炸药公路运输爆炸事故为例，建立了 Bow-tie 模型，并提出了相应的事故预防及控制措施。运用 Bow-tie 模型进行事故分析时，事故已发生，此时只考虑该事故的危险源、顶事件、风险事件以及事故致因因素等；当运用 Bow-tie 模型进行风险分析时，则需要考虑此类事故所包含的所有危险源、风险事件以及事故致因因素等，此时应注重分析的全面性和风险预防措施屏障的建立。

综上所述，Bow-tie 模型综合故障树和事件树 2 种分析方法的优势，分析具有双向性和全面性，不仅可以清晰地找出事故发生的原因，还可以把事故发生的后果展现出来，便于后续风险评价研究。Bow-tie 模型成为世界范围内广泛应用的风险评价方法，主要得益于其涵盖了风险管理过程中的所有主体内容，包括风险识别、风险评价、风险预防以及后果缓解，是与基于风险的安全管理方法量化风险评价技术。

第四章　贝叶斯网络模型

第一节　发展及研究现状

一、贝叶斯网络模型的发展

贝叶斯网络（Bayesian network）是一种概率图形模型，有时也被称为信念网络（Belief network）或是有向无环图模型（Directed acyclic graphical model）。贝叶斯网络模型是以有向无环网络图的形式客观描述事物中多个变量之间相互依赖关系的一种统计推理方法[108]。贝叶斯网络由具有代表性的变量节点和连接节点之间的有向边组成，不同节点表示不同的随机变量，有向边表示节点之间的关系，在网络中由父节点指向子节点，条件概率用于表示节点之间的关系强度，而没有父节点的节点则用先验概率进行表示。

贝叶斯网络模型是由 Pearl，J. 于 1986 年提出的一种不确定知识表示模型。近年来，由于贝叶斯网络对事实数据的严密推导、清晰的数学表达式和机器学习机制，贝叶斯网络理论被广泛应用于模糊多因素分析和风险预测，它是目前推理领域最有效的理论方法之一。

二、研究现状

贝叶斯网络的应用范围十分广泛，早在 20 世纪 80 年代，贝叶斯网络理论作为一种基于概率的不确定性推理方法就被广泛应用于医学领域中。随着科学技术和相关理论的发展，贝叶斯网络已成功应用于医疗诊断、生命科学、统计决策、事故分析等领域。

在事故分析方面上，贝叶斯网络理论在铁路、海事、工程建设、高速公路、核电厂等领域得到广泛应用，同时也被广泛应用于海事、煤矿、油气管道、高速公路、汽车、核电站等领域的事故分析中[109-119]。

在研究方法上，主要分为 2 类：第一类是对于贝叶斯网络模型的直接应用，例如直接使用贝叶斯网络建立预测模型[120]，或构建贝叶斯网络模型识别系统的组成与风险等[110]；第二类是将贝叶斯网络模型结合其他方法再进行事故分析，例如将 Bow-tie 模型转化映射到贝叶斯网络中构建新的分析方法[121]，或者将模糊、事故树与贝叶斯网络结合建立 Fuzzy-Fta-Bn 等[122]。

相比于本书中先前所介绍的事故分析模型及方法，经过发展得到的贝叶斯网络模型具有以下优点：①贝叶斯网络本身是一种不确定性的因果关系模型，相比于其他决策模型，贝叶斯网络能将多维知识可视化，然后再进行推理分析，更加紧密地包含了网络中不同节点变量之间的关系；②贝叶斯网络使用条件概率表示不同节点之间的相关强度，且能够在数据不完备、不确定的情况下进行推理学习，体现了贝叶斯网络处理不确定性问题的优势所在；③贝叶斯网络具有灵活的学习机制，它能够不断利用新的信息进行结构学习与参数学习，以便提高模型的精度，较为方便地去掉不完整和不符合客观事实的数据。

因此，贝叶斯网络方法具有科学、实用、灵活等特点，在国内外已广泛应用于煤矿、海事、铁路、高速公路、核电厂、化工等行业的事故分析和风险管理及预测中。它能更直观、更全面地分析事故。更为重要的是建立好的贝叶斯网络能通过获取相关证据信息进行概率更新，实现对事故的预测推理、诊断推理等工作。

第二节　具　体　内　容

一、贝叶斯公式

贝叶斯网络的理论基础是贝叶斯公式，是由英国数学家 Bayes 在 1763 年提出。为了更好地说明该方法的可行性，在介绍贝叶斯网络基本原理之前，简要介绍与贝叶斯公式相关的基本概念与定律。

1. 先验概率

设 A_1，A_2，…，A_n 为样本空间 S 中的基本事件，$P(A_i)$ 可以根据以往经验分析或者历史资料数据统计计算得到，则称 $P(A_i)$ 为先验概率，如全概率公式，它往往作为“由因求果”问题中的“因”出现的概率。

2. 乘法公式

$$P(AB)=P(A)(B \mid A) \tag{4-1}$$

$$\text{或 } P(AB)=P(B)(A \mid B) \tag{4-2}$$

若已知事件 A_1，A_2，…，A_n，且 $P(A_1) \geqslant P(A_1A_2) \geqslant \cdots P(A_1A_2\cdots A_n)$，则乘法公式可推广为

$$P(A_1 \mid A_2\cdots A_n)=P(A_1)P(A_2 \mid A_1)P(A_3 \mid A_1A_2)\cdots P(A_n \mid A_1A_2\cdots A_{n-1}) \tag{4-3}$$

3. 全概率公式

如果事件组 B_1，B_2，…满足：

① B_1，B_2…两两互斥，即 $B_i \cap B_j=\emptyset$，$i \neq j$，i，$j=1$，2，…，且 $P(B_i)>0$，$i=1$，2，…；

② $B_1 \cup B_2 \cup \cdots=\Omega$，则称事件组 B_1，B_2，…是样本空间 Ω 的一个划分。

设 B_1，B_2，…是样本空间 Ω 的一个划分，A 为任一事件，则：

$$P(A)=\sum_{i=1}^{n} P(B_i)P(A \mid B_i) \tag{4-4}$$

4. 贝叶斯公式

设样本空间为 S，B_1，B_2，…，B_n 为 S 的一个划分，A 为任意事件，且 $P(B_i)>0$，$P(A_i)>0$（$i=1$，2，…，n），则有：

$$P(B_i \mid A)=\sum_{i=1}^{n} \frac{P(B_i)P(A \mid B_i)}{P(B_j)P(A \mid B_j)} \tag{4-5}$$

二、贝叶斯网络结构学习

为了贝叶斯网络能够进行推理研究，首先要确定研究对象的贝叶斯网络结构。通常，确定贝叶斯网络结构的方法主要包含以下三类[123]：

（1）相关领域的专家学者根据自身的经验、知识来确定所研究对象的贝叶斯网络的节点数量，并确定不同节点之间的因果关系，最后得出每个节点的条件概率。由于该方法的主观意识太强，确定的贝叶斯网络结构可能存在不全面、不准确的情况，因此一般不推荐使用。

（2）利用所收集到的样本数据，通过相关算法得到贝叶斯网络结构，例如 K2 算法、MCMC 算法、EM 算法等。这种完全基于机器学习的方法适用于抽样数据比较容易获取且样本量比较大的情况，随着人工智能的发展，大数据时代的到来，使得这种方法成为可能。

（3）首先通过相关领域的专家学者依据自身经验、知识确定贝叶斯网络的各个节点以及节点之间的关系，然后经过细致分析删除一些不具有说服力或低频率的无意义的结构，最后通过机器学习方法确定网络中各个节点之间的因果关系。

综上所述，第一种方法比较主观，所建立贝叶斯网络结构的可靠性完全依赖于个人的能力，适用于研究初期或者没有数据样本的情况；第二种方法则完全基于大量的样本数据，利用机器学习获取网络结构，但不适用于网络中节点数量比较多的情况，因为节点数量多时条件概率呈指数增长，该方法显得比较烦琐；第三种方法是专家个人经验、知识与样本数据相结合，所获取的贝叶斯网络结构精度高，并且不需要耗费太多的时间，应用较为广泛。

三、贝叶斯网络参数学习

在确定了贝叶斯网络的结构之后，就可以利用相关数据信息计算网络中各个节点的条件概率，即进行贝叶斯网络参数学习。常见的贝叶斯网络参数学习方法有最大似然估计以及贝叶斯估计两类[124]。

最大似然估计（Maximum likelihood Estimation，MLE）是用来求样本集的相关概率密度函数参数的一种重要而通用的方法，该方法于 1912—1922 年首次被遗传学家和统计学家 Ronald Fisher 所提出。将最大似然估计应用于贝叶斯网络时，直接通过样本估计总体，不需要使用先验知识，并通过数据样本和模型参数之间的似然度来判断数据样本与贝叶斯网络之间的拟合度。

贝叶斯估计（Bayesian Estimation）是利用贝叶斯定理将新的证据信息与先验概率相结合，得到一个新的概率（即后验概率）的过程。贝叶斯估计需要知道整个事件的先验概率，再利用新的证据信息通过贝叶斯定理进行概率更新，得出后验概率；此外，贝叶斯估计可以迭代使用。通过观察一些证据得到的后验概率可以看作是一个新的先验概率，然后再根据新的证据得到一个新的后验概率。因此，贝叶斯估计可以应用于许多不同的证据，并且不管它们是否同时出现，这被称为贝叶斯更新（Bayesian Updating）。

最大似然估计与贝叶斯估计的最大区别在于是否加入先验知识，贝叶斯估计认为参数是符合一定规律的先验分布，即参数不是一个固定的未知数，而最大似然估计认为参数是固定形式的未知变量。

四、贝叶斯网络推理

在确定了贝叶斯网络的结构和进行参数学习之后，就可以利用建立好的贝叶斯网络模型进行推理分析。贝叶斯网络推理主要基于网络结构以及条件概率表，利用已知证据信息的节点来推断其他未知节点的概率值[125]。

贝叶斯网络推理包含预测推理和诊断推理两类：预测推理是根据原因证据来推断结果发生的概率，这种推理方法常被应用于故障或是事故的预测；而诊断推理刚好相反，是根据所发生的结果事件来探究该事件发生的可能原因，这种推理方法常用于故障、事故原因分析和医院病情诊断中。在实际应用中，根据不同的推理目标，贝叶斯网络模型有 4 种常见的推理类型：最大后验假设、可靠性计算和更新、最大期望收益和最大可能解释。

贝叶斯网络推理方法包括精确推理和近似推理。精确推理是指精确计算节点的后验概率，近似推理适当降低了推理的精度，在不影响推理准确性的前提下，提高了计算效率。精确推理适用于节点数量少、结构简单的贝叶斯网络，对于具有复杂网络结构和大量节点的贝叶斯网络，精确推理已被证明是一个 NP-Hard 问题[126]，因此在实际应用中，经常使用近似推理方法以提高计算效率。常见的近似推理方法有蒙特卡洛算法，联合树算法，变量消除法等。

第三节　事故案例分析应用

贝叶斯网络模型并不是一个事故分析模型，其与其他事故分析模型结合可达到很好的分析事故的目的。本节事故案例分析是结合本书阐述的 FTA 和 HFACS 一起进行分析的，详见第七章 HFACS 案例分析，此处不再赘述。

第五章 Reason 模 型

第一节 发展及研究现状

一、开发背景

自20世纪50年代末以来，人们尝试通过各种方式来降低事故率，已经将飞行安全达到了前所未有的水平。1983—2000年期间美国民航共发生568起事故，这其中共波及53487名旅客，而他们之中51207人在事故中存活了下来，生存率高达了95.7%[127]；如果用死亡率/单位距离人次的方法来比较，根据美国交通部的官方数据商用大巴是0.05人/亿mile、铁路是0.06人/亿mile、汽车是0.61人/亿mile，而常规旅途民航飞机的死亡率是0.003人/亿mile，是所有交通模式中最低的[128]。事实上，一系列数据已经证实，如今乘坐飞机飞行可能比选择开车或其他交通方式出行更安全。

虽然航空业在过去半个世纪中取得了巨大的进步，但是飞机失事的后果往往十分严重且难以接受，并且重要的是，在当时人们仍旧没有在其中找到飞机失事的根本原因。在早期的研究中，人们大多将飞机失事原因归结于飞机自身的缺陷或故障[129]，虽然相较于现在的飞行事故而言确实如此；但是，随着飞行设备变得更加可靠，人在各类航空事故中的作用越来越被凸显出来[130]：根据对美国海军航空事故的数据统计分析，1977年由于设备和环境因素的事故数量几乎与人因因素的事故数量一致，然而到1992年，完全由设备引起的事故数量基本已经清零，而与人为错误有关的事故数量只减少了50起[131]。因此在这段时间内，人们的观点发生着巨大的改变：越来越多的人认为机组成员是比飞机自身更加能够造成事故的因素，并且研究数据表明至少约70%~80%的航空事故可以在一定程度上归因于人因失误[131]。人们意识到需要加强对飞行事故中人因因素方面的调查。

自从人们了解到大部分航空事故可以在一定程度上归因于人的错误，学者们纷纷对于人的因素展开研究，针对人的错误的模型框架研究激增。例如，Rasmussen开发的一种详细的分类算法来分类航空领域中的信息处理故障，并提出了人的行为三层次控制模型[132,133]；Wickens和Flach提出了4阶段的信息处理模型，并以此为基础提出了一种决策模型[134]；Edwards在1988提出的SHEL模型（Software、Hardware、Environment、Liveware），它以人体工程学的视角描述了成功的人机交互系统所需的4个基本要素：操作规程、硬件设备、环境、工作条件；以及Heinrich提出的事故因果关系的多米诺理论[135]、Firenze提出的Firenze事故致因模型[136]、O'Hare提出的飞行员差错分类框架[137]等。然而，在航空业的人因因素领域中，仍没有对人为错误产生共识。虽然每个学者观点都有其优势，但这些观点大多都无法解决航空事故中大量的人因因素。

在这之后，一些学者和安全专业人员提出了一些模型和框架，试图提出“统一的框架”整合以上不同描述人为错误的观点和模型[138,139]。与此同时，James Reason 教授也对各类针对人的因素的观点与模型进行了研究与总结，认为这些模型尽管在结构、处理和表征方面存在差异，但很多模型包含重要的共同点，并且从控制模式、认知结构、注意力模式、原理图模式、激活模式 5 个方面对模型特点进行归纳总结，并在此基础上论证得到错误主要是由于认知的不完善造成的[140]。

基于以上的研究基础，James Reason 教授在 1990 年提出人的差错起源（原因）分析方法，即航空事故理论模型——Reason 模型（Reason Model，也被称为“瑞士奶酪”模型，即 Swiss Cheese Model，SCM），并且经国际民航组织的推荐与传播，成为了航空事故调查与分析的理论模型之一，主要用于航空业的事故调查分析[14]。它系统地论述了关于人因差错研究的不同观点、典型的过失及差错预测和预防的方法，并提倡系统的调查方法，鼓励事故调查人员调查事故涉及的发生条件、管理人员及其对于决策方面的描述，并附加事故中各要素的分析[141]。这在当时获得了普遍的认同，并且在一定程度上影响了航空业和生产领域中对于安全的认知[142]。

本章将阐述 Reason 模型的发展历程、研究现状，并在此基础上详细介绍 Reason 模型的具体内容与基本理论，阐明其特点，最后展示 Reason 模型在航空事故方面的事故人因因素分析应用，得到各层级中不同因素的映射关系以及事故发生的因果逻辑。

二、模型发展

Reason 模型自提出至今经历了多次的发展与完善，目前已有 3 个版本。

（一）第 1 版 Reason 模型

Reason 模型的第 1 版于 1990 年著作《Human Error》中提出，包括了 2 种表达，如图 5-1 和图 5-2 所示。然而，最初 Reason 教授在编写著作时，并没有计划将第 1 版本的模型编写在内。在关于潜在故障和系统灾难的章节中加入模型的相关内容是由于 20 世纪 70 年代末和 80 年代发生的一系列灾难，包括弗利克斯伯勒爆炸事故、挑战者号航天飞机失事、三里岛核事故、博帕尔泄漏事故、切尔诺贝利核事故、自由企业先驱号事故和国王十字路口地下大火。并且这些案例都表明：潜在故障在目前对系统安全的威胁最大。因此，这改变了他的想法，将模型编写在著作中[143]。

第 1 版的 Reason 模型将事故轨迹通过 5 个包含主动和潜在故障的生产的基本要素，也就是层级展现出来（图 5-1 和图 5-2），包括 4 层：高层决策者、各级管理层、不安全行为的前提条件、不安全行为和一个防御层级——不完善的防御。任何一个层级都可能出现故障。其中，潜在故障被比喻为身体里的“常驻病原体”，它们的不良影响可能长期潜伏在系统中，只有当它们与其他因素结合在一起，破坏了系统的防御时才会显现出来。

值得关注的是，第七章要介绍的 HFACS 模型就出自于图 5-2 所示的 Reason 模型。

随后在同年，第一版的 Reason 模型将这 4 个层级演变成连续的“切片”，并且增加了“洞”，也就是每层生产元素的弱点，如图 5-3 所示。其目的是展示由潜在故障和各种局部事件、因素之间的相互作用所产生的事故因果关系，正是这张图片为 Reason 模型打上了“瑞士奶酪”的标签。

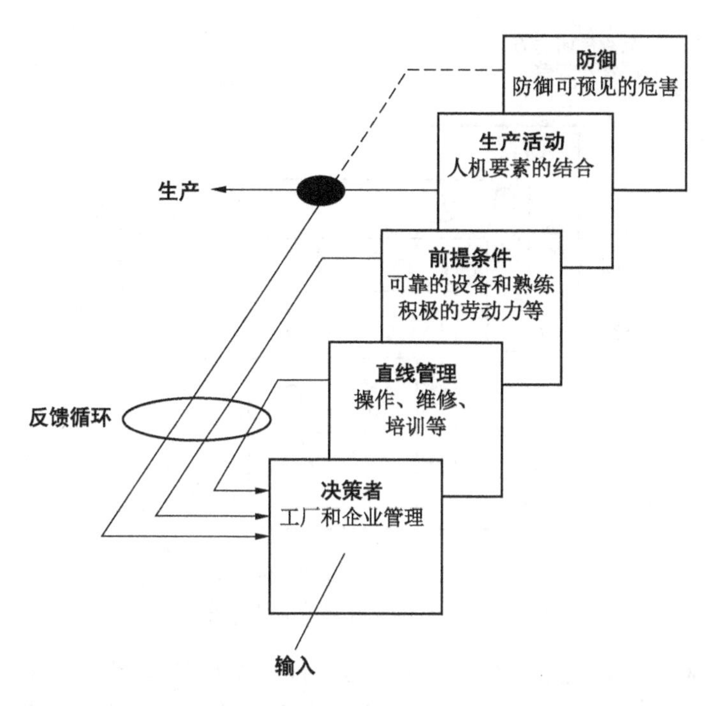

图 5-1 第 1 版 Reason 模型表述中生产的基本要素

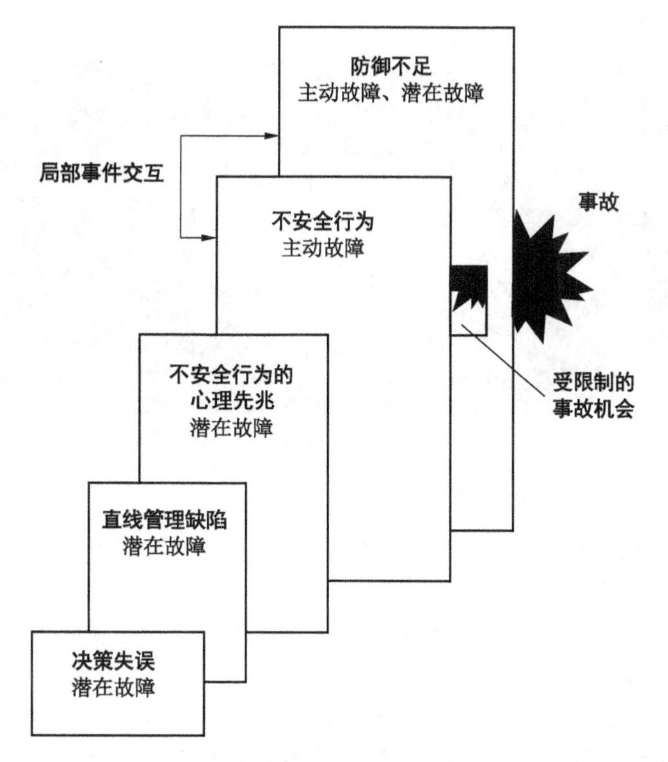

图 5-2 第 1 版 Reason 模型事故轨迹（系统发生故障时人因因素在生产要素上的映射）

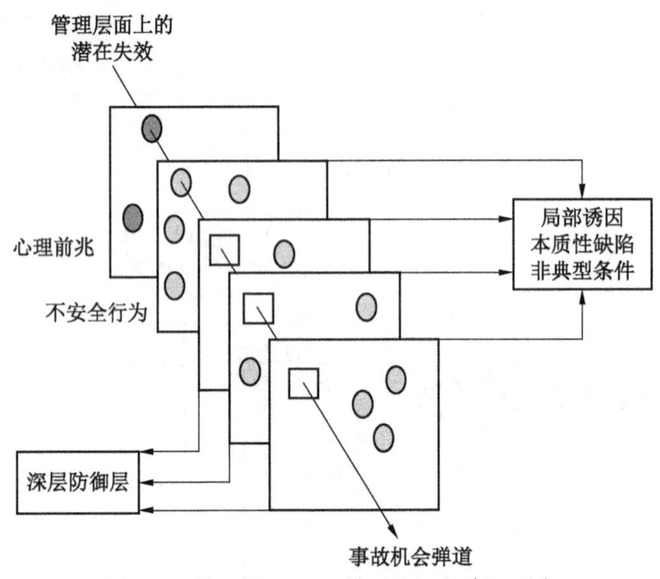

图 5-3 第 1 版 Reason 模型的“切片”形式

之后，在 1997 年 Reason 又对第 1 版模型进行了修改完善[144]，形成了一直沿用至今的 Reason 模型，如图 5-4 所示。此次修改中，将原先的层级名称：高层决策者、各级管理层、不安全行为的前提条件、不安全行为，改为组织因素、不安全监督、不安全行为的前提条件、不安全行为。

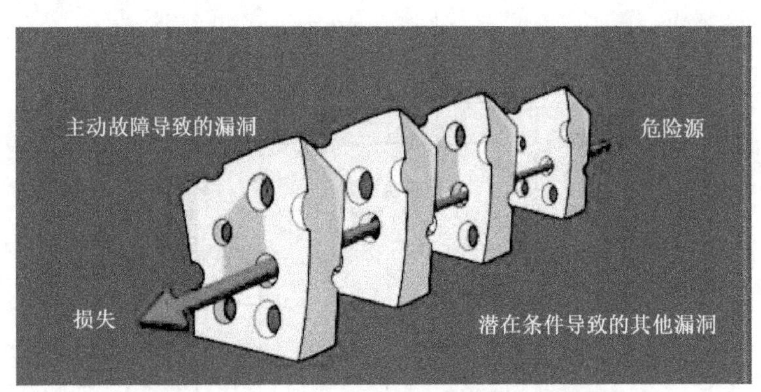

图 5-4 1997 年修订后的第 1 版 Reason 模型[127]

（二）第 2 版 Reason 模型

第 2 版 Reason 模型是在 20 世纪 90 年代早期至中期开发的，如图 5-5 所示。它将图 5-1 和图 5-2 中的 4 个生产要素层级减少到 3 个：组织、工作场所、个人；但是将之前单一的防御层扩展到 3 个层级，其目的是为了让每个层面的影响因素更加具体化。在这一版本中，模型也对错误和违规及其相应的致因因素进行了区分。

第 2 版本的 Reason 模型主要针对医疗事故的研究和预防，并且认为人因差错在当时是对复杂系统的最大威胁，而非技术故障[145]。其所规定的组织框架包括企业文化、组织流程和管理决策，并且安全文化的影响越来越明显。这是由于 Reason 在与壳牌公司和其

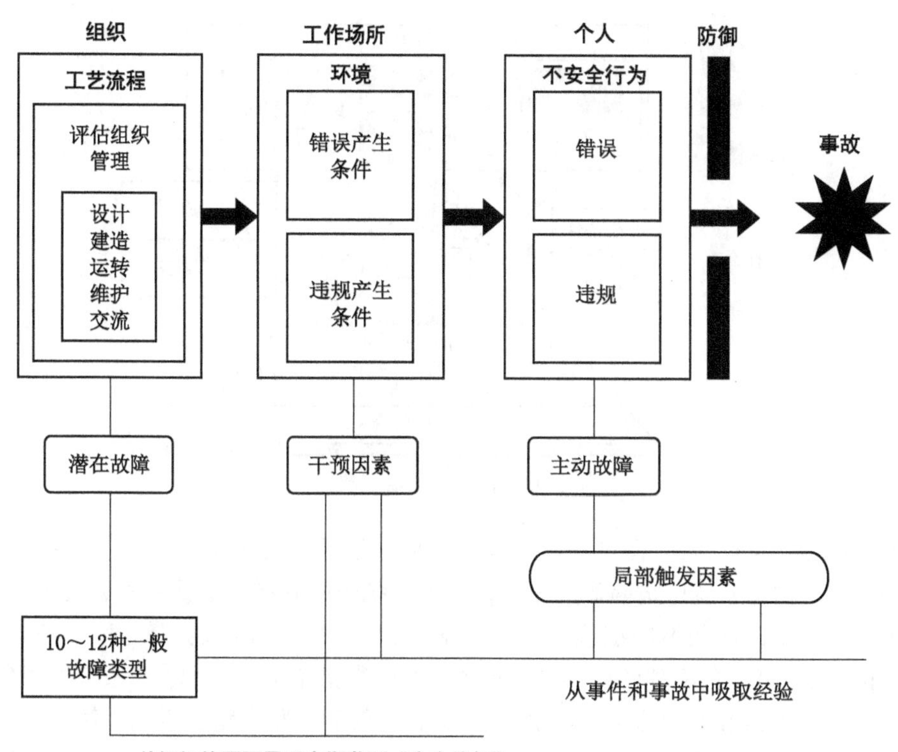

图 5-5 第 2 版 Reason 模型

他组织的主动测量调查中表明了系统活动（设计、建造、运行、维护、管理、预算、调度等）决定了一个组织的“安全健康”或弹性[144]。

另外，在这一版本中还增加了一条单独的、潜在故障的路径：从组织框架到防御设施。这是由于在许多事故中不存在主动的差错或故障，而是长期存在潜在的故障。例如，国王十字路口大火、挑战者号事故。

（三）第 3 版 Reason 模型

Reason 模型的第三版本于 1997 年发表在著作《Managing the Risks of Organizational Accidents》中，如图 5-6 所示。

第 3 版 Reason 模型的变化主要体现在以下 3 个方面：

（1）模型出发点。第三版模型增加了一个前提，即任何事故因果关系模型都必须包含危险源、防御、损失 3 个基本要素。

（2）层级中的因素。在各个层级中增加了任何系统都可能拥有的因素：障碍、防御、保障、控制，并被认为是必要的：通常难以区分生产系统因素和保护系统的因素，而许多系统同时服务于生产和防御 2 个方面。

（3）补充了对于漏洞、差距或弱点如何产生的解释。短期的漏洞可能是由一线操作人员的差错或违规造成的，而更长期、更危险的漏洞是由设计者、建造者、操作过程编写者、高层管理者和维护者的决定造成的。这些在第 3 版模型中被称为潜在条件，而不是潜在的故障或潜在的失效。

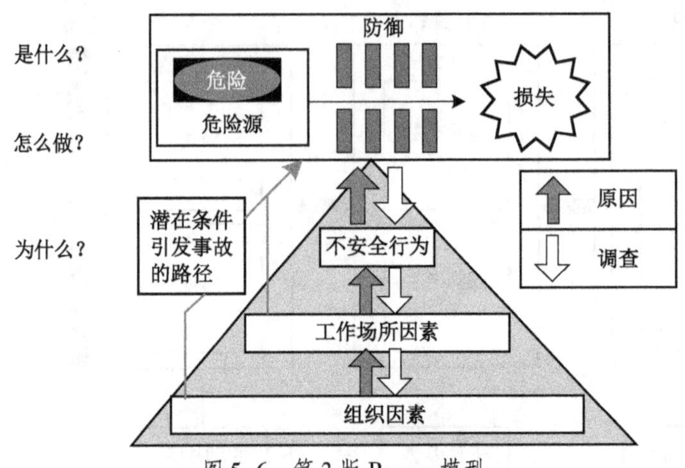

图 5-6 第 3 版 Reason 模型

从 Reason 模型的发展历程可看出，模型的原理以及核心框架始终没有改变：即事故是在某一时刻，由于系统中危险源的影响，使得系统中所有层级的防御均被突破，或那个时刻系统没有防御，这些不同层级上的孔洞对齐，形成“事故机会弹道”（Trajectory of accident opportunity），危险源的影响穿过每个层级防御措施上的孔洞，事故就有可能发生，如图 5-4 所示。但是在其他方面也存在一些改动：在事故发生路径方面，第 2、3 版本增加了潜在故障引发事故的路径，并且在第 3 版中补充了关于孔洞产生的解释；在关于事故发生路径中穿过的防御层级的名称上，在不同版本中也有改动。

三、研究现状

Reason 模型现已广泛应用于航空、化工、煤矿、建筑等领域，并且在瑞士的医疗系统中，瑞士奶酪模型已经成为分析医疗差错和病人安全事故的理论框架。对于 Reason 模型的研究与应用大致分为 5 类：① 直接应用 Reason 模型分析事故；② 以 Reason 模型为基础研究人因差错；③ 以 Reason 模型为基础研究创建新的事故致因模型或事故调查方法、工具等；④ 将其他方法融入 Reason 模型人因失误分析的研究中；⑤ 利用 Reason 模型对除航空领域外的其他领域进行研究。

在第 1 类中，学者直接应用 Reason 模型在 4 个层级上对航空事故进行分析。通过 Reason 模型将航空事故中涉及的系统分为四个层级，分析事故原因，总结各层级中的事故因素，分析层级间因素的映射关系及因果逻辑关系，最终得到航空事故的根源原因以及事故中的人因因素。例如，文献［146-148］都属于 Reason 模型在第 1 类应用中对于航空领域事故的分析。

在第 2 类中，学者以 Reason 模型为基础，针对差错或人因差错（error、human error）这一术语展开研究，并通过人因差错的理论深入分析事故发生机理。例如参考文献［149］。

在第 3 类中，学者以 Reason 模型为基础，研究并创建新的事故致因模型或事故调查方法、工具等，如人因因素分类与分析系统（The Human Factors Analysis and Classification System，HFACS）、吸入式极早期烟雾探测系统、壳牌公司的 Tripod 三脚架事故调查方法以

及各种 “root reason” 根本原因分析技术等[14]。

在第 4 类中，学者将其他方法融入 Reason 模型人因失误分析的研究中，改善 Reason 模型的事故分析模式，得到改进后的更加完善的结果[150,151]。

在第 5 类中，经过多年的研究，各个行业领域的学者将 Reason 模型进行改进、发展，使其能够适用于多个领域中的事故分析。目前，除航空领域外，Reason 模型已广泛应用于航空、化工、煤矿、建筑等领域[152,153]，并且已经成为在瑞士的医疗系统分析医疗差错和病人安全事故的理论框架[14]。

第二节 具 体 内 容

本节将详细阐述在 1997 年修订后的第 1 版 Reason 模型的具体内容。目前，在本章第二节中阐述的 3 个版本的 Reason 模型都有应用，但其中传播最为广泛的是在《Human Error》中发表的第 1 版模型[14]：《Human Error》已经被翻译成 5 种语言，并且自 1990 年以来，James Reason 已经在欧洲、美国、加拿大、墨西哥、中东、非洲（尼日利亚、加蓬、埃塞俄比亚）、东南亚、日本、中国香港、澳大利亚和新西兰发表了 280 多个关于该模型的演讲；另外，还有许多经典的事故调查分析方法或模型是在第 1 版 Reason 模型的基础上发展而来，如人因因素分类与分析系统（The Human Factors Analysis and Classification System，HFACS）、吸入式极早期烟雾探测系统、壳牌公司的 Tripod 三脚架事故调查方法，以及各种 “root reason” 根本原因分析技术。第 2 版、第 3 版模型是在第 1 版模型框架的基础上进行修改，并且每个版本主要的修改之处已经在第二节中进行阐述。因此，鉴于其广泛应用与传播的基础，同时为承接本书的下一章节，本节详细阐述在 1997 年修订后的第 1 版 Reason 模型的具体内容。本节内容总结提炼于参考文献 [144，148]。

由前述事故分析研究及数据表明，人因因素在复杂系统中占主导地位，即使是在某些设备故障所导致的事故中通常也可以追溯到之前的一些人为故障，因此为解决这一问题，Reason 模型致力于关注于人因因素。它将航空工业看作一个复杂的生产系统，其 “产品” 就是安全的飞行操作，并认为如果要实现高效和安全的操作，组织内所有的基本要素必须像一个整体一样和谐地合作，系统中任一层级的要素相互之间的作用出现故障，都可能会导致事故发生。依据 Reason 模型，事故调查人员必须分析系统的所有方面，以充分了解事故的原因。

为了便于对系统进行调查分析，Reason 模型将一个系统内划分了 4 个层级（4 片奶酪）：组织影响、不安全监督、不安全行为的前提条件、不安全行为。这便于操作人员使用，并且适用于各种组织。模型中事故发生的基本原理是：当生产过程中涉及的不同部分之间的相互作用发生故障时，就会发生事故。也就是说，在某一时刻，系统中 4 个层级的防御均被突破或那个时刻系统没有防御时，这些不同层级上的孔洞对齐，形成 “事故机会弹道”，危险源的影响穿过每个层级防御措施上的孔洞，事故就有可能发生，如图 5-7 所示。

整体来说，该模型利用了一种通用的、易于记忆和适应性强的图形表示法，使组织事故的概念更易于可视化（和概念化）。每一片奶酪代表一层防御体系，每片奶酪上的孔洞

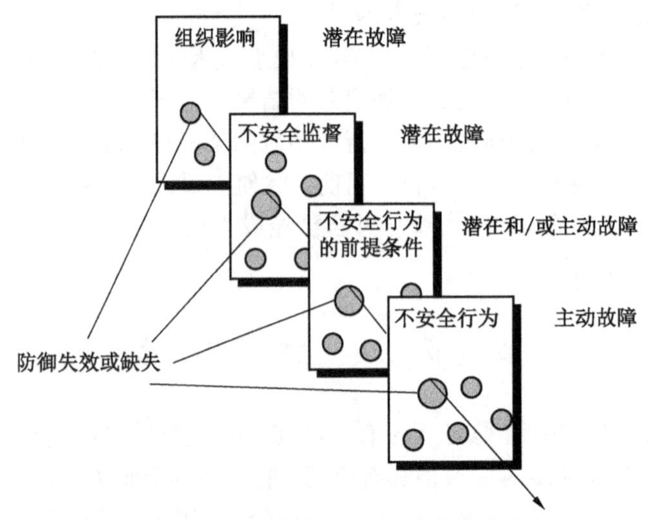

图 5-7 Reason 模型各层级及事故发生路径

即代表防御体系中存在的漏洞或缺陷，而这些孔洞的位置和大小都在不断变化。

一、组织影响

组织影响是指系统设计者或高层管理决策者的错误决策导致的影响。系统事故的主要根源在于设计者和高层管理决策者的错误决策，这是 Reason 模型的一个基本前提。

组织中的错误决策不是个例，即使是在管理严格的组织中，也会有大量错误的决策出现。鉴于错误的决策是系统设计和管理中不可避免的一部分，因此很多学者认为要解决的问题不在于如何防止错误决策的产生，而在于如何迅速地发现这些决策的不良后果并及时地制止[144]。针对组织影响层面的错误决策，Reason 模型给出的解决办法是：调查并了解错误决策的提出背景，即在考虑错误决策时，最重要的是要了解做出决策的背景，从决策的提出背景入手，挖掘影响决策提出的因素，从而阻止错误决策的产生或制止其不良后果。Reason 模型在组织影响层面对于一些导致错误决策的因素的总结，如图 5-8 所示。

由图 5-8 可看出，Reason 模型将资源作为决策者做出决策时最重要的影响因素，而资源的利用分别受到 2 大相互制约的不同类别目标的牵制：安全目标和生产目标。换句话说，Reason 模型对于组织资源分配问题的建模就是所有组织都将资源分配给这 2 个目标。

长远来看，这 2 个目标是相辅相成的，只有将资源同时且大量地分配给这 2 个目标才能在保证安全的前提下得到最大的效益。但是，在考虑到短时间内资源有限的前提下，很可能出现短期的利益冲突，即为追求生产目标而分配的资源可能会减少用于达到安全目标的资源，反之亦然。导致这种情况出现的原因有很多，除短期内资源的有限性之外，这 2 类目标自身的性质与向其倾注资源所带来的结果也是 2 个重要的因素，并且这都对于决策者产生反馈并直接影响其做出的决策。

(1) 目标自身所带来的反馈的性质不同。向生产目标倾注资源所产生的反馈通常是明确的、快速的、有说服力的；而与向安全目标倾注资源相关的反馈大多是负面的、断断续续的，并且可能具有欺骗性，也许只有在发生较为严重的事故或一连串的事件后才能具有

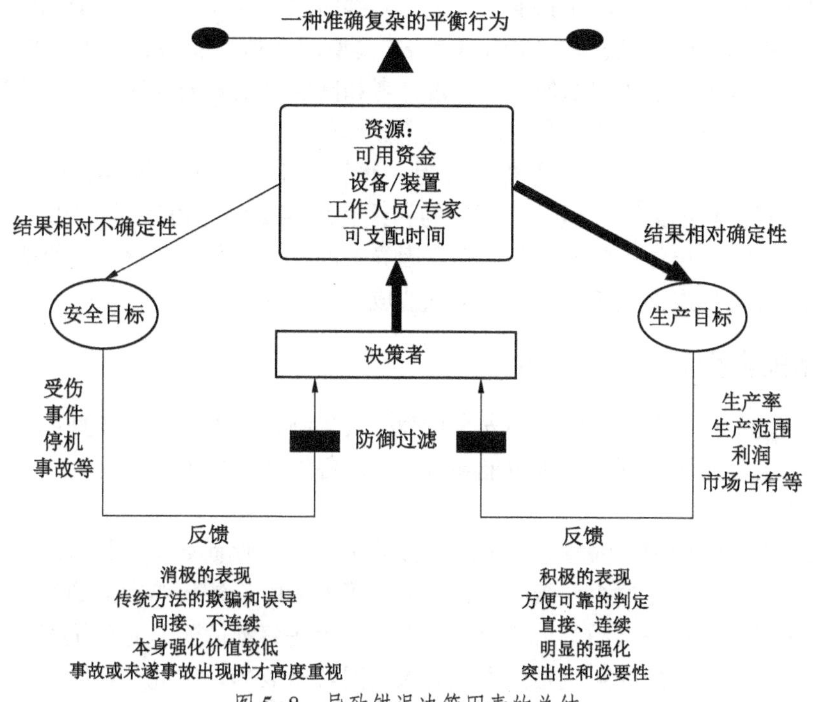

图 5-8 导致错误决策因素的总结

说服力，除此之外，生产反馈总是比安全反馈更有说服力。

(2) 向目标倾注资源结果的确定性不同。向生产目标倾注资源具有相对确定的结果，即能够达到更高的生产目标，获得更多的收益；但向安全目标倾注资源则没有如此确定的结果，至少在短期内没有。

因此，Reason 模型中组织影响层级就是系统设计者或高层管理决策者的错误决策及其导致的影响，同时决策错误是系统事故的主要根源，这也是 Reason 模型的一个基本前提。而在这个层级上，Reason 模型致力于调查并分析决策提出的背景，挖掘影响决策的影响因素，并在生产目标和安全目标两个方面对资源的分配模式进行调查分析，查明其对于错误决策的反馈影响，这也是事故调查分析者在使用 Reason 模型时在组织影响这一层级所调查的内容。

二、不安全监督

不安全监督是指一线管理层的决策缺陷。这个层级中的主要角色是一线管理层，其受命于高层管理决策者，并直接向一线操作人员下达决策指令。这个层级上的错误决策在不同管理部门中的后果不同：任何一个一线管理部门的决策缺陷，都会进一步加剧上一个层级中高层错误决策的不利影响，甚至导致良好的决策产生恶劣的影响；相反，一线管理部门如果能力较强，处理决策较好，就可以减轻高层错误决策的不良影响，或使普通的决策产生更安全的结果，或使较好的决策转化为更好的决策。这也是不安全监督层级与其上一层级组织影响层级的关联之处。

然而根据 Reason 模型，决策会受到资源的影响和限制。同样地，一线管理部门的决策以及其对于一线操作人员的干预通常会受到其部门预算或其可支配资源的限制。所以为了便于在此层级行构建模型，在理论上 Reason 模型假设这些资源的分配问题是在更高层级上决定的，即在上一层级组织影响中的设计者和高层决策者处就决定了组织内的资源分配，这种资源分配决策也构成了高层决策的主要部分。

因此，在不安全监督层级，主要内容为一线管理部门的决策错误，也是使用 Reason 模型在此层级要分析的内容。但并非所有的一线管理层缺陷是由于错误的决策所引起的，也有可能是由于上一层级中的资源分配等原因导致的。所以在针对这一层级进行调查和分析时要识别一线管理层的决策缺陷，并甄别造成其缺陷的原因。

三、不安全行为的前提条件

不安全行为的前提条件是指为不安全行为的发生制造了可能性的条件或心理前兆，是一种潜在的状态。每个前提条件都可能导致大量的各种性质的不安全行为，这取决于做出那些行为时的具体条件。

与不安全监督层面中一线管理层缺陷类似的是，并非所有不安全行为的前提条件都是由错误的决策造成的。在这个层级上，错误的决策可能由于外部等因素到达这个层级，同时每个操作人员在工作场所中都可能存在压力，或无法察觉危险、对系统不完全了解等情况，正因如此许多潜在的故障也是由类似的人因因素造成的。因此，在因果关系方面，不安全监督层级和不安全行为的前提条件层级之间存在一个由错误的决策所建立的联系，但不安全行为的前提条件也与其他外部因素存在因果关系。

在与上一层级的关联上，不安全监督和不安全行为的前提条件之间的相互作用是极其复杂的，存在着“多对多”的映射关系，即某个不安全监督缺陷可能引发多种不安全行为的前提条件，多个不安全监督缺陷也可能只是一种不安全行为的前提条件的先导。例如，不安全监督层级中培训部门的缺陷可以进一步发展表现为多种不安全行为前提条件：工作量大、时间压力过大、对危险的认识不到位、对制度的不了解等；同样，任何一个不安全行为的前提条件（如时间、压力等）都可能是多种一线管理部门缺陷的结果，例如，调度缺陷、程序缺陷、技能缺陷等。

关于对这些映射关系的分析，其中一种有效方法是 Hudson 于 1988 年提出的“类型-标记”法，即将故障类型转换为故障标记的方法[143]。例如，训练不足是一种潜在故障类型，在不安全行为的前提条件层级上，它可以是上一个层级中的多种致因标记而显现造成的，即故障标记在上一个层级，引起了下一个层级的故障类型。可以通过纠正大量不同类型的标记而纠正特定的故障类型。类型-标记本质上是分层的，而这个分析层级中的条件标记将与下一阶段分析中不安全行为的类型联系起来。简单说，位于两层级中相对的上一层级中的内容记为“标记”，位于相对的下一层级中的内容记为“类型”，各个缺陷、故障经过分析相互联系，由此理清两层级间的关系，同时这也是 Reason 模型在事故调查分析时对于两层级因素如何关联引发的分析。因此，在不安全行为的前提条件层级，主要内容为不安全行为的条件或心理前兆。但并非所有不安全行为的前提条件是由于上一层级中一线管理部门的决策错误所造成，也有一些是由于一线操作人员自身的人因因素以及外部负面因素所引起的，为不安全行为的发生创造了前提条件。除此之外，不安全行为的前提条件与上一层级也存在着复杂的映射关系。在针对这一层级进行调查和分析时，模型主要聚焦于可能为操作人员做出不安全行为提供条件的自身人因因素以及外部负面因素，并理清与上一层级的复杂关联，最终根据这一层级的分析结果，预见人因因素外部负面因素发生的可能性，以此提供足够的防御措施，防止其不安全的后果，造成不安全行为的发生。

四、不安全行为

不安全行为是指操作人员的不安全行为，是由系统内部前 3 个层级的影响和来自外部的复杂负面因素共同决定的。Reason 模型对于这一层级中认定不安全行为的发生比不安全行为的前提条件要更多。这既与前 3 个层级以及外部负面因素的复杂多变性有关，也与系统中危险源的形式有关。

在 Reason 模型中，这一层级所描述的不安全行为不仅仅是一个错误或违规行为，而是存在潜在故障或危险的情况下所做出的错误或违规行为。由此，不安全行为的界定也发生了改变：一个行为是否属于不安全行为，只能根据做出这个行为时是否存在特定的危险形式的存在来界定。例如，不戴安全帽或不穿工作服这一行为本身并没有什么不安全，但是在存在潜在故障（危险）的情况下（如可能存在重物坠落等），这一行为才构成了不安全行为。

Reason 模型中不安全行为的分类如图 5-9 所示。

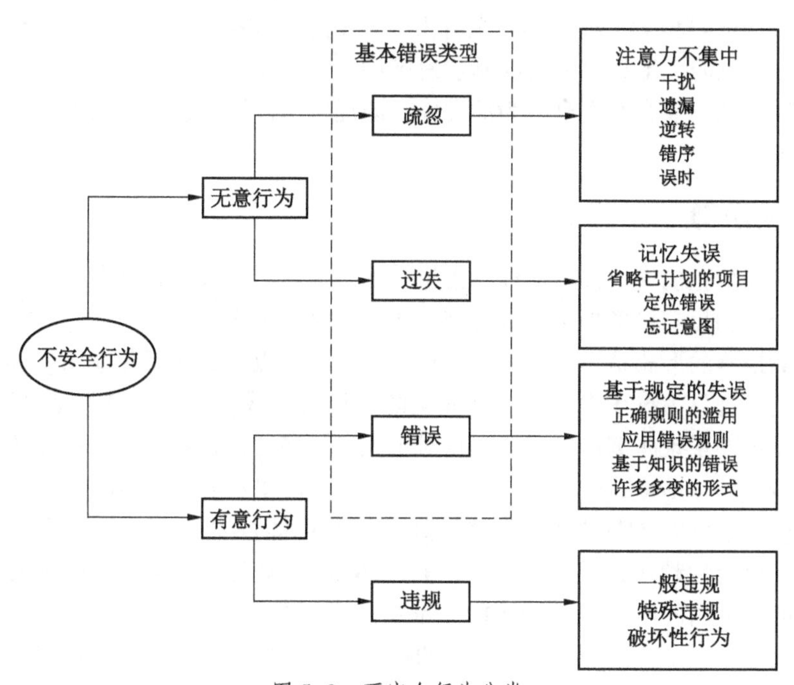

图 5-9 不安全行为分类

由图 5-9 可看出，Reason 模型将不安全行为分为两大类：无意的行为和有意的行为，这也是对于不安全行为最初的分类。随后根据研究，将无意的不安全行为进一步区分为：由于疏忽导致的失误，如由于注意力不集中而导致的疏忽、错序、误时等；由于记忆导致的失误，如由于记忆失效导致的忘记计划、目的地或意图。有意的行为也被进一步区分为错误和违规行为。其中，错误是基于规定的失误，如对规定的错误理解或使用、错误规则的应用等；违规行为是指违反常规的行为，如一般或特殊情况下的违规或带有破坏性的行为。

不安全行为的具体分类是 Reason 模型的一大特色。由于该模型对于不安全行为的定位是在存在潜在危险情况下做出的错误或违规行为，而对于不安全行为的分类恰当地诠释了不安全行为的具体类型，以及何种情况下可能存在潜在的危险。最重要的是，这给出了事故调查分析者以及模型使用者一个参考，即在面对实际事故案例时能够更好地判断哪些属于 Reason 模型所定义的不安全行为，能够提高模型的可用性以及分析结果的准确性。

在与上一层级的关联上，不安全行为的前提条件和不安全行为之间存在“一对多”的映射关系，即一个不安全行为的前提条件可能引起一个或多个不安全行为。一个特定的前提条件，无论是单独的还是与其他前提相结合，都会在不安全行为的形成方面发挥重要作用。但是，尽管可以提出预测原则，任何一个特定行为的确切性质、时间、地点和行为实施者几乎是不可预测的。因此，无论是从不安全行为的前提条件层级的故障标记分析不安全行为层级的故障类型，还是反过来通过不安全行为反推不安全行为的前提条件，在事故预防和事故调查方面都发挥着重要作用。进行有针对性的安全计划和培训来预防不安全行为的发生，但其中大多数行为还是不可预见的，甚至是非常奇怪且不合逻辑、不合常理的。因此，Reason 模型对于解决不安全行为的一个合理方法是：第一，不安全行为能够通过各种措施进行预防，即尽可能消除其前提条件，来阻止不安全行为的发生；第二，承认无论采取何种措施仍会有不安全行为的发生，即提供防御措施，在不安全行为和其不利后果之间进行干预。

五、系统防御

系统防御即防止伤害的损失的保障措施。如果生产活动涉及接触外部或系统内在的危险，则应向个人和机器设备提供保障措施，防止伤害或损害等。

系统防御措施的形式是多样的，可以很单一，也可以由许多元素组成。简单来说，不太复杂的系统防御只由操作人员的个人安全防护设备组成，以防止其直接接触危险物品；而相反地，复杂的系统防御措施同时包括对于人和设备的多样的防护，例如核电站的“深度防御”系统（defences in depth），包括自动安全装置和安全等级等措施。

一般来说，系统的防御措施与系统受到破坏的可能性呈负相关，即系统防御措施越多，受到破坏可能性越小，反之越大。但是在 Reason 模型的框架中，系统防御措施与其受到破坏可能性之间的联系不是确定的。也就是说，即便在防御措施相对薄弱的系统中，也可能很少会有不安全行为能够导致实际的损害产生；相反地，在高度防御的系统中，也可能会在几个不同的因果相关的因素共同作用下受到破坏。

能够穿过系统防御产生破坏的，其中一部分可能是潜在的故障，另外一部分则是系统局部的触发事件，即在特定的情况下实施不安全行为，例如挑战者号事故中的异常低温，切尔诺贝利-4 号关闭前进行的测试，以及自由企业先驱者号由于涨潮和不适合的对接设施结合而导致船头向下的修整。

第三节 事故案例分析应用

一、航空领域事故分析应用

（一）事故数据来源

本节中将以埃塞俄比亚航空 ET-409 号航班坠海事故为例，运用 Reason 模型进行事故分析，分析推导事故中涉及的人因因素，以此阐述 HFACS 在航空领域的应用。埃塞俄比亚航空 ET-409 号航班坠海事故是一起典型的由人因因素引起的惨案，通过 Reason 模型的分析应用，能够对其中的人因因素进行挖掘和研究。事故案例信息均来自于公开渠道[154,155]。

（二）事故经过

埃塞俄比亚航空 409 号航班（以下简称为 409 号航班）坠海事故发生于当地时间 2010 年 1 月 25 日凌晨 2 时 41 分 30 秒，由埃塞俄比亚航空公司运营的波音 737-8AS（注册编号：ET-ANB）客机从黎巴嫩首都贝鲁特国际机场飞往亚的斯亚贝巴的博莱国际机场。

飞机在起飞后不久就坠入地中海。飞机失事后，空管员立刻通报了 409 号航班失联的消息，黎巴嫩军方也随即告知事发海域的船只进行紧急救援。随后，次日早晨，客机的部分残骸被冲到了海滩上，黎巴嫩官方也随即通报坠机地点。同时，黎巴嫩、美国、法国等国家也组成了联合搜救队对失事飞机进行搜救工作，巴嫩军方派出西科斯基 S-61 型直升机进行搜索，美军应邀派出导弹驱逐舰和海军 P-3 型飞机协助搜救，法国海军也派出了一架侦察机。最终联合搜救队没有发现幸存者，本次事故造成航班上共 90 人遇难，包括 82 名乘客和 8 名机组人员。

（三）事故细节描述

埃塞俄比亚航空 409 号航班机长累计飞行时间超过 1 万 h。他的飞行员生涯最初是驾驶农用飞机，后来曾担任过 DHC-6、波音 737 和波音 767 飞机的副驾驶；409 号航班的副驾驶是事故发生不久前刚入职埃塞俄比亚航空公司，累计飞行时间为 673h。执飞该航班的客机为波音 737-800，该架飞机已累计飞行 2. 6 万 h。

1 月 25 日当天凌晨，黎巴嫩首都贝鲁特机场天气不佳，附近还有暴风雨，凌晨 2 时 30 分，409 号航班经塔台批准后起飞。起飞后，航路上的气象条件逐渐变差，为了躲避雷暴等恶劣天气，空管员在飞机起飞后给出了新航向数据，命令飞机转到 315 度航向。

之后，当机长准备操作飞机转向时，飞机发生了转向过度的情况，飞机首次接近失速，驾驶舱中传来警报声。与此同时，空管员意识到 409 号航班有转向过度的倾向，发出指令要求其按照指定航向飞行。而根据黑匣子记录显示，409 号航班的飞行员反应十分迟钝，并且机长和副驾驶之间的沟通也不顺畅，在飞机航向角度出现问题后，机组未进行任何干预。在首次接近失速后，机长指令复飞，此时飞机处在起飞模式，按下 TOGA（起飞/复飞）按钮不起作用，而两名飞行员均没有意识到。而之后每当飞行员试图修正方向时，客机就开始发生抖动等情况，变得飘忽不定，根据之后的调查结果显示，飞机在此方面并无任何硬件或技术上的故障，因此推测是由于飞行员操作不当造成的。

并且409号航班执飞的波音737飞机配备有自动驾驶系统，本可以自动控制油门和航向系统，但是自动驾驶不会在飞行员操作时生效。而当时副驾驶并未告知机长此时飞机的自动驾驶系统处于关闭状态。

机长突然发现操纵杆不断抖动，意味着飞机处于失速的边缘，而他也试图挽回危局。当空管员提醒他们飞机可能会撞山时，飞机突然向更加陡峭的角度倾斜，不断向下滑落，进行螺旋俯冲，最终坠入地中海中。在整个过程中飞机发出11次倾角警告，2次失速警告。

在之后的事故调查中，部分调查人员对飞机的硬件设施进行了调查。调查了解到，某些波音737客机的尾部的确有一个潜在的缺陷：有些飞机的配平调整片可能存在问题，这有可能导致飞行员难以控制飞机。但是对比409号航班的残骸，并未找到配平调整片发生故障的迹象。

同样地，在针对飞机的调查中，调查人员借助波音737客机的飞行模拟器模拟还原了409号航班的飞行场景。结果表明，409号航班的安定面设置比正常值稍低些，导致飞机在起飞时难以控制，但是这种状况很快就能被修正，不会对后续的飞行造成影响。

一切资料显示，409号航班客机硬件设施一切正常，并且空管员的指挥也没有出现任何问题。因此，事故调查方向转向了人的方面。

在针对飞行员的调查中，出勤记录显示机长在事发前2个月的时间内几乎是连轴转地工作，尤其是在事发前一天，409号航班飞行员最后一次休息是在贝鲁特过夜，但这一次他们并未得到充分休整，不良的饮食影响了机组人员飞行前的睡眠质量。这一系列因素共同导致了事发时飞行员可能处于轻微失能状态。飞行员没有得到充分休整，同时恶劣的天气又增加了其操作量与操作难度。在多种因素的共同影响下，操作严重失误。

（四）事故人因因素分析

由于在Reason模型的分析模式中，不安全行为直接与事故相关联，因此本部分将首先根据事故描述和分析存在的不安全行为，根据不安全行为对深藏在组织中的潜在因素进行深入挖掘分析。

1. 不安全行为

不安全行为直接与事故相关，根据前面Reason模型对于不安全行为分类的介绍，针对不安全行为的分析将主要分为2大类：有意的行为和无意的行为，再根据分析将不安全行为进一步细化。

需要特别说明的是，由于Reason模型没有将每个层级中的因素进行具体地划分，因此为了便于读者查阅，分析过程中将会把分析所得的各个条目进行标记，例如：将不安全行为记为标记“A”，每个不安全行为记为“A1”“A2”…，其他层级的标记以此类推。

1）无意的不安全行为

无意的不安全行为包括由于疏忽导致的失误，以及由于记忆导致的失误。

（1）不安全行为A_1：没有注意到起飞模式下TOGA（起飞/复飞）按钮不起作用。在409号航班的事故中，飞机首次接近失速时，机长指令进行复飞操作，而两名机组均没有注意到在起飞模式下TOGA（起飞/复飞）按钮没有起到任何作用。因此属于由于疏忽导致的事故，是无意识的不安全行为。

（2）不安全行为 A_2：机长在手动操作时没有注意到自动驾驶系的关闭状态。

2）有意的不安全行为

有意的不安全行为包括错误和违规行为。其中，错误是基于规定的失误，而违规行为是指违反常规的行为。

（1）不安全行为 A_3：飞机航向角度出现问题后机组未进行任何干预。飞机起飞后，空管员给出新航向数据，但由于飞行员操作原因，飞机发生了转向过度的情况，导致飞机接近失速进而失事。操作不当引起的不安全行为属于违反常规的行为，是有意识的不安全行为。

（2）不安全行为 A_4：飞行员无效操作。第二次失速时，飞行机组以无效的操作操纵飞机飞行导致事故发生。

将以上 4 个不安全行为标记为“故障类型”，接下来将在不安全行为的前提条件层级进行分析，寻找“故障标记”，分析两层级间因素的映射关系。

2. 不安全行为的前提条件

不安全行为的前提条件是为不安全行为的发生制造了可能性的条件或心理前兆，包含外部环境因素、技术因素、操作人员自身因素等。

（1）不安全行为的前提条件 B_1：飞行员自身生理及心理上的压力。飞机在事故中发出的 11 次倾角警告，2 次失速警告以及失事前的螺旋俯冲，一系列因素增加了飞行员的操作压力及心理压力。

（2）不安全行为的前提条件 B_2：飞行员生理和精神状态差。由于事发前机长一直处于高强度的工作中，尤其是事发前一晚整个机组人员都没有得到很好的休息，这导致了事发时飞行员可能处于轻微失能状态，生理状态和精神状态都较差。

（3）不安全行为的前提条件 B_3：不良的气象条件。事发当夜贝鲁特机场周围多云、下雨，不良的气象条件给他们造成了额外的压力，并且可能导致飞行员产生空间或方向障碍等，丧失对于危险的感知能力。

（4）不安全行为的前提条件 B_4：机组人员沟通较差。根据事故调查资料，在飞机转向过度后，两名飞行员并没有进行沟通，并且在首次接近失速后，两名飞行员也没有对关于自动驾驶系统进行沟通。

（5）不安全行为的前提条件 B_5：操作技术不熟悉。在技术相关的前提条件方面，机组人员对于波音 737 机型相对缺乏经验，体现在没有注意到起飞模式下 TOGA（起飞/复飞）按钮不起作用，以及对于自动驾驶与手动操作的冲突时，没有注意自动驾驶是打开还是关闭。

相对于不安全行为层级的 4 个“故障类型”来说，本层级的 5 个因素记为“故障标记”。从标记-类型的角度正向分析，在因果映射关系上，不安全行为的前提条件 B_1、B_2 引起了不安全行为 A_1、A_2、A_3、A_4，B_3 引起了 A_3，B_4 引起了 A_1、A_2、A_3；从类型-标记逆向分析，A_1、A_2 是 B_1、B_2、B_4、B_5 共同导致的，A_3 是由 B_1、B_2、B_3、B_4 共同导致的，A_4 是由 B_1、B_2、B_5 共同导致的。

而相对于下一个不安全监督层级，本层级的 5 个因素记为“故障类型”，将在不安全监督层级进行分析，寻找“故障标记”，分析两层级间因素的映射关系。

3. 不安全监督

不安全监督是一线管理层的决策缺陷，因此在这一层级要针对航空公司内部管理部门所做的决策，或由于资源分配引起的问题进行分析。

（1）不安全监督 C_1：机组资源管理不佳。机组成员间缺乏沟通交流，且对于该机型不熟悉，反映出管理部门对于机组资源管理分配不均衡，在机组成员的培训以及机组成员间的训练、协调方面分配了较少的资源。

（2）不安全监督 C_2：机组人员调配不当。机长工作量大，工作负荷较大，同时将可能处于轻微失能状态下的机组成员调配在一起，反映出管理部门对于机组人员整体的调配方面决策不当，没有将精神状态较好的成员调整在一起，并且没有考虑到恶劣的气象条件对于机组人员的影响。

（3）不安全监督 C_3：没有按法规规定进行决策。在新机型上，以法规允许的最少休息时长（51 d 内 188 h）进行连续飞行，可能导致慢性疲劳，而管理部门没有合理安排机长的休息时间。

相对于不安全行为层级的 5 个“故障类型”来说，本层级的 3 个因素记为“故障标记”。从标记-类型的角度正向分析，在因果映射关系上，不安全监督 C_1、C_2、C_3 共同引起了不安全行为的前提条件 B_1、B_2、B_3、B_4、B_5；从类型-标记逆向分析，B_1、B_2、B_3、B_4、B_5 是 C_1、C_2、C_3 共同导致的。

而相对于下一个组织影响层级，本层级的 2 个因素记为“故障类型”，接下来将在不安全监督层级进行分析，寻找“故障标记”，分析两层级间因素的映射关系。

4. 组织影响

组织影响是系统设计者或高层管理决策者的错误决策及其导致的影响，也是导致系统发生事故的根源。

组织影响 D_1：航空公司人力资源管理不足。航空公司没有制定详细的休息制度，并且没有严格遵守法规中对于最少休息时长的规定。

相对于不安全行为层级的 3 个“故障类型”来说，本层级的 1 个因素记为“故障标记”。从标记-类型的角度正向分析，在因果映射关系上，组织影响 D_1 引起了不安全监督 C_1、C_2、C_3；从类型-标记逆向分析，C_1、C_2、C_3 是 D_1 导致的。

标记-类型的正向因果映射及类型-标记的逆向影响因素分析结果如图 5-10 和图 5-11 所示。从根源上来说，事故中涉及的所有因素都是由于组织影响 D1：航空公司人力资源管理不足直接或间接导致的。从正向与逆向 2 个不同的角度，能够分别看到不同的因素影响路径与方式。其中，在组织影响→不安全监督→不安全行为的前提条件的影响路径上，正向和逆向 2 个角度的影响方式与路径没有太大差别，而在不安全行为的前提条件→不安全行为方面差别较大。这可能是由于不安全行为的影响因素较多，影响路径较为复杂，存在多种映射关系。

综上所述，Reason 模型的提出在一定程度上影响了当时航空业等领域对于安全的认知，定义并深入阐述了差错、人因差错（故障）等术语的含义及其不同的观点，并且论述了相关的预测和预防的方法，建立了人因差错分析方法，将导致事故的因素分为潜在（隐

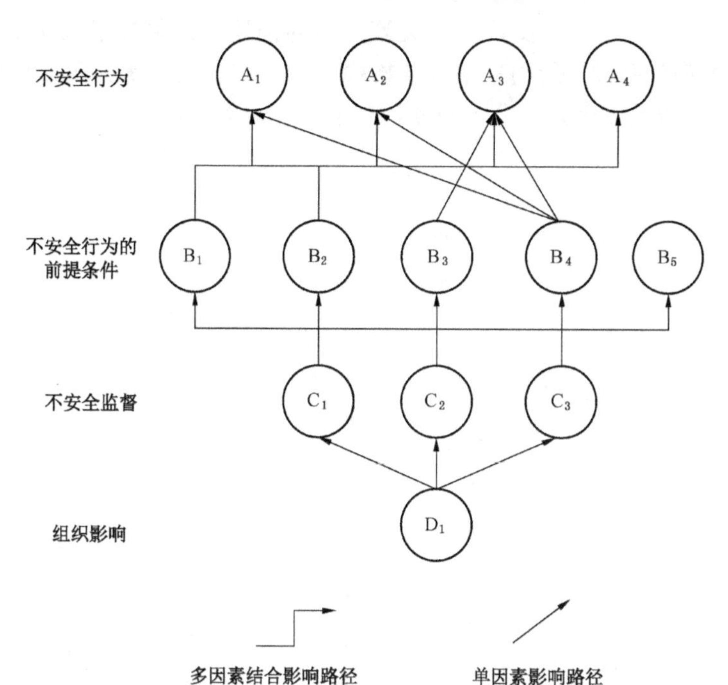

图 5-10 标记-类型的正向因果映射关系 Reason 模型分析结果

类型——标记

不安全行为

A_1 A_2 A_3 A_4

不安全行为的前提条件

B_1 B_2 B_3 B_4 B_5

不安全监督

C_1 C_2 C_3

组织影响

D_1

多因素结合影响路径

路径终点指向同一因素则为结合共同作用，否则为单因素影响路径

图 5-11 类型-标记的逆向 Reason 模型分析结果

性）因素与显性因素。Reason 模型及其理论倡导系统地调查事故，使事故调查人员调查事故涉及的发生条件、管理人员及其对于决策方面的描述，并附加事故中的各个要素的分析。以 Reason 模型为基础发展而来很多分析模型、方法及工具等，足以证明 Reason 模型在对于差错的研究以及人因因素分析领域具有重要的意义。

第六章 CREAM 模 型

第一节 发展及研究现状

一、开发背景

无论是在安全管理还是事故分析中，对人的可靠性的分析都是非常重要的，但同时也是非常难以描述的部分。在过去的几十年中，人们对人的认知行为的研究以及对人的行为的预测和人的可靠性的研究付出了艰苦的努力，也产生了许多的人的可靠性分析研究方法，如 HRA（Human Reliability Analysis），THERP（Technique for Human Error Rate Prediction），HCR（Human Cognitive Reliability），SLIM（Success Likelihood Index Method）[156,157]，等。其中最有代表性的研究方法就是 HRA。

人的可靠性分析起源于 20 世纪 50 年代，由 Sandia 国家实验室的数学家 Herman，W. 以及电子设备工程师 Purdy，M. 在 1952 年发表的武器系统可行性研究报告中首次提出，这可看作是另一新的领域——人的可靠性分析的正式开始[158]。广义上人的可靠性分析属人因领域，是将人的特征和行为的相关资料和信息应用于指导对象、设施和环境的设计，以人因工程、系统分析、认知科学、概率统计、行为科学等诸多学科为理论基础，以对人的可靠性进行定性与定量分析和评价为中心内容，以分析、预测、减少与预防人的失误为研究目标，目前正在逐渐形成的一门新兴学科[159,160]。

到现在为止，已经发展了三代 HRA 方法[161-163]。第 1 代 HRA 方法着重研究人的行为理论和失误分类，发展以操纵员经验和专家判断为基础的人的失误概率的统计分析和预测方法。然而由于早期的研究工作在对人的行为的研究上的不足，使得这些方法在进行人的可靠性分析时都受到一定的限制，存在着数据匮乏、精确度不高等缺点。此外，对人的可靠性进行分析，首先是要对人员的行动进行详细描述。但长时间人的可靠性研究使得研究人员认识到，任何人员的行动都是在一个情景下发生的[164]。也就是说，如果一个模型想要描述人的表现或人的行动，那么该模型必须能够说明情景是如何影响行动的。但传统的人员因素可靠性研究模型或方法都未关注于“上下文情景”，即无法充分解释人员前后动作之间是如何耦合和相互依赖的。

第 2 代 HRA 方法则是针对第 1 代 HRA 方法中存在的问题进一步研究人行为的内在历程，着重研究在特定的情景环境下，在人的观察、诊断、决策等认知活动到执行动作的整个行为过程中，发生人因失误的机理和概率。

随着计算机技术的发展，在第 1 代和第 2 代 HRA 方法逐渐发展和完善的过程中，相伴出现了与第 1 代和第 2 代 HRA 方法具有明显不同特征、功能和局限性的方法，国际上拟将其称为第 3 代 HRA 方法——基于仿真的动态的 HRA 方法。CREAM 模型就是第 2 代 HRA 方法中具有代表性的一种，是在原有基础上，建立的独特的认知模型、前因/后果分类方案和分析技术。本章将阐述 CREAM 模型的发展历程、研究现状，并在此基础上详细介绍 CREAM 模型的内容与框架，阐明模型优点与不足，最后展示 CREAM 模型对不同类型的事故案例进行分析的实例。

二、模型发展

CREAM 模型是 Hollnagel, E. 于 1998 年在其著作《Cognitive Reliability and Error Analysis Method》[165] 中提出来的，其中定义了 CREAM 模型分类方案中各组成部分的关系、行动产生方式、错误行动可能发生的方式，既可用于定性分析又可进行定量分析。此外，CREAM 模型能解释人类错误行为的认知功能，而且针对性较强。

早期版本的 CREAM 分类方案使用了一种称为 SMOC（Simple Model of Cognition）的简化认知模型，这只是最简单的认知模型[166]。SMOC 模型的目的是描述人类认知的基本特征，虽然该模型展示了从观察到解释和计划到执行的典型路径，但模型中的路径并不只有这一种。SMOC 模型可以反映对人类认知特征的普遍认识。SMOC 模型的 2 个基本特征：强调观察和推理的区别，和强调人类认知的周期性。前者强调要区别观察到的东西和从观察结果中推断出的东西，但这样做的缺点是忽略了反思问题。可以观察到的通常是显性行为，与观察和行动执行这 2 类行为相匹配。而认知功能只能从观察到的人所做的事情中推断出来。人类认知的周期性意味着认知功能在过去事件以及预期的未来事件的背景下展开。认知的周期性强调了可观察的行为可以依赖于不可观察的认知功能和其他事件的多种方式[167]。

后期 CREAM 的基础模型是基于 SMOC 的进一步发展，称为上下文控制模型（Contextual Control Model，COCOM）[168]。该模型把人的行为按认知功能分为 4 个基本分类，即观察（Observation）、解释（Interpretation）、计划（Planning）、执行（Execution）。人的行为是在现实的环境背景下按照一定的预期目的和计划进行的，但是人又根据环境背景的反馈信息随时调整自己的行为，这是一个多次交互的循环过程。在 COCOM 模型中，环境背景用控制模式（Control model）来描述，可分为 4 种控制模式，即混乱的（Scrambled）、机会的（Opportunistic）、战术的（Tactical）、战略的（Strategic）。COCOM 模型图如图 6-1 所示。

在 COCOM 模型中，认知不仅是由于一系列输入而产生的一个反应，也是一个连续的对目标或原有意图的纠正和修正过程。这也符合认知系统工程的基本原则—人的行为既是有目的的也是应激性的。认知不仅只是处理投入和产生反应的问题，也包括不断修订和审查目标和意图的问题[169]，认知不应被描述为一系列步骤，而应被描述对现有能力（技能、程序、知识）和资源的控制使用。

三、研究现状

在定性分析方面，CREAM 方法在航空、航海、核电、交通等领域均有应用。航空领域，有学者基于 HFACS 误差分析模型和 CREAM 可靠性分析方法，并结合大量的国际现代战斗机的飞行事故数据，分析了导致战斗机飞行事故的人为错误和提出相关的措施减少人为错误的分析结果[170]，CREAM 分析方法也可以用于分析战斗机飞行事故的人为错误，并

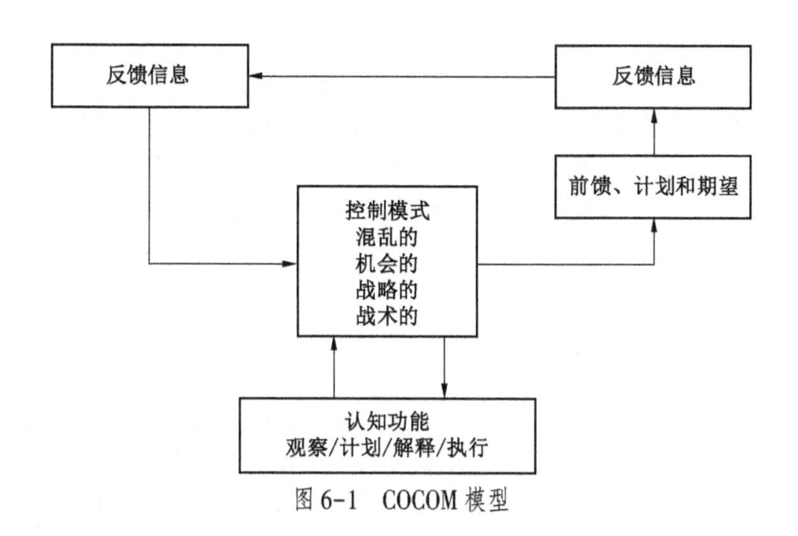

图6-1 COCOM模型

结合分析提出相关的措施减少人为错误的分析结果；此外，以CREAM模型为基础，可以分析飞机失控事故的人为前因，环境引起的前因，技术引起的前因和组织引起的前因[154]，黄宝军等分析了飞机起飞阶段人为错误的主要类型，并将错误原因归纳为6个部分：环境、个人状态、软件和硬件、信息、组织和管理以及机组资源管理[171]；航海领域，应用CREAM模型可以分析海洋工程作业的影响组织充分性的人、组织和技术绩效影响因素（PIFs），并发展一个层次化过程，以便于根据因果关系水平和基于功能水平垂直地合成PIFs[172]，Hollnagel，E. 测试了一种基于认知可靠性和误差分析方法（CREAM）的定性性能预测方法，对使用不同类型报警系统的操作人员可能出现的错误操作进行了预测[173]，在船舶任务人因失误分析中，也可以应用CREAM模型进行分析[174]。核电领域中，CREAM模型可以定性和定量分析通信错误的方法，定性方法主要是找出通信错误的根本原因，预测核电站可能发生的通信错误类型，建立与沟通错误相关的影响因素前因后果联系的语境条件[175]，此外，基于CREAM追溯法可以建立变电站运行人为失效模型，并发展适用于变电站运行人为失效事件分析的“结果-原因”追溯表和回溯分析法[176]；交通方面，应用CREAM中的追溯性分析方法可以分析道路交通事件人类失效的根原因，建立了道路交通事故人因失效模式，介绍、组织和补充了对人因失效基本原因的分类和后果-前因关系，并衍生适用于道路交通人类失效的事件“后果-前因”追溯表和特定的追溯性分析步骤[177]。

定量方面，CREAM模型的第一种应用是与其他分析方法结合，对定量预测方面进行了改进。如在交通领域，通过专家对驾驶员的情况进行评估，利用改进后的三角白化权函数和Bayesian-CREAM网络得到驾驶员4种不同控制模式的概率值。在此基础上，可对驾驶人员在CREAM中的基本误差概率值进行修正[178]。将证据推理的认知与可靠性与误差分析方法（CREAM），用于估计船舶事故中人为误差的概率[179]。利用基本事件分析方法与CREAM分析方法结合，可分析飞行员在紧急情况下的认知行为，确定任务中相应的故障模式。同时，在利用UT的不确定性分布可修正CREAM中人员的基本误差概率[180]。将电力操作特点和已有的安全相关的规章制度与CREAM模型结合，可发展一种基于CREAM的电网人为操作可靠性定量分析的方法，通过不同环境条件下某变电站倒闸操作的案例分析，验证模型的正确性[181]。

此外，在 CREAM 模型研究基础上，发展了许多新研究。应用 CREAM 模型可以生成计算操作人员动作失败概率的系统程序[182]；结合 CREAM 模型可以开发用于估计特定工业和工作环境中的人为错误动作概率的混合方法[183]。灰色关联理论与 CREAM 方法结合，可以对控制模式进行量化，然后利用生长理论曲线的相关原理建立人为错误概率与灰色关联之间的函数模型[184]。

第二节　具　体　内　容

认知可靠性和失误分析方法（CREAM）是在对传统的 HRA 原理和方法提出系统化批评的基础上发展起来的。可以实现定性追溯分析与定量预测。其中，CREAM 模型提供了可观察失误与不可观察失误 2 部分，作为定性分析的依据；提供了共同绩效条件及权重、性能可靠性、关键认知活动清单、COCOM 模型认知功能的失效概率值等内容，用于定量预测分析。CREAM 模型包含内容如图 6-2 所示。

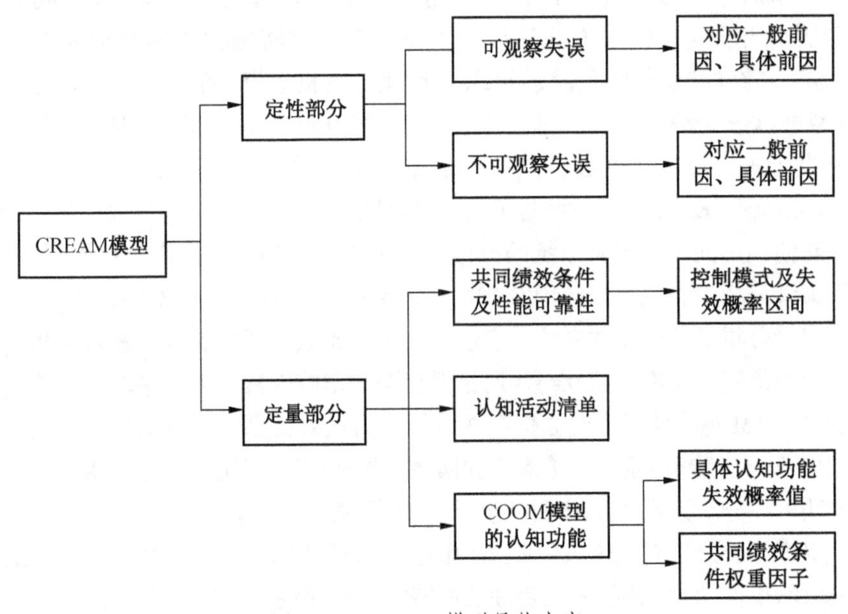

图 6-2　CREAM 模型具体内容

一、定性部分

1. 可观察性失误

首先，可观察性失误是指具有外在表现形式的失误，也称为失误模式（Error mode）。失误模式（可观察失误）是指描述一个不正确或错误的行为如何表现出来的类别，即可能的表现。CREAM 将失误模式分为 8 类，包括时间（太早、太晚、遗漏）、历程（太长、太短）、力量（太大、太小）、速度（太快、太慢）、方向（错误方向）、距离（太远、太近）、序列（颠倒、重复、错误动作、插入）、目标（错误目标）。如图 6-3 所示。

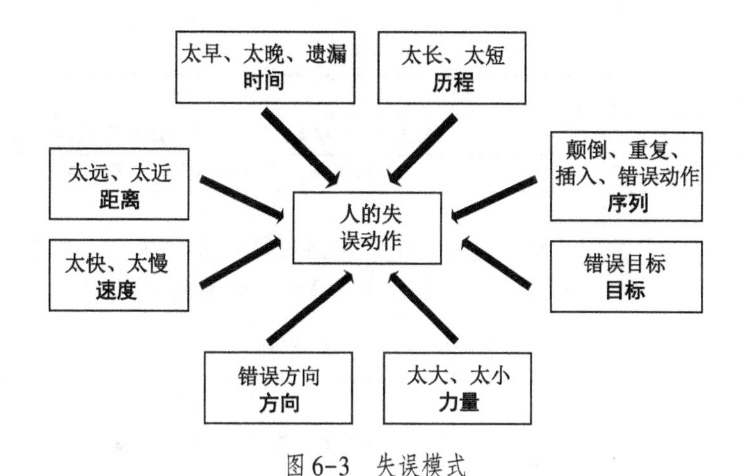

图 6-3 失误模式

相对于为失误模式定义 8 个不同的分类子组，Hollnagel E. 将它们划分为 4 个实用的描述子组。

(1) 在错误的时间行动。该子组包括定时和持续时间的错误模式。本分组内容见表 6-1。错误模式指的是单个动作，而不是两个或多个动作之间的时间关系。后者情况下，学者 Allen[185] 对时间关系进行了更详细的分类，在此不过多叙述。

表 6-1 在错误时间进行操作

一般影响	具体影响	定义/解释
时间	太早	在发出信号或规定条件之前，行动开始得太早（过早行动）
	太晚	行动开始得太晚了（延迟行动）
历程	遗漏	完全没有完成的动作（在允许的时间间隔内）
	太久	一种在本应停止的时候仍在继续的行动
	太短	一种早该停止的行动

(2) 错误类型的动作。这个子组包括力、距离、速度和方向的物理特性。分组内容见表 6-2。力表示应用于动作的力量或努力。如果使用的力过大，设备可能发生故障或断裂；如果使用的功率不足，则该动作可能不会产生任何影响。距离表示动作在空间中的程度；它与幅度同义，可以是线性的，也可以是角度的。速度表示动作进行得有多快。在许多情况下，可以做某事的速度是有限的。

表 6-2 错误类型的行动

一般影响	具体影响	定义/解释
力量	太大	多余的力量，太多的努力
	太小	力量不足
距离	太远	一场运动走得太远了
	太近	一种不够远的运动
速度	太快	动作执行得太快，速度过快或完成得太早
	太慢	动作执行太慢，速度太小或完成太晚

表6-2（续）

一般影响	具体影响	定义/解释
方向	方向不对	向错误方向移动，如向前而不是向后或左而不是右
	错误的动作类型	错误的运动，如拉旋钮而不是旋转它

（3）对错误的对象采取行动。这个子组只包括对象的错误模式。对错误对象的操作是常见的错误模式之一，例如按错按钮、看错指示器等。见表6-3。

表6-3 在错误物体上的行动

一般影响	具体影响	定义/解释
目标	邻近物体	在物理上接近本应使用的对象的对象
	相似物体	外观与应该使用的对象相似的对象
	无关物体	错误使用的对象，即使它与本应使用的对象没有明显的关系

（4）在错误的地方行动。这个子组只包括序列的错误模式，见表6-4。“错误的地方”是指行动的相对顺序，而不是物理位置，也就是“不按顺序进行的行动”。在错误物理位置发生的动作由“错误对象”或“错误类型的动作”提出。任务过程中在错误的地方执行动作是一种常见的行为，被描述为位置丢失和位置错误或混合[186]。

表6-4 在错误地方采取行动

一般影响	具体影响	定义/解释
序列	遗漏	未执行的行动，这特别包括一系列最后行动的遗漏
	向前跳跃	一个序列中的一个或多个动作被跳过
	向后跳跃	已执行的一项或多项较早的行动再次执行
	重复	重复之前的动作
	颠倒	两个相邻的动作的顺序是相反的
	错误动作	执行了一个无关的行动

2. 可观察失误对应一般和具体前因

在确定好失误模式（可观察失误）后将其作为后果，根据CREAM方法中提供“失误模式”的一般前因与具体前因，见表6-5，可确定对应的不可观察失误，即失误模式所对应的一般前因与具体前因。

表6-5 失误模式的一般和具体前因

后果	对应的一般前因		具体前因
时间历程	通信联络失败 诊断失败 不适当计划 操作受限	不完善规程 不注意 错过观察 诊断失败	过早遗漏 错误捕捉

表 6-5（续）

后果	对应的一般前因		具体前因
序列	不完善规程 通信失效 不注意	记忆错误 不适当计划 错误辨识	错误捕捉
力量	通信联络失败 设备故障 诊断失败	不适当计划 不完善规程 错过观察	标识模糊 习惯冲突 标识错误
距离	通信联络失败 设备故障 诊断失败	不适当计划 不完善规程 错过观察	标识模糊 习惯冲突 标识错误
速度	通信联络失败 分心 设备故障 诊断失败	不适当计划 不完善规程 错过观察 绩效波动	无
方向	通信联络失败 诊断失败 不适当计划	不完善规程 不注意 错过观察	标识模糊 习惯冲突 标识错误
（错误）目标	操作不可行 不完善规程 通信联络失败 不注意	错误辨识 绩效波动 不适当计划 错过观察	标识模糊 习惯冲突

3. 不可观察失误

不可观察性失误是指不具备外在的表现形式，即人的思维过程中的失误，如诊断、评价、决策、计划等认知活动中的失误。对于不可观察失误，CREAM 将其作为引起人因失误事件发生的基本原因，称为“前因”，分为与人有关的前因、与技术有关的前因和与组织有关的前因 3 大类，这 3 方面原因的组合，导致人因失误的发生，如图 6-4 所示。

与人有关的前因分为观察、解释、计划、与人的临时性功能相关和与人的永久性功能相关 5 类；与技术有关的前因分为设备、规程、临时性界面问题、永久性界面问题；与组织有关的前因分为通信联络、组织、培训、周围环境、团队 5 项。以上 14 种类型的前因称为分类组，每组又细分为若干前因，见表 6-6。

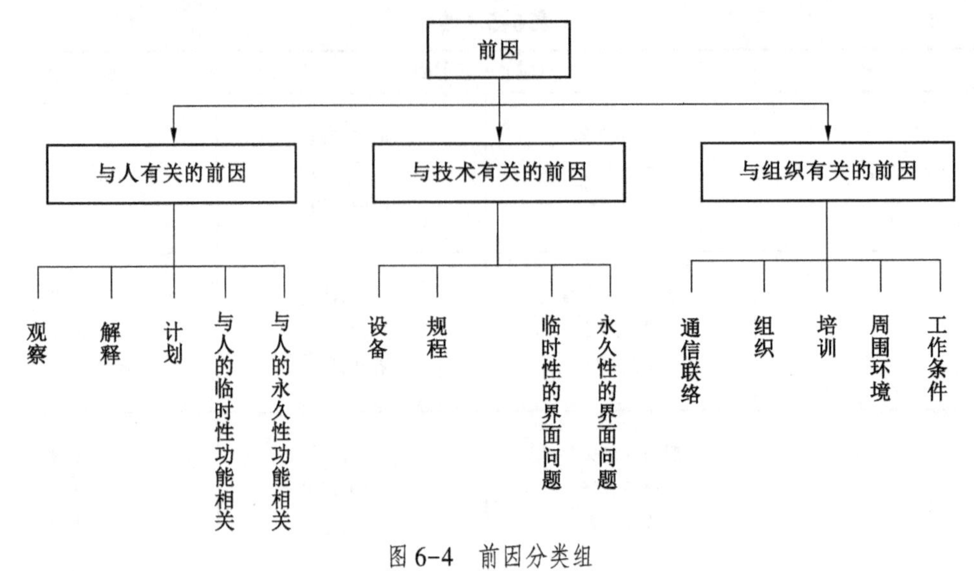

图 6-4　前因分类组

表6-6　前因分类表

前因分类组	具体分类	前因分类组	具体分类
观察	错过观察 错误观察 错误辨识	临时性界面问题	操作受限 信息模糊或不全
解释	诊断失败 推理错误 决策失误 延迟解释 不正确预测	永久性界面问题 通信联络	操作不可行 标记错误 通信联络失败 信息丢失或错误
计划	不适当计划 计划目标错误	组织	维修失败 不完善的质量控制
与人的临时功能相关	记忆错误 分心 恐惧 疲劳 绩效波动 不注意 生理/心理紧张	培训	管理问题 设计失败 社会压力 不完善的任务分配 技能培训不充分 知识培训不充分
与人的永久性功能相关	功能性缺陷 认知方式 认知偏差	周围环境	不良的周围环境 过分需求 不适当的工作地点

表 6-6（续）

前因分类组	具体分类	前因分类组	具体分类
设备	设备失效 软件故障	团队	不充分的班组支持
规程	不完善规程		不规律的工作时间

4. 不可观察失误对应的一般、具体前因

对于不可观察失误中 14 个前因分类组中各自包含的具体分类，CREAM 方法中均给出了其分析时作为后果所对应的一般前因、具体前因类别，即“前因-后果”链表，见附录。

二、定量部分

1. 共同绩效条件

CREAM 方法强调人在生产活动中的绩效输出不是孤立的随机性行为，而是依赖于人完成任务时所处于的情景环境（Context）或团队，它们通过影响人的认知控制模式（Control modes）和其在不同认知活动中的效应，最终决定人的响应行为[187]。换言之，人-机交互作用中人的行为是这些因素的联合影响的结果。这些影响因素可基本上归纳成表 6-7，统称为共同绩效条件（Common Performance Conditions，CPCs）。表 6-7 中共包含 9 个因素，每项因素对绩效可靠性产生 3 种不同影响水平，即改进、降低和不显著，据此可进行 CPC 评分。

表 6-7 共同绩效条件（CPCs）与性能可靠性

CPC 名称	水平	对性能可靠性的影响
组织的充分性	非常高效	改进
	高效	不显著
	低效	降低
	不足	降低
团队	极好	改进
	兼容	不显著
	不兼容	降低
足够的 MMI（Man-Machine Interface）和业务支持	支持	改进
	充足	不显著
	可容忍	不显著
	不恰当	降低
程序/计划的可用性	合适	改进
	可接受	不显著
	不恰当	降低

表6-7（续）

CPC 名称	水平	对性能可靠性的影响
同时目标的数目	过少	不显著
	匹配	不显著
	过多	降低
可用时间	充足	改进
	暂时不足	不显著
	持续不足	降低
一天中的时光	日	不显著
	夜	降低
培训和准备的充分性	充足，经验丰富	改进
	充足，经验有限	不显著
	不足	降低
团队协作质量	非常高效	改进
	高效	不显著
	低效	不显著
	不足	降低

2. 控制模式及失效概率区间

控制模式是指 COCOM 模型中所指出的 4 种描述环境背景的控制模式，即战术型、战略型、机会型、混乱型[188]。

（1）混乱型（Scrambled）：基本上是指人丧失了对事故处理的控制能力，盲目地进行“尝试-失误-尝试”的活动而失去思考判断能力，特别是在高应急状态，即存在着严重的时间压力和危险感知的情境下。这里也包括完全丧失控制的惊恐状态。

（2）机会型（Opportunistic）：指只存在有限的计划或期望性判断，原因可能是因为对于情景环境（Context）的理解不清楚或现场过于混乱，下一步动作的选择主要依赖于对事故情景的突出特征的感知或经验。这种认知控制模式的产生是知识的欠缺或面对少发的系统异常事故工况而致。

（3）战术型（Tactical）：其特征是人的绩效活动或多或少地遵循已知的规则或程序。此模式下的人的时间压力稍轻，但计划的周密性由于受到获得信息量的大小而难以十分完美。如果一种计划经常得到使用，就十分可能作为一种倾向性选择，但实际上并不能反映对事故情景的真正理解。

（4）战略型（Strategic）：是指人能够具有更宽的时间范围去审时度势，并且事先能够看到更高水平上的目标任务，因而动作的选择较少受到当前事故情景或界面的主导特征的影响或制约。战略型控制模式与其他控制模式相比，它的输出绩效质量更加稳定和可靠。每一种控制模式均有对应的自身失效的概率区间。见表 6-8。

3. 关键认知活动清单

关键活动认知清单共包含协调、联络、对比、诊断、评价、执行、识别、保持、监视、观察、计划、记录、调整、扫视、检验等，见表6-9。

表6-8 控制模式和失效概率区间

控制模式	失效概率区间
战略型	0.00005<P<0.01
战术型	0.001<P<0.1
机会型	0.01<P<0.5
混乱型	0.1<P<1

表6-9 关键认知活动清单

认知活动	一般定义描述
协调	将系统状态和/或控制配置带入执行任务或任务步骤所需的特定关系中。分配或选择资源以准备任务/工作、校准设备等
沟通	通过口头、电子或机械手段传递或接收系统操作所需的人对人信息，沟通是管理的重要组成部分
对比	检查两个或多个实体（测量）的质量，以发现相似或不同之处。比较可能需要计算
诊断	通过对体征或症状的推理或通过进行适当的测试来识别或确定一种情况的性质或原因。“诊断”比“识别”更彻底
评价	评估或评估一个实际或假设的情况，根据现有的信息，而不需要特别行动。相关术语是“检查”和“检查”
执行	执行先前指定的行动或计划，执行包括诸如打开/关闭、开始/停止、填充/排水等操作
识别	建立工厂状态或子系统（组件）状态的标识，这可能涉及检索信息和调查细节的具体操作。“识别”比“评估”更彻底
维持	维持特定的运行状态。这与通常是离线活动的维护不同
监视	随着时间的推移，跟踪系统状态，或者跟踪一组参数的开发
观察	查找或读取特定的测量值或系统指示
计划	制定或组织一套行动，以成功地实现一个目标。计划可以是短期的，也可以是长期的
记录	写下或 LOQ 系统事件、测量等
规范	改变控制（系统）的速度或方向以达到目标，调整或定位组件或子系统以达到目标状态
扫描	快速或快速地检查显示器或其他信息源，以获得对系统/子系统状态的总体印象
核实	通过检查或测试确认系统条件或测量的正确性。这还包括检查先前操作的反馈

4. 认知活动对应认知功能

认知功能是指 COCOM 模型中提供的 4 种认知功能分类，即观察（Observation）、解释（Interpretation）、计划（Planning）、执行（Execution），认知活动对应 COCOM 认知功能情况见表6-10。为方便后文介绍，分别以 4 种功能英文名称的首字母来表示 4 种功能，即观察 o、解释 i、计划 p、执行 e。

表6-10 认知活动与认知功能对照矩阵

认知活动	COCOM认知功能			
	观察o	计划p	解释i	执行e
协调			√	√
沟通				√
对比		√		
诊断		√	√	
评价		√	√	
执行				√
识别		√		
维持			√	√
监视	√	√		
观察	√			
计划			√	
记录		√		√
规范	√			√
扫描	√			
核实	√	√		

5. 认知功能及具体失效值

每一认知功能又包含具体的认知功能失败类型及对应概率值。具体见表6-11[189,190]。

表6-11 认知功能失效模式和失效概率基本值

认知功能	失效模式	基本值
观察	o1 观察目标错误	0.001
	o1 错误辨识	0.007
	o1 未进行观察	0.007
解释	i1 诊断失败	0.2
	i2 决策错误	0.01
	i3 延迟解释	0.01
计划	p1 优先权错误	0.01
	p2 不适当计划	0.01
执行	e1 动作方式错误	0.003
	e2 动作时间错误	0.003
	e3 动作目标错误	0.0005
	e4 动作顺序错误	0.003
	e5 动作遗漏	0.03

6. 共同绩效条件权重因子

CREAM 模型中，提供了每种控制模式对应的 CPC“平均权重因子”，可应用于定量预测分析中扩展法预测中的粗略计算，见表 6-12。

表 6-12 平均权重因子

控制模式	平均权重因子
混乱的	23
机会的	7.5
战术的	1.9
战略的	0.94

CREAM 模型也可以进行详细的权重因子计算，见表 6-13。

表 6-13 具体权重因子

CPC 名称	水平	COCOM 功能			
		观察	解释	计划	执行
组织的充分性	非常高效	1.0	1.0	0.8	0.8
	高效	1.0	1.0	1.0	1.0
	低效	1.0	1.0	1.2	1.2
	不足	1.0	1.0	2.0	2.0
团队	极好	0.8	0.8	1.0	0.8
	兼容	1.0	1.0	1.0	1.0
	不兼容	2.0	2.0	1.0	2.0
足够的 MMI 和业务支持	支持	0.5	1.0	1.0	0.5
	充足	1.0	1.0	1.0	1.0
	可容忍	1.0	1.0	1.0	1.0
	不恰当	5.0	1.0	1.0	5.0
程序/计划的可用性	合适	0.8	1.0	0.5	0.8
	可接受	1.0	1.0	1.0	1.0
	不恰当	2.0	1.0	5.0	2.0
同时目标的数目	过少	1.0	1.0	1.0	1.0
	匹配	1.0	1.0	1.0	1.0
	过多	2.0	2.0	5.0	2.0
可用时间	充足	0.5	0.5	0.5	0.5
	暂时不足	1.0	1.0	1.0	1.0
	持续不足	5.0	5.0	5.0	5.0
一天中的时光	日间	1.0	1.0	1.0	1.0
	夜间	1.2	1.2	1.2	1.2

表6-13（续）

CPC名称	水平	COCOM功能			
		观察	解释	计划	执行
培训和准备的充分性	充足，经验丰富	0.8	0.5	0.5	0.8
	充足，经验有限	1.0	1.0	1.0	1.0
	不足	2.0	5.0	5.0	2.0
团队协作质量	非常高效	0.5	0.5	0.5	0.5
	高效	1.0	1.0	1.0	1.0
	低效	1.0	1.0	1.0	1.0
	不足	2.0	2.0	2.0	5.0

第三节　CREAM 模型功能

一、概述

CREAM法提出了一套完整独立的模型-方法-分类框架（Model-Classification-Method，M-C-M），具有进行事故追溯性分析和人的失误的定量预测的双向性功能[191]。

对于一起人因失误事件，CREAM模型认为动作的执行错误并不只是引发人因失误事件的唯一原因。某些情况下即使操作者正确执行了动作，但得到的效果可能和期望相反，这也会导致人因失误事件的发生。但追究其原因均是人对所处情景的错误认知和判断，或者是特定的环境促使人做出错误的决策，因此分析人因失误事件的根原因是十分重要的。CREAM追溯分析的功能就是实现人误事件根原因的查找与分析。

当分析是为评价系统性能提供充分的基础或对设计变化提供可能建议而言，许多情况下可能需要进行定性分析。因此，人们普遍认为定性分析是最重要的部分，量化的好处往往可能相对较小。然而，当HRA是在PSA的背景下进行时，用数量来表示结果变得十分重要。但量化一直是HRA的致命弱点，虽然CREAM不是万能的，但它提供了一个明确的系统的量化方法[169]。

CREAM的定量预测方法有2种，分为基本法和扩展法。基本法得到的是一般失效概率区间，用于筛选分析，而扩展法得到的是失效概率的具体值。CREAM强调人在生产活动中的绩效输出不是孤立的随机性行为，而是依赖于人完成任务时所处于的情景环境或团队（同绩效条件），它们通过影响人的认知控制模式和其在不同认知活动中的效应，最终决定人的响应行为。

二、定性分析功能

1. 基本思想

CREAM定性分析，就是应用CREAM模型进行追溯分析，先确定可观察失误，进一步分析不可观察失误，确定根原因。追溯性分析的主要目的是要获得人因失误的原因。它通过对所观察到的事件后果做追溯性分析，使用分类方案中所定义的关系来建立可能存在的原因-后果关系路径。

首先通过事故中人为原因事件查找特定人员的失误动作，确定可观察失误（失误模式）。以失误模式为起点，在列出8类失误模式对应可能的一般前因和具体前因的“失误模式前因表”中分析选定某个前因作为后果，在不可观察失误包含该前因的分类组相应的“后果-前因链表”中分析和寻找出其对应的可能的一般前因和具体前因。继续将一般前因用作结果。继续在“后果-前因链表”中找到与上述结果相应的前因，并连接到下一个结果-原因链组。继续以这种方式进行跟踪，每个分支都得到一个结果-原因链序列，而这个链的最后一个原因可能失误的根本原因，这样就可以得到一系列的结果-原因链，图6-5给出了追溯分析的框架。

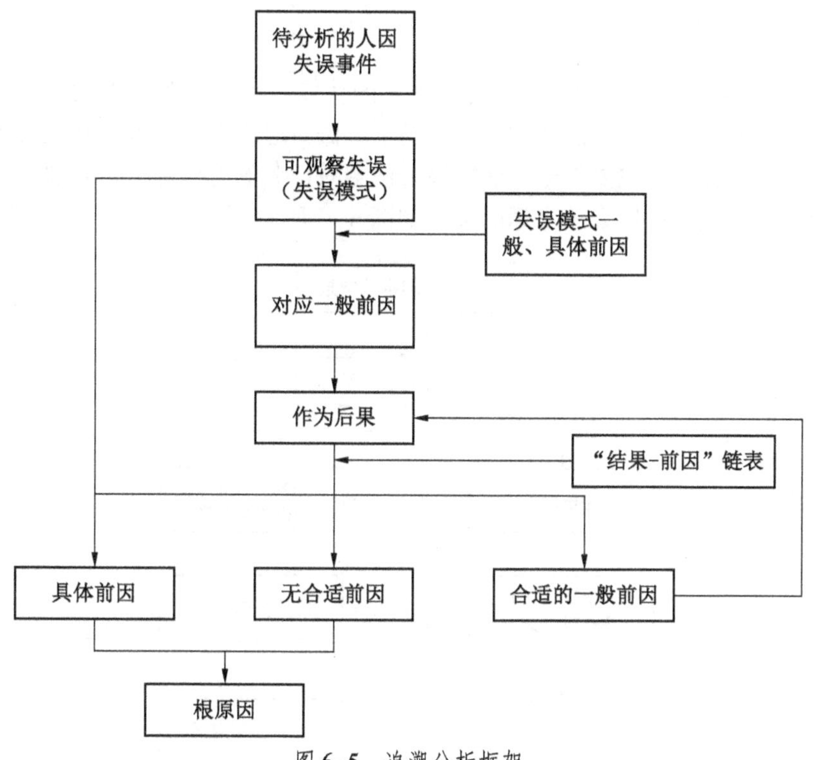

图6-5 追溯分析框架

2. CREAM 定性分析步骤

综上，具体介绍CREAM模型分析原理与步骤：

对于一个已发生的事故，首先要对事故进行调查和分析，得出事故的发展流程。在一个事故发展流程中，可能存在一个或多个人因失误事件。要找出某个人因失误事件的根原因，就可以应用追溯分析。CREAM追溯分析的具体步骤如下：

（1）根据该人因失误事件的外在表现形式，确定其失误模式的类别。

（2）根据“失误模式前因表”，由专家根据事故的具体情况，考虑事故现场的CPC因子进行分析，选定可能的多个前因作为追溯分析的起点；这一步骤需要自己根据事故现场信息或者事故调查报告提供的信息，进行前后适当推理分析，选定可能的多个前因。

(3) 对于某一个前因分支，将其作为后果，找到“后果-前因链表”的某一项，根据事故的具体情况进行分析，选定其可能的一般前因和具体前因，选定多个前因时，就增加新的分支，如果没有合理的前因可选，该分支的分析就停止。

(4) 对于具体前因的分支不再继续分析，对于一般前因的分支，返回步骤 (3) 继续进行分析。

(5) 每个分支的分析结束后，返回步骤 (3) 进行下一个分支的分析，直到所有分支分析完毕。追溯分析的结果是每个分支得到一个后果-前因链系列，链的最后一项前因都是该人因失误事件的一个可能的根原因。

三、CREAM 的预测分析功能

(一) 概述

CREAM 预测分析的主要功能就是对一项人的认知活动的任务可能发生失效的概率进行预测，它包括基本法和扩展法 2 种方法。基本方法对应于人类相互作用的初始分析。针对处理整个任务或任务的主要部分，而扩展方法会对任务的主要部分进行进一步精确和详细的分析。基本方法和扩展方法之间的关系如图 6-6 所示。

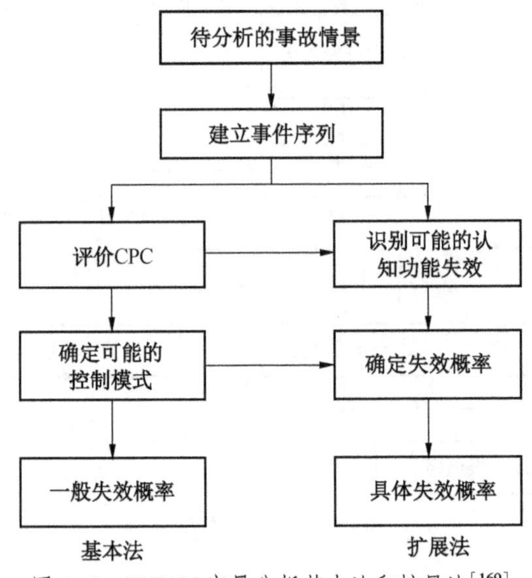

图 6-6 CREAM 定量分析基本法和扩展法[169]

(二) 基本法

1. 基本思想

由 CREAM 模型介绍可知，在事故过程中人存在 4 种不同的认知控制模式：混乱型 (Scrambled)、机会型 (Opportunistic)、战术型 (Tactical)、战略型 (Strategic)，人处于哪一种认知控制模式是由当时的情景环境决定的，人的绩效可靠性按这 4 种认知控制模式由低到高顺序排列。基本法预测分析的基本思想就是按任务所处的情景环境确定 CPC 因子水平，由 CPC 因子水平的综合，确定人完成该任务的认知控制模式，也就基本决定了发生失效的概率。

2. 分析步骤

基本法预测分析的步骤如图 6-7 所示。

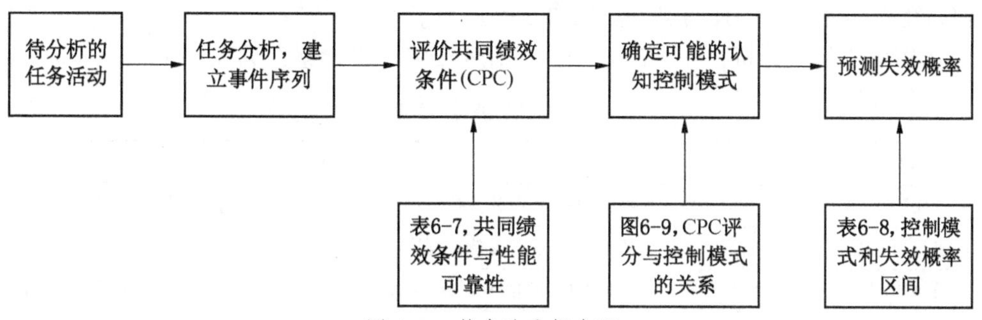

图 6-7　基本法分析步骤

3. 各部分具体解释

(1) 任务分析，建立事件序列。这一步骤需要识别需要进行可靠性分析的场景或事件。这通常涉及起草 1 份全面的潜在系统故障清单，这类清单将包括可以合理预期的故障，这些故障值得进一步研究。在清单中，一次选择一个特定的场景作为分析的重点。

(2) 评价共同绩效条件（CPC）。根据情景环境，对表 6-7 中 9 种 CPC 因子的水平进行打分和评价并确定其对绩效可靠性的期望效应（或由专家或技术人员）。CPC 因子之间的关系并不是独立的，还需要结合相互关系进行调整修正。调整方法如下：

在考虑这些 CPC 如何发挥可能的间接效应方面，CREAM 作者进行合理地假设：只有在 CPC 中的大多数是协同的情况下，才能对工作条件产生影响，从而改变主要效应。因此，CREAM 作者提出，一个 CPC 因素若受到 5 个 CPC 影响，则其中至少有 4 个必须是协同的，因为它们中的 4 个必须指向相同的方向（减少或改进），才能对工作条件产生影响。

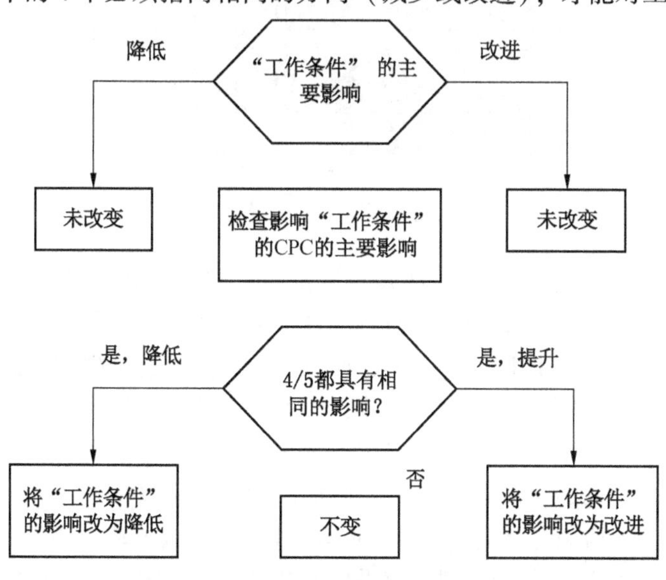

图 6-8　“工作条件”的调整路径

若受到 3 个 CPC 影响，则需要 2 个；若受到 2 个 CPC 影响，则需这 2 个全部协同。以“工作条件”为例，假设考虑“工作条件”的情况，这个 CPC 取决于其他 5 个 CPC 的描述。分别是“组织的充分性”“MMI 和业务支助的充分性”“可用时间”“每天的时间”和“培训和经验的充分性。其调整方法如图 6-8 所示。

经 CREAM 作者分析，9 个 CPC 中，只有 4 个需考虑调整，见表 6-14。

表 6-14 调整规则

CPC	取决于以下 CPC
团队	组织充分性、足够的 MMI 和业务支持、可用时间、一天中的时间、培训和准备的充分性
同时进行目标数目	工作条件、足够的 MMI 和业务支持、程序/计划的可用性
可用时间	组织充分性、足够的 MMI 和业务支持、可用时间、一天中的时间、同时进行目标数目
团队协作质量	组织充分性、培训和准备的充分性

（3）确定可能的认知控制模式。根据 CPC 因子的评价结果，分别记下对绩效可靠性的期望效应为降低、不显著、改进的 CPC 因子数目之和，得到一组 [$\Sigma_{降低}$、$\Sigma_{不显著}$、$\Sigma_{改进}$] 值。然后在图 6-9 中，由$\Sigma_{改进}$和$\Sigma_{降低}$确定该情境环境下人完成任务所处的认知控制模式。CPC 评分与控制模式的关系如图 6-9 所示。

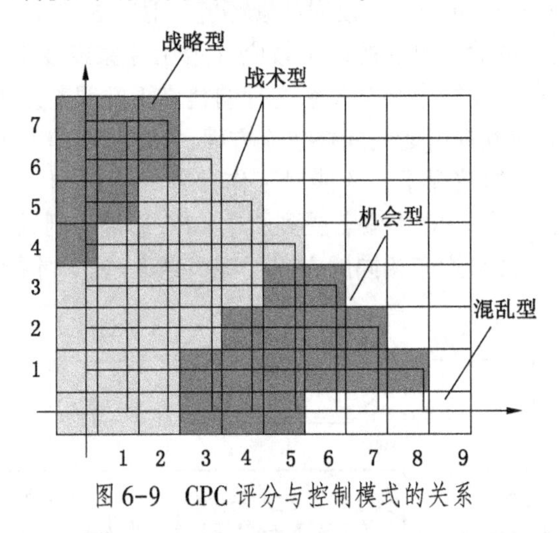

图 6-9 CPC 评分与控制模式的关系

（4）预测失效概率。根据确定的认知控制模式，即可由表 6-8 所示的控制模式和失效概率区间的关系，得到人完成该任务时可能发生失效的概率区间。

基本法得到的失效概率区间是粗略的，而且范围偏大，它是根据控制模式分成 4 个等级，因此随着绩效可靠性的期望效应的变化，失效概率区间是阶梯形的变化。文献 [192] 对基本法的失效概率预测提出了改进，将图 6-9 所示的 4 个控制模式区域改为连续的控制模式区域，在$\Sigma_{降低}=\Sigma_{改进}$的平衡线上，有中等的失效概率值，在$\Sigma_{降低}=0$的坐标线上，失效概率从中等值变到最小，在$\Sigma_{改进}=0$的坐标线上，失效概率从中等值变到最大，由此确定了一个连续的失效概率分布空间。改进后的基本法在确定了绩效可靠性期望效应改进和降低的数目后，在失效概率分布空间上就有对应的点，并可以直接由概率分布公式计算失效概率值，因此基本法改进后的预测分析可以给出失效概率的具体的估计值。

（三）扩展法

1. 基本思想

根据基础模型COCOM模型，CREAM将认知功能归纳为观察、解释、计划、执行4大类功能，以及13种失效模式。扩展法预测分析的基本思想是进一步分析人在完成任务过程中的认知活动和可能的认知功能失效，首先得到认知功能失效概率的基本值，然后考虑所处的情景环境的CPC因子水平对基本值进行修正，从而对人在完成任务时可能发生失效的概率进行预测。

2. 分析步骤

扩展法预测分析的步骤如图6-10所示。

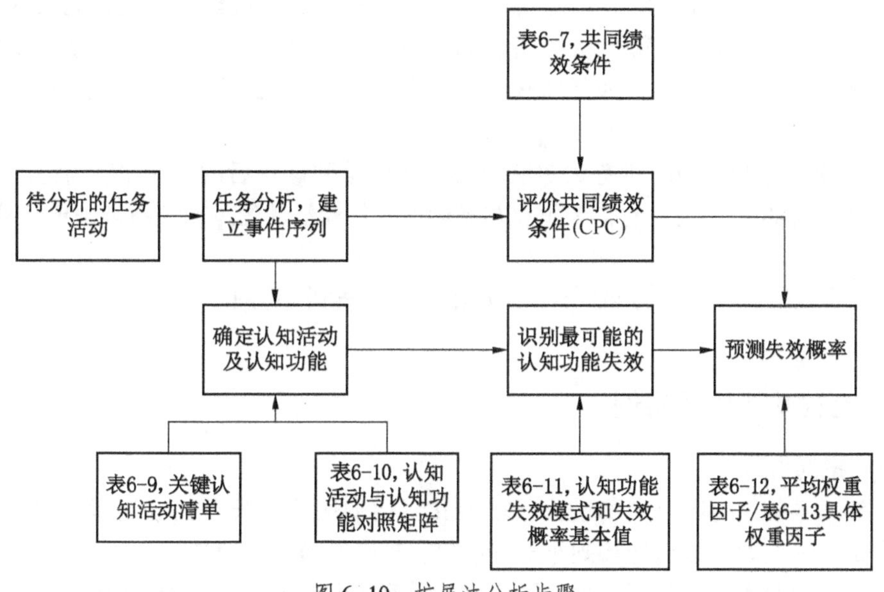

图6-10 扩展法分析步骤

3. 各部分具体解释

1）任务分析，确定认知功能

首先分析任务，建立事件序列和操作步骤，此部分与基本法中步骤一相同；然后识别每项步骤属于何种认知活动。根据表6-9，认知活动包括协调、联络、对比、诊断、评价、识别、执行、保持、监视、观察、计划、记录、调整、扫视、检验等，按认知活动和认知功能对照表6-10，确定每项步骤中的认知活动所对应的认知功能。

2）评价共同绩效条件（CPC）

与基本法相同，根据情景环境，对表6-7中9种CPC因子的水平进行评价，并确定其对绩效可靠性的期望效应。

3）识别最可能的认知功能失效

按CREAM给出的13类认知功能失效模式，见表6-11，参考CPC因子水平，进一步在操作步骤的每个认知活动中找到最可能发生的认知功能失效模式。

4）预测失效概率

传统的人误概率称为 HEP，CREAM 将认知功能失效概率（Cognitive Failure Probability）简称为 CFP。按任务的操作步骤进行失效概率预测，预测过程如下：

（1）按表 6-11 所列的认知功能失效模式基本失效概率值，确定每个认知活动中最可能的认知功能失效模式的失效概率基本值，即可得到该认知活动的标定 CFP 值，记为 $CFP_{标定}$。

（2）评价 CPC 对 CFP 的影响，有粗略的、详细的 2 种方法。

① 粗略法：CREAM 提供了每种控制模式下的“平均权重因子”，在由 CPC 因子按表 6-8 确定了控制模式后，即可查得平均权重因子值见表 6-12，则修正后的 CFP 值为

$$CFP_{修正} = CFP_{标定} \times 平均权重因子$$

② 详细法：CREAM 提供了 CPC 因子对 4 大认知功能的权重因子表，见表 6-13。进而可得到每个 CPC 因子对每个认知活动的权重因子，再分别求得每个认知活动下所有 CPC 因子的权重因子的乘积，即得到该认知活动的“总权重因子”，则修正后的 CFP 值为

$$CFP_{修正} = CFP_{标定} \times 总权重因子$$

（3）一个操作步骤中的所有认知活动按①和②得到修正后的 CFP 值之后，即可求得该操作步骤的总的 CFP 值，它需要根据步骤中所有认知活动的逻辑关系来确定计算方法。

第四节　事故案例分析应用

一、定性功能应用实例

（一）案例描述

00 : 58，某物流有限公司驾驶人驾驶液化气运输船经过长距离和连续驾驶后，将 10 号装卸臂的气液快速连接口连接到车辆卸油口，打开气阀对油箱加压，中途打开了油箱的液阀，液体连接喷嘴突然断开，大量液化气被迅速注入并扩散，现场作业人员未能有效处置，导致液化气泄漏长达 2 分 10 秒。泄漏的液化气和空气形成爆炸性混合气体，遇点火源爆炸，事故车辆和其他车辆的储罐连续爆炸。

（二）事故分析过程

1. 确定人因失误事件

针对上述的事故过程，分析出事故存在 1 个关键人因失误事件：驾驶员没有可靠连接快接接口与罐车液相卸料管导致液化气泄漏。

2. 人因失误事件追溯分析过程

1）失误模式分析及确定

导致人因失误事件的最直接原因是肇事司机在卸车作业准备工作阶段，遗漏了检查快接接口与罐车液相卸料管这一步骤，又或者为了提前完成卸车任务，故意跳过。因此，确定该事件的失误模式为序列（遗漏、向前跳跃）。

2）确定可能的一般前因

失误模式序列（遗漏、向前跳跃）对应的一般前因：错误辨识、诊断失败、不适当的

计划、记忆错误、不注意、不完善的规程、操作受限制、通信联络失败。

通过事故调查报告中内容:“肇事罐车驾驶员长途奔波、连续作业,进行液化气卸车作业时,没有严格执行卸车规程,出现严重操作失误”[193]。可知驾驶员在卸车作业时生理状态极差,有以下4种可能的前因:

(1)(错误辨识),肇事司机检查了快接口连接情况,没有发现异常。

(2)(记忆错误),肇事司机卸车作业前忘记快接接口连接情况。

(3)(不注意),肇事司机独自进行卸车作业,没有仔细确认快接接口连接情况。

(4)(不完善的规程),某物流公司没有制定完善的卸车作业操作规程,卸车现场没有配装卸管理人员。

因此,对于“序列(遗漏、向前跳跃)”错误模式,选择以上4种一般前因作为追溯分析的起点展开分析。

3)后果—前因追溯分析

将以上所归纳的4类一般前因作为后果,在后果—前因链中分别确定其一般前因和具体前因,并再选出一般前因作为后果,继续寻找一般前因和具体前因,循环分析,最终每个分支的最后一项前因就是导致该事故发生的针对驾驶员的人因失误根原因。

(1)错误辨识分支后果—前因追溯分析。

将错误辨识作为后果进行分析,对应的一般前因有:诊断失败、分心、信息丢失或错误,具体前因:模糊的符号集合、模糊信号、信息过载、错误信息。

事故案例中肇事司机检查了快接口连接情况,没有发现异常,很可能是快接接口存在问题,但驾驶人员检查失败,未发现缺陷。因此,选择一般前因为诊断失败。无合适的具体前因。

继续将诊断失败作为后果,对应的一般前因认知偏差、错误辨识、不完善的规程,具体前因:迷惑的信号、心理模型的错误、误导性症状、多重干扰、新情况、错误对比。

由事故案例描述中:“未依法配备道路危险货物运输装卸管理人员”以及“操作人员缺乏相关知识”可知驾驶员与押运员都未能接受良好的安全培训,对设备操作不熟悉,因此具有一般前因:认知偏差,无合适的具体前因。继续将认知偏差作为后果,无对应的一般前因。该分支根原因为认知偏差。

(2)记忆错误分支后果—前因追溯分析。将记忆错误作为后果进行分析,在“后果—前因”追溯表对应的一般前因:过分需求。具体前因:空想、遗忘、学过很久了、记忆力差。

由事故案例描述中:“车辆抵达公司后,驾驶员安排卸车工回家休息,自己实施卸车作业”,“未依法配备道路危险货物运输装卸管理人员”可知,驾驶员独自卸车出现严重操作失误。另外,事故案例描述中也提到:“储运区压力容器、压力管道等特种设备管理操作人员不具备相应资格和能力,不能满足正常操作需要”,此时的工作任务超过了司机的操作能力,司机自身无法满足工作需求,可能遗忘了检查的步骤,因此选择一般前因:过分需求,具体前因:遗忘;将过分需求作为后果进行分析,对应的一般前因有:不完善的任务分配、不利的环境条件,具体前因:多重任务、非预期任务。

事故案例描述中:“公司实际管理的河南牌照运输车辆违规使用未经批准的停车场”

及“企业连续24小时组织作业，10余辆罐车同时进入装卸现场，超负荷进行装卸作业，装卸区安全风险偏高”等表明，该车辆卸车时存在不良的周围环境，选择一般前因：不利的环境条件，无具体前因。将不利的环境条件作为后果分析时无对应前因。该分支根原因为不利的环境条件和遗忘。

（3）不注意分支后果—前因追溯分析。不注意对应的一般前因有：不利的环境条件。具体前因：临时性任务、不能胜任工作。

事故案例描述中：“公司实际管理的河南牌照运输车辆违规使用未经批准的停车场”及“企业连续24小时组织作业，10余辆罐车同时进入装卸现场，超负荷进行装卸作业，装卸区安全风险偏高”等表明，该车辆卸车时存在不良的周围环境，选择一般前因：不利的环境条件。由“驾驶员装卸操作技能差”可知，具体前因：不能胜任工作。

将不利的环境条件作为后果分析时无对应前因。该分支根原因为不良的周围环境和不能胜任工作。

（4）不完善的规程分支后果—前因追溯分析。不完善的规程对应的一般前因有：不完善的质量控制、设计失败。具体前因：现场情景超越规程范围。

事故案例描述中提到：“特种设备充装质量保证体系不健全；未严格执行安全技术操作规程；装置设备经常性损坏更换维护不及时”，据此选择一般前因：不完善的质量控制，无合适的具体前因。

该分支根原因为不完善的质量控制。

通过上述分析，将“序列（遗漏、向前跳跃）”追溯分析过程的结果和两种失误模式以图表形式显示，如图6-11所示。

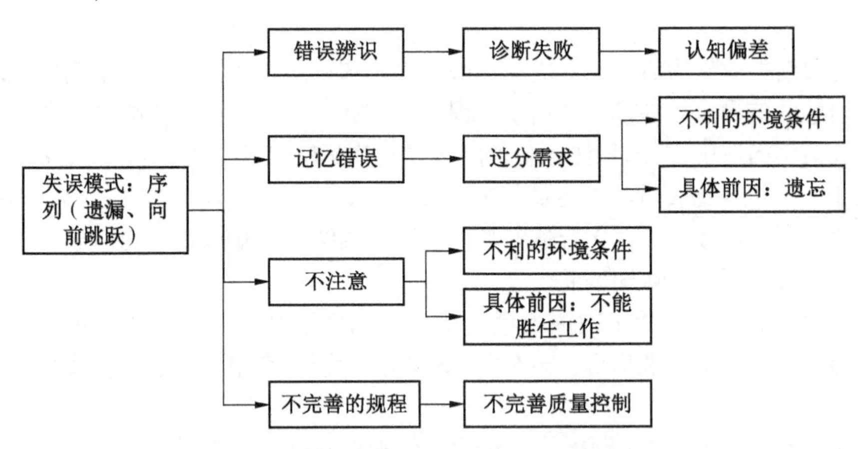

图6-11 人因失误事件根原因追溯分析结果图

二、定量分析功能应用实例

本部分摘选CREAM模型原著[165]书中的案例：一个简单动作任务来展示CREAM模型的定量分析功能实际应用。示例中使用的任务是：在系统跳闸后重新启动炉子，是指描述恢复炉子功能所必须采取的步骤。

(一) 基本法

1. 任务分析，建立事件序列

为构建事件序列，对所选取动作任务进行详细描述，列出其具体步骤，见表6-15。

表6-15 启动炉子的主要步骤

目 标	任务步骤与活动
1. 准备设备和服务	1.1 确保设备处于准备状态 1.2 确保燃料可供使用 1.3 确保氧气分析系统正在工作
2. 启动鼓风机	2.1 启动鼓风机
3. 启动油泵	3.1 启动油泵
4. 加热至800℃	4.1 根据显示表增加温度控制 4.2 监测氧气浓度 4.3 监测温度 4.4 当温度达到800℃时，切换为自动控制

2. 评价共同绩效条件（CPC）

基本CREAM模型定量分析方法的第2步是所对执行任务的团队的检查和评估。由于示例没有提到特定的过程，因此有必要对性能条件做出一些假设，以便对CPC进行定性，结合表6-7CPC评价及性能可靠性影响，得出炉膛预热任务的CPC评价结果见表6-16。

表6-16 炉膛预热任务的CPC评价

CPC名称	描述与评价
组织的充分性	描述：组织为所执行的任务或工作提供的支持和资源的质量。包括通信系统，安全管理系统，对外部活动的支持等 评价：低效/降低
团队	描述：工作发生的条件，如环境照明、屏幕上的眩光、警报的噪声、任务的中断等 评价：兼容/不显著
足够的MMI和业务支持	描述：MMI的质量和/或为操作人员提供的具体操作支持。MMI包括由专门设计的决策辅助设备提供的控制面板、工作站和业务支持 评价：可容忍/不显著
程序/计划的可用性	描述：准备好的工作指南的可用性，包括操作/紧急程序、例程和熟悉的响应 评价：不适当的/降低
同时目标的数目	描述：操作人员必须关注的任务或目标的数量。由于目标的数量是可变的，所以这个CPC适用于一种情况的典型/特征 评价：匹配/不显著
可用时间	描述：完成工作的可用时间；或任务和情况类型的一般时间压力水平。任务与过程动态同步的程度如何 评价：充足/改进

表6-16（续）

CPC 名称	描述与评价
一天中的时光	任务执行的时间，特别是人员是否调整到当前时间 评价：白天/不显著
培训和准备的充分性	描述：通过培训和事先指导（由组织）提供的工作准备程度。包括熟悉新技术，刷新旧技能等。以及操作经验的水平 评价：不足/降低
团队协作质量	描述：团队之间合作的质量。包括官方和非官方结构之间的重叠、信任水平以及团队之间的一般社会气候 评价：高效/不重要

3. 确定可能的认知控制模式

根据评价结果汇总可得：$\{\sum_{降低}, \sum_{不显著}, \sum_{改进}\} = \{3, 5, 1\}$，这意味着3个CPC指出性能可靠性降低，5个CPC表示没有显著影响，1个CPC指出性能可靠性提高。基本CREAM定量分析方法的第3步是确定可能的控制模式。使用图6-9中的数据，得出结果是期望操作员处于机会主义控制模式。

4. 预测失效概率区间

基本CREAM定量分析方法的最后一步就是确定预期控制模式的概率区间。根据表6-8，机会型控制模式动作失效概率在［0.01，0.5］范围内。

由于基本法的预测是较为粗糙的，因此继续应用扩展法进行分析。

（二）扩展法

1. 任务分析，确定认知功能及活动

扩展法中的任务分析以及事件序列构建见上述基本法，在基本法所列启动炉子具体步骤基础上，依照表6-9关键认知活动清单，将具体的任务步骤及活动归类为认知活动见表6-17。

表6-17　启动炉子任务步骤及认知活动

目标	任务步骤与活动	认知活动
1. 准备设备和服务	1.1 确保设备处于准备状态	评价
	1.2 确保燃料可供使用	核实
	1.3 确保氧气分析系统正在工作	核实
2. 启动鼓风机	2.1 启动鼓风机	执行
3. 启动油泵	3.1 启动油泵	执行
4. 加热至800℃	4.1 根据显示表增加温度控制	协调
	4.2 监测氧气浓度	监控
	4.3 监测温度	核实
	4.4 当温度达到800 ℃时，切换为自动控制	执行

2. 评价共同绩效条件

共同绩效条件评价与基本法相同，见基本法分析部分。

3. 确定失效模式

考虑到任务分析、共同性能条件和工作背景提供的信息，结合表6-11~表6-17，选择哪一个是每项认知活动对应的最有可能的认知功能失效模式。在本案例情况下，假设最可靠的失败模式是对工厂的准备状态做出错误的决定，见表6-18。

表6-18 炉膛预热任务的可靠失效模式

任务步骤与活动	认知活动	观察	计划	解释	执行
1.1 确保设备处于准备状态	评价		i2		
1.2 确保燃料可供使用	核实	o3			
1.3 确保氧气分析系统正在工作	核实	o3			
2.1 启动鼓风机	执行				e3
3.1 启动油泵	执行				e4
4.1 根据显示表增加温度控制	规范				e1
4.2 监测氧气浓度	监控	o3			
4.3 监测温度	监控	o3			
4.4 当温度达到800℃，切换为自动控制	核实 执行		i2		 e3

4. 预测失效概率

当根据已确定描述认知活动以及相应的认知功能失效模式后。通过表6-11认知功能失效模式名称和失效概率基本值结合表6-18，得出对应失效模式概率见表6-19（此部分以任务中最关键的步骤4为例）。

表6-19 部分炉温任务的名义CFP

任务要素	错误模式	失效概率
4.1 根据显示表增加温度控制	e1 错误类型的动作	0.003
4.2 监测氧气浓度	o3 错过了观察	0.003
4.3 监测温度	o3 错过了观察	0.003
4.4 当温度达到800℃，切换为自动控制	i2 决策错误 e3 在错误的时间行动	0.01 0.003

上述步骤之后，需考虑CPC对认知功能失效概率值（CFP）的影响。在基本CREAM方法的说明中，表6-16提供了炉膛预热任务的CPC，随后在从表6-13中选择加权因子，以提供表6-20的情况特定权重。

表 6-20 CPC 对认知功能失效的影响评估

CPC 水平	评价	4.1	4.2	4.3	4.4	
		e1	o3.	o3.	i2.	e2.
组织的充分性	低效	1.2	1.0	1.0	1.0	1.2
团队	兼容	1	1	1	1	1
足够的 MMI 和业务支持	可容忍	1	1	1	1	1
程序/计划的可用性	不恰当	2	2	2	1	2
同时目标的数目	匹配	1	1	1	1	1
可用时间	充足	0.5	0.5	0.5	0.5	0.5
一天中的时光	日间	1	1	1	1	1
培训和准备的充分性	不足	2	2	2	5	2
团队协作质量	高效	1	1	1	1	1
总影响权重		2.4	2	2	2.5	2.4

表 6-20 结合表 6-19 中的 CFP 值，即通过失效模式概率乘以 CPC 对每个认知功能失效影响的权重。分析者可以得出调整后的 CFP 结果，见表 6-21。

表 6-21 认知功能衰竭调整 CFPS

任务要素	错误模式	失效概率	CPC 影响值	CFP 调整值
4.1 根据显示表增加温度控制	e1 错误类型的动作	0.003	2.4	0.0072
4.2 监测氧气浓度	o3 错过了观察	0.003	2	0.006
4.3 监测温度	o3 错过了观察	0.003	2	0.006
4.4 当温度达到 800 ℃，切换为自动控制	i2 决策错误	0.01	2.5	0.025
	e2 在错误的时间行动	0.003	2.4	0.0072

综上所述，CREAM 模型的分析技术有 2 种，即定性分析与定量分析。定性分析主要是追溯性分析，用于分析事故和事件，而定量分析主要是预测性分析，用于分析人员可靠性。定性分析的主要目的是要获得人因失误的原因。它通过对所观察到的事件后果做追溯分析，使用分类方案中所定义的关系来建立可能存在的原因、后果关系路径。定量分析包含 2 个部分：基本法分析和扩展法分析。基本法就是按任务所处的情景环境确定 CPC 因子水平，由 CPC 因子水平的综合，确定人完成该任务的认知控制模式，也就基本决定了发生失效的概率。扩展法是在基本法基础上进一步分析人在完成任务过程中的认知活动和可能的认知功能失效，首先得到认知功能失效概率的基本值，然后考虑所处的情景环境的 CPC 因子水平对基本值进行修正，从而对人在完成任务时可能发生失效的概率进行预测。

综上所述，CREAM 把对人的行为的描述置于一个环境背景中，并在分析的早期阶段就考虑环境背景对人的绩效的影响。而在过去的基于人因模型（Human factors models）或信息处理模型（Information processing models）的 HRA 中，对环境背景及其相关性考虑不够，并且大多在分析的较晚阶段再用行为形成因子（PSFs）等来修正人误概率值

(HEP)。此外，CREAM是一个双向的方法，既可以进行回溯性分析，又可进行预测性分析。并且它考虑到与概率安全分析（PSA）的结合，提供了一种较好的定量化的方法。因此，在人因可靠性分析领域，CREAM模型具有重要的分析意义，对于事故人因分析也具有重要作用。

第七章 HFACS 模 型

第一节 发展及研究现状

一、开发背景

根据本书第五章，1990 年 Reason，J 教授提出了 Reason 模型，也称为“瑞士奶酪”模型，主要用于航空业的事故分析[14]。同时，Reason 教授提出的方法彻底改变了航空和其他工业领域中对于安全的观点[194]。

然而，Reason 模型存在一个局限性，它未能确定奶酪中“洞”的确切性质，即 Reason 模型没有明确每一层级中缺陷的具体内容。如果要将 Reason 模型作为事故分析的有效工具，就需要明确定义“奶酪上的洞”。只有知道系统故障或“洞”是什么，才可以在事故调查中，甚至在事故发生之前识别、发现和纠正。

HFACS 模型在 Reason 模型的基础之上被开发出来。Shappell，S. A. 和 Wiegmann，D. A. 在 2000 年开发出人因因素分析与分类系统（Human Factors Analysis and Classification System，HFACS），并于 2003 年正式提出模型的基本原理及框架[195]。最初，HFACS 模型被设计用于系统地分析军事航空事故中的人因因素，但在随后被证明在民用航空领域也是有效的[196]。其定义了引发事故的显性因素和隐性因素，能够在 4 个不同的层面上，即不安全行为、不安全行为的前提条件、不安全监督、组织影响，对事故中的人因因素进行分析。现已发展至广泛应用于煤矿、建筑、航空、化工等领域，能够系统地分析各类事故中人的因素。

本章将阐述 HFACS 模型的发展历程、研究现状，并在此基础上详细介绍 HFACS 模型的内容与框架，将其与其他事故致因模型进行对比，阐明其特点，最后展示 HFACS 模型对不同类型的事故案例进行分析的实例，以及 HFACS 模型与其他事故致因模型结合进行事故分析的实例。

二、发展历程

最初在 1997 年，Shappell，S. A. 和 Wiegmann，D. A. 对当时流行的多个事故致因模型进行了分析[197]，包括 4 阶段的信息处理模型、人因故障分类算法、Reason 模型，分析了它们的局限性，并对运用各模型分析人因因素得到的数据进行分析比对，提出了一个新的人因因素分析与分类模型的设想。

经过 1997—2000 年的不断研究与探索，正如在 HFACS 模型的开发背景中所提到的，Wiegmann，D. A. 和 Shappell，S. A. 在 2000 年综合美国军方及民用航空飞行数据而开发的，对 Reason 模型进行设计和重组，即建立在 Reason 模型基础上的一个较为完整的航空事故的人因因素分析与分类系统，定义了 Reason 模型中每一层级中缺陷的具体内容，使其能够更好地在实际分析中被应用。HFACS 模型开发之初用于系统地分析航空事故中的人因因素，达到能够基于此模型对事故展开系统全面的调查、预防事故的目的。它定义了引发事故的显性因素和隐性因素，即填补“洞”的内容。这些内容是通过结合数份包含了数千个人因因素的军事和民用航空事故报告进行提取、推导和分析所得到的。

经过多次的研究、数据分析，在 2000 年 Shappell，S. A. 和 Wiegmann，D. A. 提出了人因因素分析与分类系统这一概念，并建立了 HFACS 框架，列出了其中的人因因素条目[197]。而这时建立的 HFACS 框架就是一直沿用至今的模型框架，后续 2 位学者运用此框架进行了多次验证分析的工作，以表明其有效性。在 2001 年运用 HFACS 模型对 1020 次航空事故进行了分析，也是对 HFACS 基本理论和框架的一个验证。按 HFACS 框架将事故中的原因因素按监察、组织和机组人员以及环境等因素进行分类，得到了大部分航空事故与机组人员和环境因素有关的结论[198]。这也印证了 HFACS 模型开发之初所遵循的基本理论，即大部分航空事故可以在一定程度上归因于人因失误。

在 2003 年再次对 1990—1998 年间发生的 16 500 次以上的航空事故进行分析，比对了其中 1407 次可控飞行撞地事故与其他非可控飞行撞地事故中人因失误形式的区别[199]，并且在同年正式出版人因因素分析与分类系统的图书。

2005 年，Shappell，S. A. 和 Wiegmann，D. A. 利用 HFACS 对 1990—2001 年的美国航空事故数据进行分析，并针对其中事故中的人的不安全行为进行具体分析与统计[200]。

直到现在，经过国内外学者的研究、开发，在 HFACS 模型基础上进行改进而得到的模型可广泛应用于煤矿、建筑、化工等领域，能够系统地分析各类事故中人的因素。多年的研究与实践已经证实 HFACS 模型是一种能够很好地适用于分析事故原因并对其进行分类的工具，特别是事故中的人因因素。

三、研究现状

HFACS 模型最初被开发应用于航空领域，对航空事故中的人因因素进行分析。在对于航空领域的应用中主要分为 3 大类：直接应用模型进行事故分析，对模型进行改进或结合其他方法再进行事故分析，以及经过改善对除航空领域外其他各领域事故的分析。

（1）在第 1 类中，学者直接应用 HFACS 模型在 4 个层面上对航空事故进行分析。通过 HFACS 模型分析事故原因，总结引起事故发生的最有可能发生事故的路径，并根据分析结果检验 HFACS 模型各层级因素之间的关系，提炼各层级因素之间的关联，并将分析结果用于航空事故人因因素预防，为航空人因干预措施的制定提供数据支持等。例如文献[201-205]，都属于 HFACS 模型在航空领域中的第一类应用。

（2）在第 2 类中，学者会对 HFACS 模型进行改进，或将其与其他方法结合进行事故分析。由于 HFACS 模型最初是依据美国军方及民用航空飞行数据，将包含了数千个人因因素的军事和民用航空事故报告进行提取、推导和分析所得到的 HFACS 模型框架中的具体人因因素，而通过已经发生的事故数据推导得到的因素可能无法覆盖未来发生的事故中可能存在的人因因素。HFACS 模型是为航空事故中的人因因素分析而开发的，可以根据模型框架定性分析事故中的人因因素，但无法得知各个层级的人因因素对于航空事故发生的量化影响程度，以及每个层级中的子因素对该层级的量化影响程度，即模型中人因因素可能存在缺失，无法完成量化的分析。因此，在第二类的应用中，学者在现有的 HFACS 模型的基础上，通过改进模型中因素类别，或将 HFACS 模型与其他方法结合，例如灰色理论、模糊理论、系统理论事故模型与过程（System-Theoretic Accident Model and Process，STAMP）等，弥补其无法定量分析的特点，从而达到更加全面地分析事故的目的。如文献[206-212]，就分别将 HFACS 模型与 STAMP、层次分析法等模型或方法进行结合，更加全面地分析事故，或将 HFACS 模型中的人因因素条目细化，改进 HFACS 模型中的人因因素条目，适用于不同实际情况下的航空事故分析。

（3）对于第 3 类应用，经过多年的研究，各个行业领域的学者将 HFACS 模型改进、发展，使 HFACS 模型已经能够适用于多个行业中的事故分析。目前，除航空领域外，HFACS 在煤矿、海事、铁路、交通运输、医疗、建筑、化工等行业均有应用[213,214]。而在不同的行业领域中，部分学者直接将 HFACS 应用于本行业的事故分析[215,216]；而也有学者是通过改进 HFACS 中的人因因素条目，或将 HFACS 与其他方法结合，使之应用于本行业的事故分析中，并且更加贴合本行业的行业特点[217,218]。

第二节　具　体　内　容

HFACS 模型建立在 Reason 模型的基础上，描述了 4 个层级中的故障，对应于 Reason 模型中包含的 4 个层级：不安全行为（Unsafe Acts）、不安全行为的前提条件（Preconditions for Unsafe Acts）、不安全监督（Unsafe Supervision）、组织影响（Organizational Influences）。其中，不安全行为对应 Reason 模型中的显性失效，其余 3 个层次对应 Reason 模型中的隐性失效，其详细框架如图 7-1 所示。本节将详细描述 HFACS 模型中每一个层级以及各个层级中的人因因素条目，内容的总结提炼于参考文献［197］。

一、不安全行为（Unsafe Acts）

根据 Reason 的研究，操作人员的不安全行为大致可分为差错和违规行为 2 类。差错是指个人的心理或生理活动未能达到预期的结果。出现差错是人类不可避免的，因差错导致的不安全行为而造成的事故占主导地位。违规行为是指故意无视相关规章制度而做出的行为。本质上说是可以预测和预防的，但预测和预防这些“可预防”的不安全行为，仍然是管理人员和研究人员的难题。

Reason 模型已经根据行为的不同划分为错误（差错）和违规并进行了解释，而 Wiegmann 和 Shappell 在 Reason 模型的不安全行为分类基础上，进一步将差错和违规行为继续进行扩展和细化，将差错细化为 3 种类型：技能差错、决策差错、知觉差错；将违规行为细化为 2 种类型：习惯性违规、偶然性违规[132]。

（一）差错（Errors）

差错是发生在组织制定的制度内的不安全行为，分为技能差错、决策差错、知觉差错。

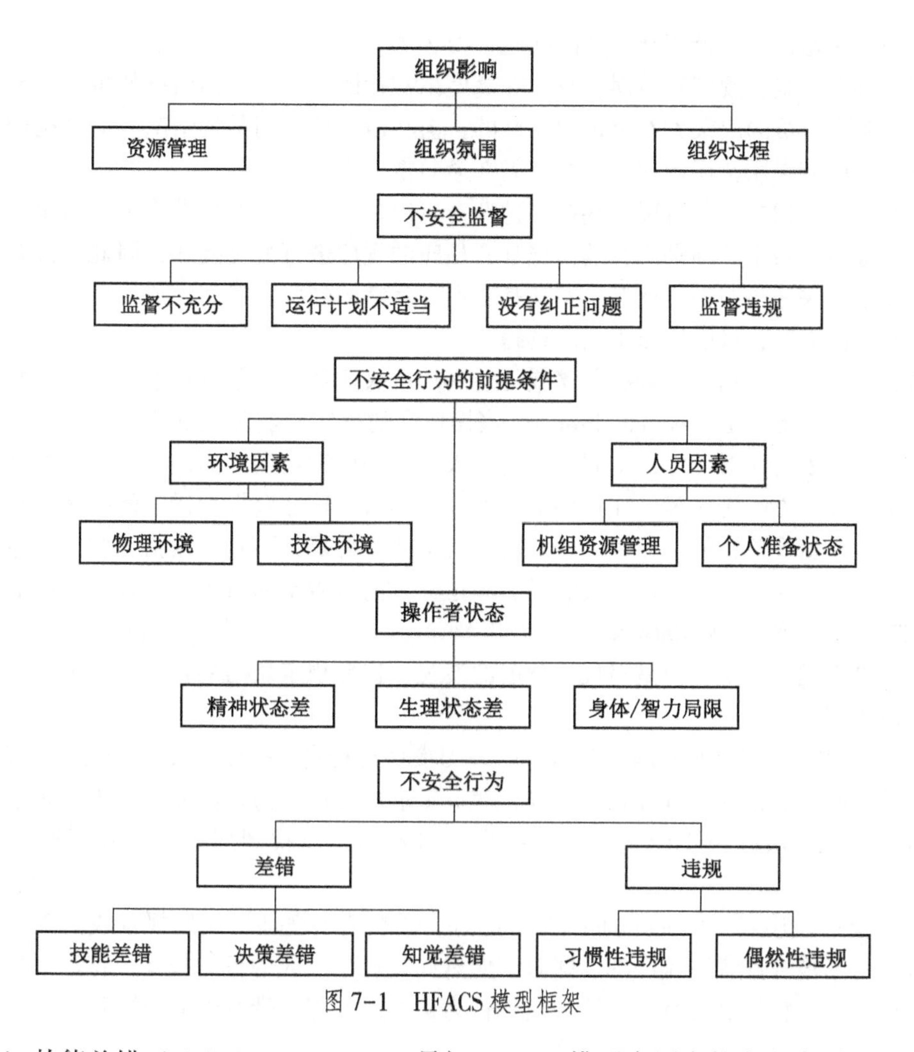

图 7-1 HFACS 模型框架

(1) 技能差错（Skill-based Errors）。最初 HFACS 模型应用在航空业中时，基于技能的行为定义为：在没有明显意识支配的情况下做出的最基本的飞行技能，例如控制操纵杆和方向舵等，这些行为特别容易受到注意力或记忆的影响。因此，技能差错就被定义为：操作人员无意识的，因技术水平不够、缺乏相关专业知识、技能和培训而导致的差错，表现为注意力或记忆障碍，同时操作人员执行任务的方式和技术也包括在技能差错中。

注意力不集中和记忆障碍都会导致技能差错。例如，专注于排除警示灯故障的机组人员可能会忽略其他的危险因素，或者由于分心而做出某些下意识的操作而导致事故，这是由于注意力不集中引发的技能差错；忘记自己下一步要做的事，或者在紧急情况下明明知道自己要做这件事但遗漏了，这是记忆障碍导致的技能差错；在技术方面，即使是接受过相同培训的操作人员也会做出不同的操作，如经历过同样训练的飞行员，执行一系列特定指令的技术方式可能会有很大的不同，进而可能产生特定的差错，这也属于技能差错。

(2) 决策差错（Decision Errors）。决策差错被定义为：按计划进行的有意的行为，但计划本身是不充分的或不适合当下情况的。做出这样的行为要么是由于没有具备适当的知识，要么只是选择不当。与技能差错最大的不同就是决策差错是有意识的行为。决策错误可以分为程序错误、选择不当、解决问题错误3类。

程序错误是基于规则的错误，发生在高度结构化的任务中。而航空的本质是高度结构化的，因此飞行员的决策大部分是程序性的，但在没有认识到某种情况或对情况产生误判的情况下，可能采用错误的程序，尤其是在紧急情况下。

选择不当是指在当前情况下存在多种选择可以达到目的，但从结果来说做出了一个相对较差的选择。由于并不是所有的情况都有相应的程序进行处理操作，因此在许多情况下需要在多个解决途径中做出选择。尤其是在没有足够的经验、时间，或存在其他可能妨碍决策的外部压力时，可能做出不当的选择。

解决问题错误是指没有解决程序或可选择的解决途径，问题没有被很好地解决。

（3）知觉差错（Perceptual Errors）。当操作者的感知与实际情况不同时，错误就可能会发生。具体表现为对环境、空间、设备、人员等的认知错误，如误判飞行高度或飞行姿态、视觉错觉、方向迷失等。在这种情况下，操作人员往往会根据错误的感知信息做出决策，进而导致出现差错的可能性上升。需要特别注意的是，不是视觉错觉和方向迷失被归类为知觉差错，而是操作人员对视觉错觉和迷失方向所做出的错误决策属于知觉差错。

（二）违规行为（Violations）

与差错不同，违规行为是对规章制度的漠视，违反规定做出的行为，分为习惯性违规和偶然性违规。

（1）习惯性违规（Routine Violations）。习惯性违规是指操作人员习惯性地无视用于操作程序或法规，通常得到管理者的默许，使员工形成习惯行为。因此，如果发现了习惯性违规行为，就必须进一步调查组织的各个监管环节，以找到那些没有履行职责的监管人员。

（2）偶然性违规（Exceptional Violations）。偶然性违规是指偏离规章或员工正常的行为模式，是不被管理者所允许的。同时，偶然性违规与个人的行为模式、特征无关，违规人员往往无法解释自己的行为，这种违规行为也难以预测，带有极端的性质。

二、不安全行为的前提条件（Preconditions for Unsafe Acts）

据统计，80%的航空事故与机组人员的不安全行为直接相关[131]。然而，仅仅关注不安全行为只是停留在事故原因的表层，除此之外还应探究在不安全行为背后更深层次的原因。因此，调查人员首先应深入了解不安全行为发生的原因，这其中就包括了不安全行为的前提条件。不安全行为的前提条件层级包括了3个方面的内容：环境因素、人员因素和操作者状态。

（一）操作者状态（Condition of Operators）

操作者状态经常会影响工作方面的表现。但是，操作者状态的因素经常会被认为是人的自身因素、心理因素或医学方面的因素，致使调查人员忽视了操作者状态也是作为不安全行为发生原因的因素。操作者状态因素偏向于关注操作人员自身生理或心理上的问题。操作者状态包含精神状态差、生理状态差、身体/智力局限3类。

（1）精神状态差（Adverse Mental States）。精神状态差是指由于睡眠不足或其他因素而导致的感知能力差、意识模糊、注意力分散和精神疲劳等，也包括个人的人格特征和不良的态度，如过度自信、自满和错误的动机。

（2）生理状态差（Adverse Physiological States）。生理状态差是指妨碍安全操作的不良的生理状况，包括潜在或轻微的病症，如幻视、方向障碍、疾病、身体疲劳、缺氧、晕动病等。

（3）身体/智力局限（Physical/Mental Limitations）。身体/智力局限是指操作要求超过操作人员自身能力的情况，如夜间视力差、反应时间慢、体能不足、身高不合要求等。

（二）人员因素（Personnel Factors）

机组人员经常会做出为不安全行为创造先决条件的事情，称为人员因素。人员因素分为2类：机组资源管理和个人准备状态。

（1）机组资源管理（Crew Resource Management）。机组人员资源的管理是航空事业的基石，良好的沟通能力和团队协调是其中的重要因素[219]。机组资源管理指机组人员之间沟通、协调不良的情况，包括机组成员内部、机组成员与空中交通管制、维护人员之间的沟通与协调。事实上，在航空业中，由于机组人员之间协调不佳而导致航空事故的案例比比皆是[131]。例如，一架民用客机在夜间于佛罗里达大沼泽地坠毁的案例，事发当时，机组人员正忙于解决指示灯出现的故障，而自动驾驶刚好断开，而驾驶舱内没有人监控飞机的飞行高度。在理想情况下，机组人员应进行协调，确保在排除故障时，至少有1名机组人员在监控飞行仪器。

（2）个人准备状态（Personal Readiness）。个人准备状态是指个人未能在身体上或心理上做好进行工作的准备，即没有将个人状态调整至最佳水平。这区别于操作者状态中的精神状态差、生理状态差等因素。例如，没有在规定的休息时间内休息，就可能会导致生理、精神状态差，进而导致事故发生。其中，不遵守规定的休息时间就归为个人准备状态差。

（三）环境因素（Environmental Factors）

除了与人员相关的因素外，环境因素也可以作为不安全行为引发因素，可能导致操作人员的不安全行为。环境因素可以分为2类：物理环境和技术环境。

（1）物理环境（Physical Environment）。物理环境是指一切外部的物理环境因素，包括机舱外部的操作环境，如天气、海拔、地形等，以及机舱内的环境，如振动、照明、温度、有害气体等。物理环境对于人的影响早有记载[220]，如外部的恶劣天气状况会干扰视线，导致空间或方向上的错觉；机舱内的热量过高可能导致脱水，干扰飞行员的正常飞行控制等。

（2）技术环境（Technological Environment）。技术环境是指操作员在技术方面遇到的问题，包括设备的设计、显示界面特性、检查清单布局、自动化系统的设计等方面存在的问题。

三、不安全监督

HFACS 模型中“不安全监督”层级包含4个方面内容：监督不充分、运行计划不适当、没有纠正问题、监督违规。

（一）监督不充分（Inadequate Supervision）

监督不充分是指监管人员未能为操作人员提供必要的、能够确保工作安全和有效地完成指导、培训、领导、监督、激励或其他措施。

任何监管人员都有责任为其一线操作人员提供安全工作的环境与条件。例如为机组人员提供资源管理培训，以增强他们的沟通协调能力。但是如果没有提供类似的培训，或者某个机组成员没有参加这样的培训，整个机组人员的沟通和协调就可能受到威胁，增加了发生不安全行为的可能性，导致事故可能性增加。同样地，监管人员的指导与监督也是组织安全的重要因素，例如监管不充分，或管理人员对不安全行为持默许态度，很可能导致习惯性违规行为的发生。因此，对事故原因的深入调查必须考虑监管人员在人为错误发生过程中的作用。

（二）运行计划不适当（Planned Inappropriate Operations）

运行计划不适当是指机组的人员配备不当，未能提供足够的休息时间，工作量过大等可能导致风险产生的不恰当的计划。某些情况下，工作节奏和机组人员的时间安排冲突会使人员面临不可接受的风险，即可能导致休息不好、精神状态差等不安全行为的前提条件。

同样地，不同性格的机组人员搭配在一起会产生不同的效果，如果将性格不合，或者一方资历较深且性格过于强势、而另一方经验较少且过于软弱的人搭配在一起，很可能出现沟通和协调问题。例如，1982 年 1 月在华盛顿特区外坠入波托马克河的航空事故[221]。在这起事故中，当副机长表示发动机仪表出现故障时，机长一再表示否认，并且在不良条件下坚持起飞，最终导致飞机熄火。

就这起特殊的事故而言，人员配备的不适当已经引起了较为严重的沟通与协调的问题，同时也引申出其他问题，如培训、监管、设备等。因此，在事故的深层次原因中也应考虑计划的合理性。

（三）没有纠正问题（Failure to Correct a Known Problem）

没有纠正问题是指当监管人员已经知道操作人员个人状态、设备、培训或其他方面存在与安全相关的缺陷，知道继续下去可能导致事故发生，但却默许其继续存在的情况。例如，事故发生后，在调查中监管人员表示“知道存在……的情况”“知道迟早会发生这种事”等，但还是未能报告或未能纠正问题，允许其继续工作。

（四）监督违规（Supervisory Violations）

监督违规是指监管人员在监督过程中故意无视规章制度，例如允许没有资质的飞行员进行飞行操作、允许没有执照的人员上岗、不执行现有规章制度等。

四、组织影响

如前文所述，监管人员在监督层面上的违规或错误决策会直接或间接影响到操作人员的行为。然而，其背后的组织层面的错误很难被调查人员察觉，很大程度是因为缺乏一个明确的指导框架。因此，HFACS 在组织影响层级规定了 3 个方面的难以确定的潜在因素：资源管理、组织氛围、组织过程。

（一）资源管理（Resource Management）

资源管理包括组织层面上关于人力资源、货币资产、设备和设施等组织资源的分配和管理不合理。

一般来说，企业关于如何管理和分配此类资源通常基于 2 个存在冲突的目标：安全目标和经济高效的运营目标。在企业盈利较好的时期，企业可以同时满足这 2 个目标，很容易就能找到平衡点。但是，在有财政困难的企业中会对两者进行取舍，而安全的支出会首先被削减。例如，成本的压缩导致设备方面投入的减少，使用低成本、低质量的设备或零件。这就导致资源管理上的不合理。

（二）组织氛围（Organizational Climate）

组织氛围是指能够影响员工绩效的一类因素的总和。形式上，组织气氛可以被视为组织内部的工作氛围，其中最为明显的是组织结构，反映在决策链、委派授权、沟通渠道和问责制，如果组织结构中的某一环节出现问题，组织安全显然会受到影响，并且会触及组织的运行模式、决策模型等基础性部分。

组织文化和组织政策也是组织氛围的重要因素。一方面，文化是指一个组织的规则、价值观、态度、信仰和习俗，简单地说，“这里的做事方式”就是文化，因此当组织文化出现问题，也就是组织内工作方式出现了问题，就会进一步影响到组织中的工作氛围，引起事故发生；另一方面，政策就是指导方针，能够指导管理人员在招聘、解雇、晋升等方面的决策，以及组织日常业务中的其他问题，当政策规定不清晰，或存在矛盾，组织的运营就会产生混乱。

（三）组织过程（Organizational Process）

组织过程是指组织内部的决策、监督、运行的过程，包括标准作业规程的建立和实施。如果组织规定的作业程序自身存在缺陷，就会极易引起组织过程中的错误。例如，不存在处理突发事件的标准程序，或操作手册中的作业程序存在缺陷等。

第三节 事故案例分析应用

一、航空领域事故分析应用

（一）事故数据来源

以法航 447 号航班事故为例运用 HFACS 模型对事故中的人因因素进行分析与分类。事故案例信息均来自于公开渠道[222,223]。以此阐述 HFACS 在航空领域的应用。

（二）法航 447 号航班事故经过

2009 年 6 月 1 日，该航班一架空客 A330—203 客机（注册编号：F—GZCP），载有 216 名乘客以及 12 名机组人员（3 名飞行员、9 名乘务人员），在巴西圣佩德罗和圣保罗岛屿附近坠毁，机上人员共 228 人全数罹难，其中包括 9 名中国乘客。具体事故经过如下：

事故发生在 2009 年 6 月 1 日，法航 447 航班原定从巴西里约热内卢加里昂国际机场飞往法国巴黎戴高乐机场。法航 447 航班于里约热内卢 5 月 31 日晚上 10 点 03 分起飞，起飞后3 h机长报告到达巴西沿海的导航路点。当时飞机保持在35 000 in，空速467节（840 km/h）的飞行速度。凌晨1点49分，航班离开巴西雷达监控范围，进入大西洋中部的雷达死角。2 h后，1名塞内加尔的空管员试图联系这架班机，却始终联系不上，随后通知了法国航空。起初以为班机只是通信出了问题，到了应该到达法国空域时，空管员还是无法联系到飞机。在法国戴高乐机场，随着预计到达时间早上11点10分过去，还没有法航447班机的踪影，此时班机的燃料应该都耗尽了。法航开始通知乘客家属，飞机可能已经在海上坠毁了[224]。

自航空业进入21世纪以来，技术水平已经十分成熟，但机型为属于较为安全的空客A330机型的法航447号航班的神秘消失令当时的民航界十分震惊。当时的空客A330已经装备了非常先进的自动驾驶系统，可以有效地减少人因失误，但最终还是由于飞行员的操作错误导致了惨案的发生。

（三）事故描述

根据飞行数据记录仪和驾驶舱录音设备的记录资料显示，进入风暴区前机长出去休息，换资深左座副驾驶飞行员进入驾驶舱上左座。在进入风暴地区时，左侧副驾驶飞行员说绕过此区域，而右座副驾驶飞行员忽略了这句话，向后拉杆，抬高机头。此时右座副驾驶飞行员注意气象雷达设置不正确，重新调整发现风暴强度比预想要强得多，而且难避让，此时机外温度异常高，表明空气对流程度极其剧烈，造成飞机爬升性能下降，不能上升到更高高度，空速管（一种让气流通过来测量空速的输气管）遭遇暴风冻结，飞机除冰失效，自动驾驶系统脱离，右座副驾驶飞行员接管了飞机控制，并立即拉杆爬升（尽管爬升性能不足）。因右座副驾驶飞行员拉杆，飞机上升2500 in，但速度下降了166 km/h，失速警报被触发，2人都未做出任何回应。左座副驾驶飞行员一度曾注意速度变化，并提醒右座副驾驶飞行员注意，右座副驾驶飞行员答应下降，但事实上仍拉杆爬升，很快空速管恢复了工作，机组开始得到正确空速信息，左座副驾驶飞行员多次要求下降，右座副驾驶飞行员减小了拉杆力，飞机空速逐渐恢复，仍缓慢拉升，失速警报解除，右座副驾驶飞行员仍保持一定拉杆。飞机完全恢复操控之后，右座副驾驶飞行员再次增大拉杆，重新触发失速警告。随后，左座副驾驶飞行员接手控制飞机，做出了正确的操作降低机头，但飞机状态仍然没有改变，失速警告持续。左座副驾驶飞行员开始压杆，由于此时右座副驾驶飞行员还在不停地拉杆，2位飞行员的操作相互抵消，相当于没有对飞机做出控制。

空速管失效1分半后，机长回到驾驶室时，选择了坐在前面观察指导而未回左座接管操控。飞机继续下坠，由于没有实际操控，机长不知道有人仍在拉杆，也没有想去问这种初级问题，更无法理解仪表异常读数。之后，失速警报一度短暂解除，3人简单讨论了当前情况，没有人提出是失速导致下坠，未认识到飞机在高速下坠。飞机接近10000 in高度时左座副驾驶左座副驾驶飞行员试图接管操纵做出推杆输入，此时右座副驾驶飞行员仍拉杆，左座副驾驶飞行员仍然只能抵消掉右座副驾驶飞行员输入，飞机仍处于机首上仰姿态。此时右座副驾驶飞行员终于说出了事情真相：我们一直拉杆。机长立即指示不能爬升，左座副驾驶飞行员命令下降，并让右座副驾驶飞行员放弃控制。左座副驾驶飞行员终于压低机头飞机开始增速，但仍下坠，飞机离地面约2000 in时，近地警报响起，右座副驾驶飞行员无申明情况下，再次拉杆，机长命令不能爬升，话音刚落飞机便坠毁。

（四）事故人因因素分析

根据HFACS模型中对各层级人因因素的定义，以及每一类人因因素中的典型案例，可从事故调查报告中的事故原因提取出对应的人因因素。本节中对所有事故报告的分析均在此基础上得出完整的人因数据。这里以法航447航班为例，根据事故调查报告及HFACS模型的人因分类标准，将该事故原因中的人为因素归类分析如下：

1. 不安全行为

1）差错

（1）技能差错：右座副驾驶飞行员持续拉杆。在飞机进近过程中右座副驾驶飞行员对于自动系统的使用明显经验不足，在不能使用操纵拉杆时持续进行拉杆，导致操作步骤出现问题；并且在坠毁前左座副驾驶飞行员接手操纵飞机进行压杆，而右座副驾驶飞行员仍进行拉杆。这种情况并不是飞行员有意或故意所致，因此属于不安全行为层级中的技能型失误。

（2）决策差错：未能正确处理飞机失速下坠。当飞机上升至2500 in时，速度下降了166 km/h，失速警报已经被触发，飞机开始失速下坠，高度不能满足正常飞行或降落的标准，但是左座副驾驶飞行员和右座副驾驶飞行员两人都未做出任何回应，并且机长返回驾驶舱后也没有对失速下坠做出决策。这属于不安全行为层级中的决策失误。

知觉差错：两位副驾驶飞行员与机长都对于飞机的飞行高度、姿态与速度产生了误判。

2）违规行为

偶然性违规：进入风暴区前机长出去休息。暂时的休息这个行为本不属于违规行为，但是机长并没有提前指定“替换机长”，其余两位副驾驶表现出对于自动驾驶系统的不熟悉，加上飞行经验过少，且即将进入风暴区，因此演变成了一次违规行为，且不属于习惯行为，而是偏离正常行为模式的偶然性违规。

2. 不安全行为的前提条件

1）操作者状态

由于无法判断机长离开驾驶室去休息的具体原因，因此无法判断机长的个人精神或生理状态。

2）人员因素

机组资源管理：副驾驶与机长之间、副驾驶与机组成员之间以及两位副驾驶之间都存在沟通与协调问题。在机长离开驾驶室休息，空速管冻结失效后，副机长没有及时通知机长，或通知其他机组人员，而空速管冻结致使飞机除冰失效，自动驾驶系统脱离，是飞机失速下坠的最直接的原因；在后续对于飞机失速下坠的处理过程中，一位副驾驶进行压杆，而另一位副驾驶始终保持拉杆，并没有将自己始终进行拉杆的操作行为告知另一位副驾驶和机长，这也直接导致了后续处理操作的无效；在机长回归驾驶室，失速警报短暂解除三人简单讨论的时候，没有人提出飞机是失速导致下坠。这些处理过程中均没有进行有效的沟通和协调，属于不安全行为的前提条件中的机组资源管理不达标。

3）环境因素

（1）物理环境：机舱外部的操作环境较差，事故发生时飞机穿过雷暴复合体，机身产生了强烈的颠簸。这些干扰飞行员正常飞行控制的外部环境因素属于物理环境。

（2）技术环境：空速管发生冻结后，空速表不能正常显示读数，而导致机组人员无法确定飞机失速原因。

3. 不安全监督

监督不充分：缺乏培训、训练，驾驶员不知如何正确处理失速情况。当飞机处于失速状态下，应使飞机机头向下，调整为俯冲状态，从而使飞机重新获得速度。但由于缺乏培训与训练，使得右座驾驶飞行员一直拉杆，使机头向上，因此航空公司提供飞行员获得并保持上述相关知识的训练不足；同时该机组对失速现象毫无认知，没有采取正确的处理措施，说明飞机提供的物理警告（如警告、抖振现象等）和相关程序有设计缺陷。未能为操作人员提供必要的指导、培训，属于监督不充分。

4. 组织影响

组织过程：航空公司应指定更加详细的“替换机长”标准和机长休息规定，并且制定更加详细的突发事件处理手册等。

上述就是运用 HFACS 对于法航 447 航班事故的人因因素分析与分类，对上述事故中人因因素的总结见表 7-1，因素分析结果的逻辑关系如图 7-2 所示。

表 7-1　法航 447 事故人因因素分析与分类总结

不安全行为	不安全行为的前提条件	不安全的监督	组织影响
X_1 副驾驶持续拉杆（技能差错）	A_1 存在沟通与协调问题（机组资源管理）	—	—
X_2 未能正确处理飞机失速下坠（决策差错）	A_2 机舱外部的操作环境较差（物理环境）	B_1 缺乏培训、训练，驾驶员不知如何正确处理失速情况（监督不充分）	C_1 航空公司没有详细的“替换机长”标准和机长休息规定（组织过程）
X_3 误判飞行高度、姿态（知觉差错）	A_3 空速表不能正常显示读数（技术环境）	—	—

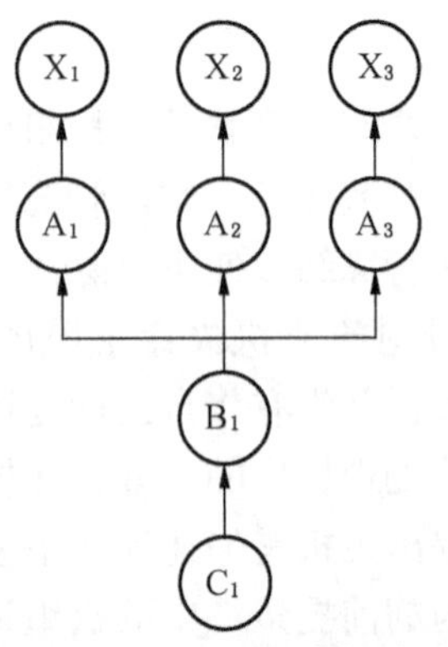

图 7-2　分析结果逻辑关系

综上所述，根据 HFACS 模型，得出法航 447 航班事故发生原因中的人因因素有 8 种：技能差错、决策差错、知觉差错、机组资源管理不达标、物理环境、技术环境、监管不充分、组织过程。事故分析应用也会按此方法，对事故中涉及的 HFACS 模型中 4 个层级的因素进行详细分析和判断，对事故原因中的人因因素进行分析和分类。

二、与其他模型结合分析案例

除了单独应用在航空领域的事故分析外，HFACS 模型还能够与其他模型进行结合，并应用于其他行业领域中。这里以 HFACS 模型与事故树分析法、贝叶斯网络模型的结合，选择危险化学品储存事故为例，针对 HFACS 模型与其他模型结合分析航空领域外的事故进行阐述。

（一）事故数据来源

将全国各级政府应急管理局、中国化学品安全协会官方网站、应急管理部化学品登记中心作为事故数据收集的主要来源，对其中 2010—2019 年发生的危化品储存事故调查报告进行收集整理，并以公开出版物、百度和其他网站的数据作为补充，建立危化品储存事故数据库。目前收集到 42 起危险化学品事故，由于篇幅原因，在具体分析的部分仅选取其中一例事故进行详细介绍并给出具体分析过程。

（二）构建 HFACS 模型

由于 HFACS 模型在应用到其他行业领域中时，可能会出现个别条目不适用的情况。为了更好地实现对危险化学品储存事故的人因因素分析，在构建 HFACS 模型时借鉴了其他领域进行事故分析时所运用的改进 HFACS 模型[225-228]，并结合已收集到的 42 起危化品储存事故的实际情况和特点，对原 HFACS 模型进行适当修改，使其更适用于危化品储存事故人因因素的分析。

组织影响包含资源管理、组织氛围以及组织过程 3 种类别，如图 7-3 所示。在对危化品企业的安全管理过程中，高层管理人员的错误决策会直接影响监管的实践以及操作者的行为模式，而组织影响缺陷通常会被大多调查人员所忽视。因此，有必要详细阐述危化品行业背景下组织影响的确切含义。

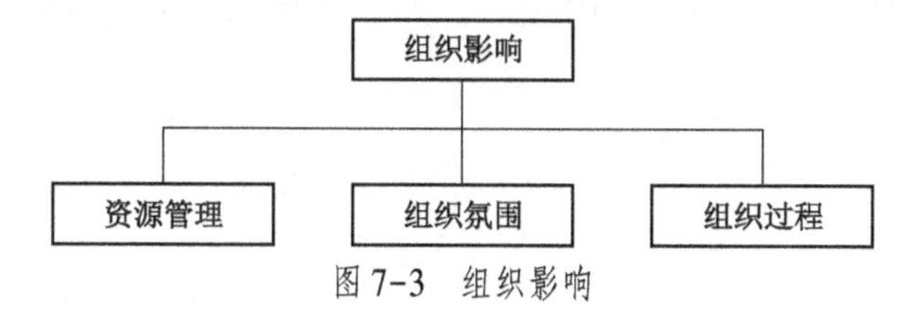

图 7-3 组织影响

不安全监督是指影响员工状况以及他们所处工作环境类型的监管人员的行为。根据 HFACS 框架，不安全监督包含监督不充分、没有纠正问题、运行计划不适当和监督违规 4 个子类别，如图 7-4 所示。

事故是由诸如不安全行为的显性因素直接引起的，在这些行为的背后，存在显性甚至是隐形的因素，这些因素导致了不安全行为的发生，继而引发了事故。因此，对不安全行为前提条件的分析至关重要，主要包含环境因素、操作者状态和人员因素 3 方面的内容，如图 7-5 所示。

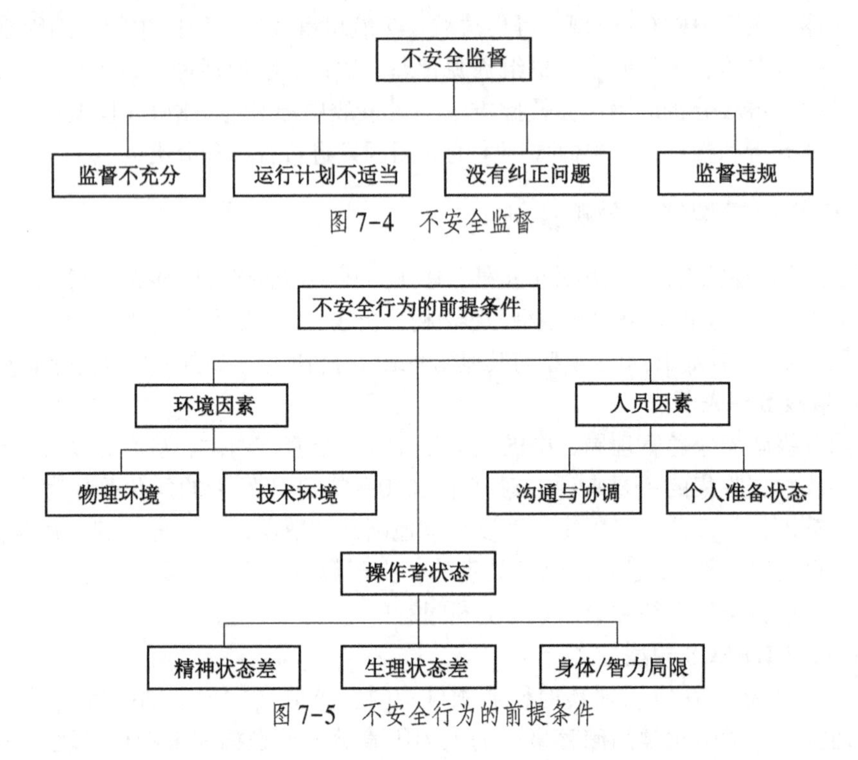

图 7-4　不安全监督

图 7-5　不安全行为的前提条件

在人员因素中，需要指出原 HFACS 模型中“机组资源管理”被改为“沟通与协调”。机组资源管理是用于航空领域的专业术语，通常是指在执行任务过程中出现了飞机、空管等自身及相互间信息沟通不畅、缺少团队合作等问题。由此可见，在 HFACS 中，“机组资源管理”实质上指的沟通与协调的问题。在危化品的储存过程中，如果企业上下级、员工之间信息交流不畅、班组/工种协作不力，则同样会导致不安全行为的发生。因此，将原 HFACS 模型中的“机组资源管理”改为“沟通与协调”。

员工的不安全行为直接引起了危化品储存事故的发生。针对危化品储存事故，结合 HFACS 模型将不安全行为分为差错和违规，而差错包含技能差错、决策差错、知觉差错 3 类，如图 7-6 所示。

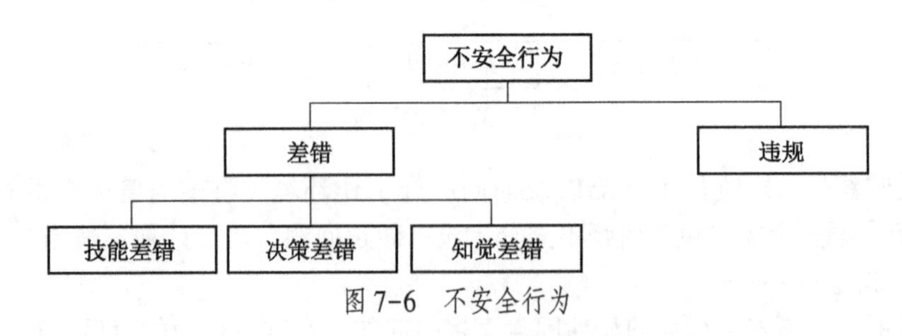

图 7-6　不安全行为

需要说明，由于无法通过现有的危化品储存事故调查报告判定一线员工的违规行为是“习惯性”还是“偶然性”，因此本节将两类违规形式合并为 1 类，即违规作业。

（三）FTA 与 HFACS 的结合

根据 FTA 理论可以得知，运用 FTA 分析事故原因思路清晰，逻辑性强。FTA 还具有以下特点：①具有较大的灵活性，不仅可以分析设备设施原因对事故的影响，而且可以对人的因素、环境因素等进行分析，描述由不安全行为导致事故的发生路径，应用领域十分广泛；②容易找出事故直接原因，呈现事故机理的同时，却难以系统地分析到事故的深层次原因，如不安全监管、组织影响等因素。

同样地，依据 HFACS 理论可知，HFACS 模型综合考虑了系统的各种因素，除了对造成事故的人的不安全行为进行分析外，还分析了导致事故发生的系统原因及各原因所处的层次，具有很强的科学性和实用性。但也存在下述缺点：①对于比较复杂的事故，人的不安全行为较多，HFACS 模型不利于分析事故各原因之间的横向逻辑关系，难以全面体现事故的演化过程；②分析过程缺乏系统的引导，分析时主要依靠联想法，很多推理过程都要依靠调查人员的分析能力，从而会出现人员素质决定调查结果的现象，这样得到的数据缺乏可靠性。

通过以上分析得知，事故树分析方法容易找出事故各个原因之间的横向逻辑关系，却难以系统地分析到事故的深层次原因；而 HFACS 模型有利于分析事故的深层次原因，却不利于分析各原因间的横向逻辑关系。因此，将 FTA 与 HFACS 结合起来分析事故。首先，通过多种渠道收集事故相关资料，理解系统；然后，运用 FTA 理论分析事故，编制出事故树图，找出导致顶上事件发生的基本原因事件中的不安全行为；最后，针对不安全行为，运用 HFACS 模型对造成不安全行为的前提条件、不安全监督、组织影响 3 个层级的内容进行了分析。FTA 以及 HFACS 的结合如图 7-7 所示。

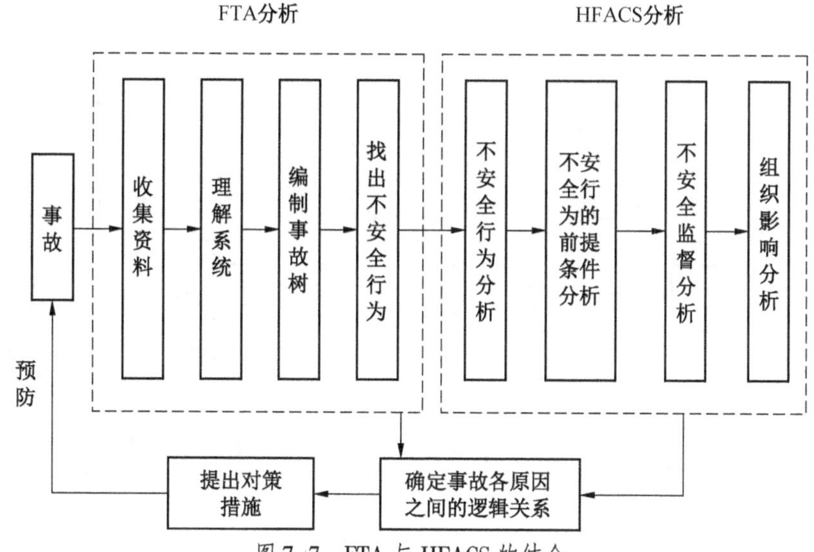

图 7-7 FTA 与 HFACS 的结合

（四）事故案例描述

2015 年 7 月 16 日 7 时 39 分，某石化公司液化烃球罐在倒罐作业时液化石油气发生泄漏，并着火引起爆炸，经事后评估直接经济损失达到 2812 万元。应公司申请，某特种设备检验研究院从2015年2月开始，陆续对液化烃球罐区的12个球罐进行压力容器的定期检验。至事故发生前，已完成对7号罐和9号罐之外的其他10个球罐的检验。为了对7号罐进行检测，采取经7号球罐底部注水线向罐内注水加压，同时满罐存水的6号罐通过罐底脱水线连接临时消防水带向罐区排水井排水，7号罐内液化石油气通过罐顶低压瓦斯放空线导入6号罐的方法，将7号罐内的液化石油气倒入6号罐。倒罐作业前，罐区在用球罐安全阀的前后手阀、球罐根部阀处于关闭状态，低压液化气排火炬总管加盲板隔断。倒罐作业过程中，当班人员每小时进行巡检，最后1次巡检时间为7月16日上午7时27分7时，连接6号罐底脱水线的排水消防水带发生液化石油气泄漏，消防水带在地面上浮起；7时39分，液化石油气发生爆燃；9时16分，6号罐和相邻的8号罐底部区域发生爆炸；9时27分，8号罐发生罐体撕裂并爆炸；9时37分，6号罐发生爆炸飞出，现场形成蘑菇云爆炸，并导致2号罐和4号罐倒塌，2号罐和7号罐着火，多罐及罐区上下管线、管廊支架等设备设施不同程度损坏。7月17日7点24分，现场救援人员关闭最后一处着火点7号罐顶部磁翻板液面计的母管阀门后，罐区明火全部熄燃。

（五）FTA分析

根据事故调查报告中的信息，确定此次事故的顶上事件为“6号储罐内液化石油气爆炸”。然后，运用演绎推理法找出导致顶上事件发生的所有中间事件、基本原因事件，并确定它们之间的逻辑关系，得到的事故树如图7-8所示，图7-8中代号含义见表7-2。

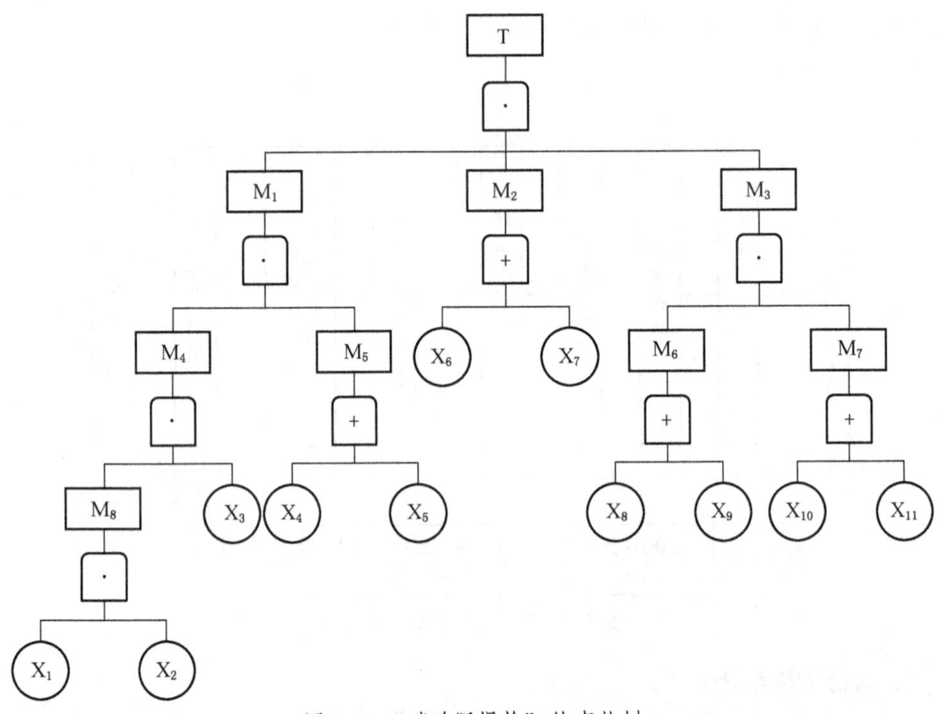

图7-8 “硝酸胍爆炸”的事故树

表7-2 代 号 含 义

代号	含 义	代号	含 义
T	6号储罐内液化石油气爆炸	X_3	未安装可燃气体检测报警仪
M_3	应急处置不当	X_4	泄漏过程中发生静电放电
M_4	泄漏了足量的液化石油气	X_5	金属接口及捆绑铁丝与设备撞击
M_5	空气中产生火花	X_6	水泵跳闸停止工作
M_6	未能阻止液化石油气继续排出	X_7	未定期对设备设施进行检查维护
M_7	无法通过火炬系统泄放液化石油气	X_8	将气动阀临时改为手动操作
M_8	液化石油气从排水口泄出	X_9	未能进入现场打开6#储罐根部手阀
X_1	违规进行注水倒罐作业	X_{10}	关闭罐顶安全阀前后手动阀
X_2	未安排人员值守切水过程	X_{11}	低压液化气排火炬总管加盲板隔断

根据事故树分析结果可以得知造成此次石化公司液化石油气爆炸事故的基本原因事件有11个，其中，人的不安全行为有8个，分别是：X_1违规进行注水倒罐作业；X_2未安排人员值守切水过程；X_3未安装可燃气体检测报警仪；X_7未定期对设备设施进行检查维护；X_8将气动阀临时改为手动操作；X_9未能进入现场打开6号储罐根部手阀；X_{10}关闭罐顶安全阀前后手动阀；X_{11}低压液化气排火炬总管加盲板隔断。

（六）改进的HFACS事故分析

在此次事故中，引起顶上事件发生的不安全行为较多，以员工“违规进行注水倒罐作业”为例，依据危化品储存事故HFACS模型中的层级关系，进行不安全行为、不安全行为的前提条件、不安全监督、组织影响4个层级的内容依次分析，寻找导致事故发生的深层次原因。

1. 不安全行为

操作工人在进行倒罐作业过程中，采取注水进行倒罐置换的方法是造成此次事故的重要原因之一。事故调查报告提到，为了对7号罐进行检测，通过罐顶部低压液化气管线，采用倒出罐注水加压、倒入罐切水卸压的方式进行倒罐操作，将7号罐内的液化石油气倒入6号罐。这种倒罐方法存在很大风险，液化石油气容易发生泄漏，并且在作业前未对作业过程进行预先危险性分析，这为后续的液化石油气泄漏爆燃埋下了重大安全隐患。由于操作工人违反了石油石化企业的相关规定，因此这被归类为“违规”。

2. 不安全行为的前提条件

操作工人的不安全行为是因所受到的培训不足而引起的。作为石化公司的一线操作工人，却对正确进行倒罐作业的方法、工作原理、技能以及注意事项掌握不足。通过查阅相关文献发现常见的倒罐方法有压缩机倒罐、烃泵倒罐、静压差倒罐等，安全系数都比较高，但操作工人为了操作简便，选择了危险系数较高的注水进行倒罐置换的方法。

相关知识的欠缺导致操作工人脱离了安全操作范围，采取注水倒罐置换的方法，将7号罐内的液化石油气倒入6号罐。由此可见，操作工人并不具备正确执行倒罐置换操作的能力，这意味着操作工人并没有为他们的岗位任务做好准备工作。因此，这被归类为“个人准备状态”。

3. 不安全监督

在不安全监督方面，存在2类人因差错。首先，调查报告指出，当操作工人在液化烃球罐区进行倒罐作业时，现场并没有安排人员进行值守。此外，公司在液化烃球罐区域并没有配备相应的可燃气体检测报警系统。因此，可以推断出倒罐作业现场并没有得到充分的监督。其次，操作工人的“个人准备状态”不足表明了相关管理人员在日常的工作中没有为员工提供合适的培训、指导。因此，这些被归类为“监督不充分”。此外，子类别中“运行计划不适当”是指班组搭配不当。因为几个培训不足的操作工人被安排在一起进行倒罐作业，并且现场也没有安排值守人员。因此，这被归类为“运行计划不适当”。

4. 组织影响

以上分析揭示了石化公司在“组织影响”上存在的缺陷。在资源管理方面，公司在人力资源的培训存在不足。我国在2010年发布的标准《化工企业工艺安全管理实施导则》（AQ/T 3034—2010）中明确提出，企业应该根据不同人员的岗位特点和所需要的技能，详细制定每个岗位的具体培训要求，并对所建立的培训计划进行实施，定期进行考核与审查。然而，操作工人以及管理者的行为都表明公司内部并没有严格执行国家标准，未建立相关职业培训文件、对员工的培训不足，造成了操作工人不安全行为的发生，从而引发了事故。因此，这被归类为“资源管理”不足。

在组织过程方面，组织在程序文件的制定方面存在缺陷。事故调查报告显示，由于公司没有建立、实施倒罐作业操作规程，导致操作工人不清楚在倒罐作业过程中需要注意的事项，操作过程中存在的风险以及可能会造成的后果。因此，这被归类为“组织过程”。

利用HFACS模型依次对其他不安全行为进行分析，其分析结果见表7-3。

表7-3 HFACS危化品储存事故原因分析

不安全行为	不安全行为的前提条件	不安全监督	组织影响
X_1 违规进行注水倒罐作业（违规）	A_1 操作工人不具备正确执行倒罐置换操作的能力（个人准备状态）	B_1 未对员工提供充分的关于倒罐作业知识的培训、指导（监督不充分）	C_1 公司人力资源管理不足（资源管理） C_2 未制定倒罐作业操作规程（组织过程）
X_2 未安排人员值守切水过程（违规）	—	B_2 班组人员搭配不当（运行计划不适当） B_3 管理人员对倒罐作业现场的监护不重视（监督不充分）	C_3 公司监督管理机制不健全（组织过程）
X_3 未安装可燃气体检测报警仪（决策差错）	A_2 员工不清楚安装可燃气体检测报警仪的重要性（个人准备状态）	B_4 对球罐区的物理环境监测不重视（监督不充分）	C_4 公司设备、设施资源管理不足（资源管理）
X_7 未定期对水泵进行检查维护（违规）	—	—	C_4 公司设备、设施资源管理不足（资源管理）

表 7-3（续）

不安全行为	不安全行为的前提条件	不安全监督	组织影响
X_8 将气动阀临时改为手动操作（决策差错）	A_3 厂区没有仪表风系统（技术环境） A_4 员工不清楚自动气动阀的安全功效（个人准备状态）	B_5 未能及时纠正员工的不安全行为（没有纠正问题）	C_1 公司人力资源管理不足（资源管理） C_4 公司设备、设施资源管理不足（资源管理）
X_9 未能进入现场打开 6 号储罐根部手阀（技能差错）	A_5 员工处理复杂情景的经验、能力不足（身体/智力局限） A_6 员工之间缺少团队合作（沟通与协调）	B_6 未对员工提供充分的应急处置指导（监督不充分） B_7 火灾现场没有指挥、领导人员（监督不充分）	C_5 未建立并有效实施应急预案（组织过程）
X_{10} 关闭罐顶安全阀前后手动阀（违规）	—	B_8 管理人员违章指挥（监督违规）	C_6 公司安全氛围差，管理人员安全意识不足（组织氛围）
X_{11} 低压液化气排火炬总管加盲板隔断（违规）	—	B_8 管理人员违章指挥（监督违规）	C_6 公司安全氛围差，管理人员安全意识不足（组织氛围）

根据 FTA 以及 HFACS 的分析结果，确定了事故原因之间的逻辑关系，如图 7-9 所示。

（七）危化品储存事故人因因素的因果关系分析

在事故分析的基础上进一步研究 42 起事故样本中各因素之间的因果关系，主要利用卡方（χ^2）检验与让步比（OR）分析方法对危化品储存事故 HFACS 框架 4 个层次因素间进行显著性与关联性检验，以实现人因综合分析的关键一步。计算 χ^2 值的 2×2 列见表 7-4。

表 7-4 计算 χ^2 值的 2×2 列

低层因素	高层因素		行和
	有	无	
有	n_{11} (f_{11})	n_{12} (f_{12})	n_{r1}
无	n_{21} (f_{21})	n_{22} (f_{22})	n_{r2}
列和	n_{c1}	n_{c2}	n

注：n_{ij} 为实际观测值；f_{ij} 为理论观测值；i，j 为 1，2，…；r 为行数；c 为列数。

在表 7-4 中，若以 A、B、C、D 分别表示 4 个单元格中的实际观测次数 n_{11}、n_{12}、n_{21}、n_{22}，则计算卡方值的公式为

$$\chi^2 = \frac{n(AD - BC)^2}{(A + B)(A + C)(B + D)(C + D)} \tag{7-1}$$

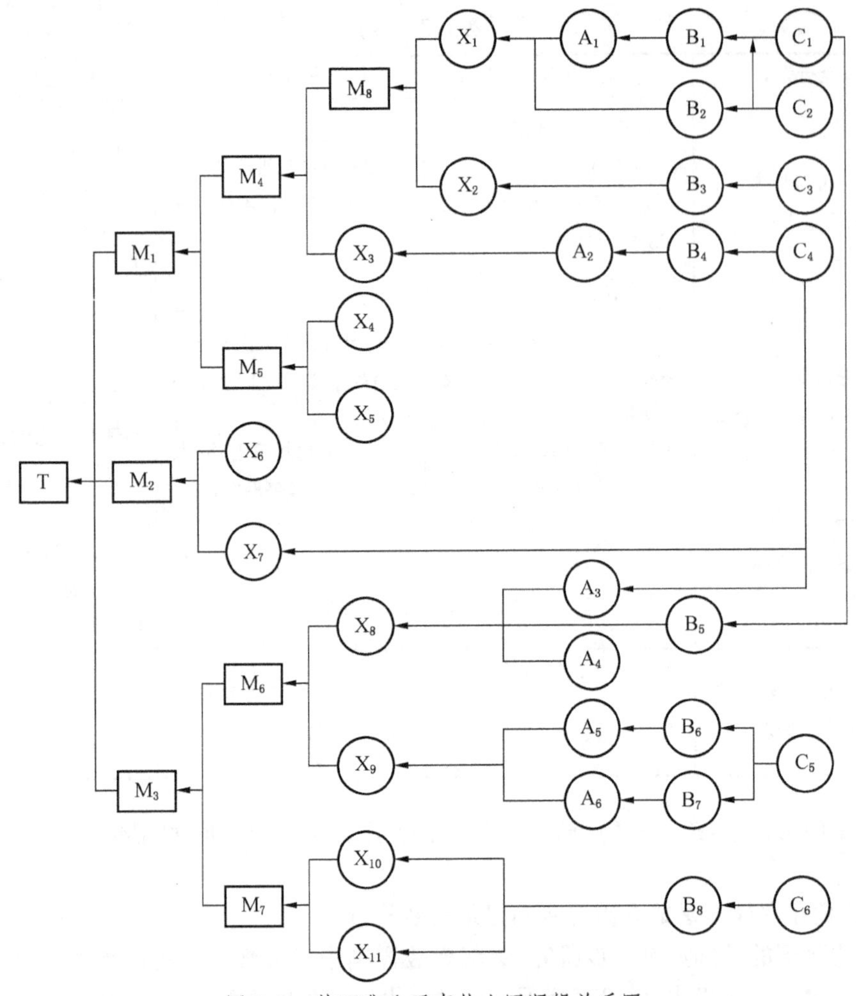

图 7-9　某石化公司事故人因逻辑关系图

再由自由度 $df=1$，查表可得 p 值，p 值为可接受错误的边界水平。p 值大小具有统计学意义：当 $P \geqslant 0.05$ 时，则应接受原假设 H_0，拒绝备择假设 H_1；当 $p<0.05$ 时，则应拒绝原假设 H_0，接受备择假设 H_1。

对于 2×2 列联表，计算 OR 值的公式如下：

$$OR = \frac{AD}{BC} \tag{7-2}$$

由式（7-2）可知，当 OR 值大于 1 时，表明危化品储存事故 HFACS 模型中上层因素的发生能使得下层因素发生的可能性增大；当 OR 值等于 1 时，表明上层因素的发生对下层因素发生无作用；当 OR 值小于 1 时，表明上层因素的发生不能使得下层因素发生的可能性增大。

以危化品储存事故 HFACS 模型中沟通与协调、决策差错之间的关联性计算为例，计算 χ^2 值和 OR 值。原假设 H_0：沟通与协调、决策差错之间没有显著的因果关系；备择假设 H_1：沟通与协调、决策差错之间有显著的因果关系。利用式（7-1）和式（7-2）分别计算χ^2值和OR值，结果见表7-5，根据数据结果得到的危化品储存事故人因因素之间的因果关系如图7-10所示。

表7-5 HFACS不同层次因素之间的χ^2-OR值统计（$p<0.05$，$OR>1$）

HFACS层次		χ^2检验		OR值	95%置信区间	
		χ^2值	p值		上限	下限
组织影响层与不安全监督层因素间的因果关系	资源管理×监督不充分	6.675	0.010	20.667	218.712	1.953
	组织氛围×监督不充分	3.948	0.047	4.455	20.710	0.958
	组织氛围×监督违规	9.259	0.002	7.800	31.151	1.953
	组织过程×运行计划不适当	5.177	0.023	6.231	33.771	1.150
	组织过程×监督违规	4.546	0.033	4.848	22.107	1.063
不安全监督层与不安全行为的前提条件层因素间的因果关系	监督不充分×身体/智力局限	4.014	0.045	5.143	28.141	0.940
	监督不充分×沟通与协调	7.394	0.007	8.800	49.162	1.575
	监督不充分×个人准备状态	11.212	0.001	14.286	83.171	2.454
	运行计划不适当×技术环境	4.546	0.033	4.722	20.887	1.068
	运行计划不适当×沟通与协调	4.972	0.026	4.333	16.248	1.156
	没有纠正问题×技术环境	4.375	0.036	4.275	17.420	1.049
不安全行为的前提条件层与不安全行为层因素间的因果关系	技术环境×技能差错	7.843	0.005	9.000	48.437	1.672
	身体/智力局限×决策差错	4.752	0.029	4.083	14.863	1.122
	沟通与协调×决策差错	4.582	0.032	4.000	14.624	1.094
	个人准备状态×技能差错	4.107	0.043	4.000	15.868	1.008
	个人准备状态×违规	4.706	0.030	13.000	125.520	1.346

（八）贝叶斯网络建模

经过收集了42起危化品储存事故调查报告，并运用改进后的HFACS模型对42起事故进行详细分析，最后利用卡方检验与让步比分析了危化品储存事故HFACS框架中各事故致因因素之间的因果关系，最终得到42起危化品储存事故人因因素之间的因果关系（图7-10）。

假设图7-10中连接2个节点的箭头表示2个节点变量之间非条件独立，节点变量之间没有箭头连接表示节点之间条件独立；那么图7-10可作为危化品储存事故的贝叶斯网络结构图。

为了更好地实现后续的危化品储存事故人因推理工作，在此将贝叶斯网络结构输入Netica软件中。

根据图7-10所示的危化品储存事故人因因素之间的因果关系，在Netica中绘制出贝叶斯网络结构模型，并对每个节点的名称、标题以及是否离散等属性进行定义，最终结果如图7-11所示。图中字母含义见表7-6。需要指出，每个危化品储存事故人因因素只有2个离散的状态，即不发生（用0表示），发生（用1表示），分别对应图7-11中的“state0”和“state1”，由于还未进行参数学习，每个网络节点的状态概率值均等于50%。

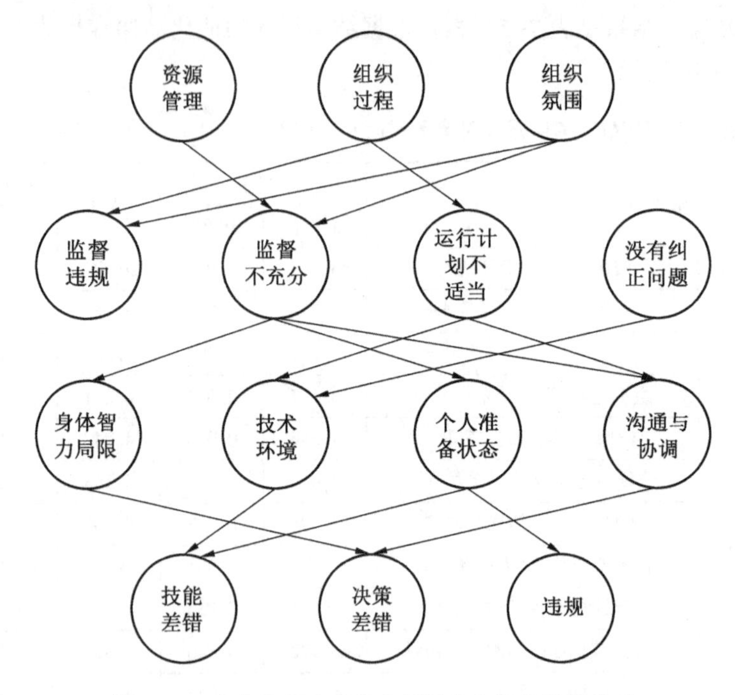

图 7-10　危化品储存事故人因因素之间的因果关系

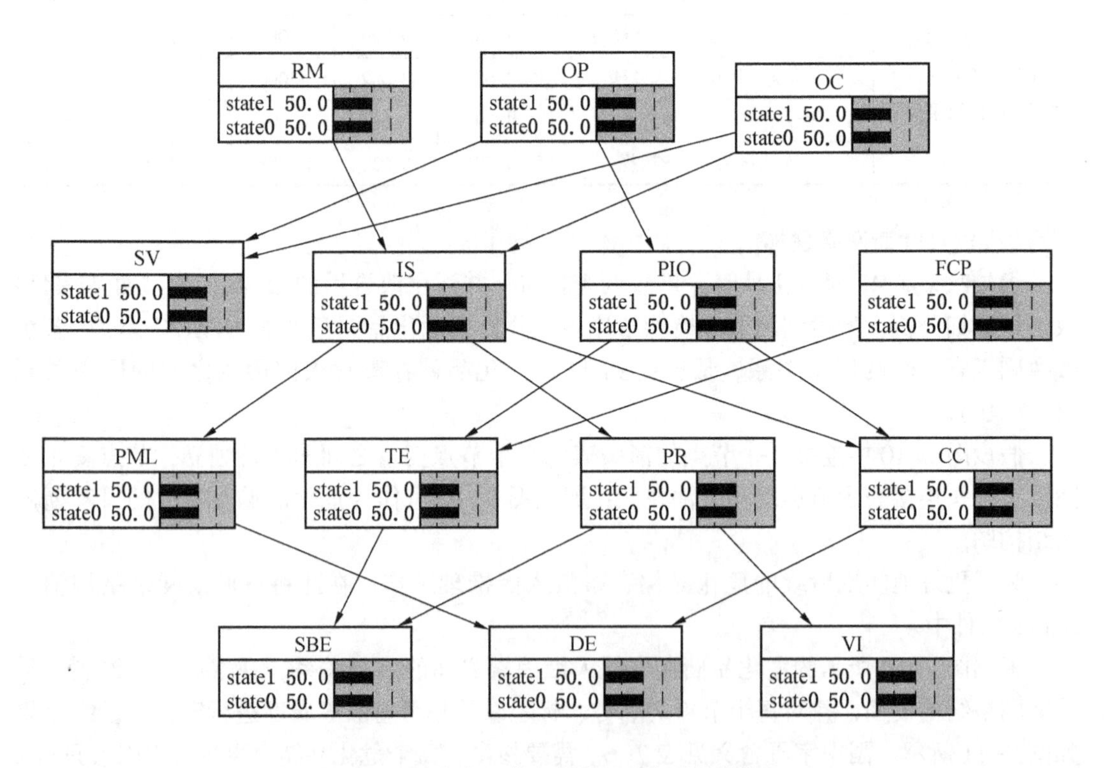

图 7-11　危化品储存事故贝叶斯网络结构

表 7-6 代号含义

代号	含义	值域	代号	含义	值域
RM	资源管理	{0, 1}	PML	身体/智力局限	{0, 1}
OP	组织过程	{0, 1}	TE	技术环境	{0, 1}
OC	组织氛围	{0, 1}	PR	个人准备状态	{0, 1}
SV	监督违规	{0, 1}	CC	沟通与协调	{0, 1}
IS	监督不充分	{0, 1}	SBE	技能差错	{0, 1}
PIO	运行计划不适当	{0, 1}	DE	决策差错	{0, 1}
FCP	没有纠正问题	{0, 1}	VI	违规	{0, 1}

在确定了危化品储存事故的贝叶斯网络结构后，如何利用事故样本数据确定贝叶斯网络结构中各个节点的条件概率是进行贝叶斯网络推理的基础。该文利用 Netica（Version 5.18）软件对无参数的危化品储存事故贝叶斯网络进行参数学习。由于所收集的事故案例样本数据是处于完备状态的，因此可以利用 Netica 软件中的“Incorp Case File”功能直接进行贝叶斯网络参数学习。在此之前，需将 42 起危化品储存事故样本数据转化为 Netica 可识别的代码形式，见表 7-7。

表 7-7 42 起危化品储存事故样本数据编码

序号	RM	OP	OC	IS	PIO	FCP	SV	TE	PML	CC	PR	SBE	DE	VI
1	state1	state1	state1	state1	state0	state1	state1	state1	state1	state1	state1	state0	state1	state1
2	state1	state1	state0	state1	state0	state1	state0	state1	state1	state0	state1	state0	state1	state1
3	state1	state1	state1	state1	state1	state0	state1	state0	state1	state1	state1	state0	state1	state1
4	state1	state1	state0	state1	state1	state1	state0	state1	state1	state1	state1	state1	state1	state1
5	state1	state1	state1	state1	state1	state0	state1	state0	state1	state1	state1	state1	state1	state1
6	state0	state1	state0	state0	state1	state1	state0	state1	state0	state0	state0	state0	state1	state1
7	state1	state0	state1	state1	state0	state0	state0	state0	state0	state1	state1	state0	state1	state1
8	state1	state1	state0	state0	state0	state1	state1	state0	state0	state0	state1	state0	state0	state1
9	state0	state1	state0	state0	state0	state1	state1	state1	state0	state1	state0	state0	state0	state1
10	state1	state1	state0	state1	state1	state0	state0	state1	state1	state1	state0	state0	state1	state0
11	state1	state1	state1	state1	state1	state1	state1	state0	state1	state1	state1	state0	state1	state1
12	state1	state1	state1	state1	state1	state1	state1	state1	state1	state1	state1	state1	state1	state1
13	state1	state1	state1	state1	state0	state1	state1	state1	state0	state1	state1	state1	state0	state1
14	state1	state1	state0	state1	state1	state1	state0	state1	state0	state1	state1	state1	state0	state1
15	state1	state1	state0	state1	state1	state1	state0	state1	state1	state1	state0	state0	state1	state1
16	state1	state1	state1	state1	state1	state1	state1	state1	state1	state1	state1	state1	state0	state1

表 7-7（续）

序号	RM	OP	OC	IS	PIO	FCP	SV	TE	PML	CC	PR	SBE	DE	VI
17	state1	state0	state1	state0	state1	state0	state1	state1	state0	state0	state0	state0	state0	state1
18	state0	state1	state0	state0	state1	state0	state1	state1	state0	state1	state0	state0	state1	state1
19	state1	state0	state0	state1	state0	state1	state0	state0	state0	state1	state0	state0	state1	state0
20	state1	state0	state0	state1	state1	state0	state0	state1	state1	state1	state1	state1	state1	state0
21	state1	state1	state1	state1	state1	state0	state1	state1	state0	state1	state1	state1	state0	state1
22	state1	state0	state1	state1	state0	state1	state1	state0	state0	state1	state1	state0	state1	state1
23	state0	state1	state0	state1	state0	state0	state0	state1	state1	state0	state0	state0	state1	state0
24	state1	state0	state0	state0	state0	state1	state0	state1	state1	state0	state0	state1	state0	state1
25	state1	state1	state1	state1	state0	state0	state0	state0	state1	state1	state0	state0	state0	state1
26	state1	state1	state1	state1	state1	state1	state0	state1	state1	state1	state1	state1	state1	state1
27	state1	state0	state0	state0	state0	state1	state0	state1	state0	state0	state0	state1	state0	state0
28	state0	state1	state1	state0	state0	state1	state1	state1	state0	state0	state0	state0	state0	state1
29	state1	state1	state1	state1	state0	state1	state1	state1	state0	state0	state1	state1	state0	state1
30	state1	state0	state1	state1	state0	state1	state0	state1	state0	state0	state1	state1	state0	state1
31	state1	state1	state1	state1	state1	state1	state1	state1	state0	state1	state1	state1	state0	state1
32	state1	state1	state1	state1	state0	state0	state1	state0	state0	state0	state1	state1	state0	state1
33	state1	state1	state0	state1	state0	state1	state0	state1	state1	state1	state1	state1	state0	state1
34	state1	state1	state1	state1	state0	state0	state1	state1	state0	state0	state1	state1	state1	state1
35	state1	state1	state0	state0	state0	state0	state1	state0	state1	state0	state1	state0	state0	state1
36	state1	state0	state1	state1	state0	state0	state0	state0	state1	state0	state1	state0	state0	state1
37	state1	state1	state1	state1	state1	state1	state1	state1	state0	state1	state0	state1	state1	state1
38	state1	state0	state0	state1	state0	state0	state0	state0	state0	state0	state1	state0	state0	state1
39	state1	state1	state1	state1	state1	state0	state0	state1	state1	state0	state1	state1	state1	state1
40	state1	state1	state1	state0	state1	state0	state1	state1	state0	state0	state0	state0	state1	state0
41	state1	state1	state0	state1	state1	state0	state1	state1	state0	state0	state0	state1	state0	state1
42	state1	state0	state1	state1	state0	state0	state1	state0	state1	state1	state1	state0	state1	state1

在统计编码完成后，直接将该表格导入 Netica 软件中利用“Incorp Case File”功能进行参数学习，得到参数学习后的危化品储存事故贝叶斯网络模型，如图 7-12 所示。此外，点击贝叶斯网络中的任意节点，可显示出该节点的条件概率如图 7-13 所示。

将贝叶斯网络中所有节点的条件概率进行统计，危化品储存事故贝叶斯网络条件概率见表 7-8。

通过以上计算分析得到了危险化学品储存事故贝叶斯网络模型及条件概率表，通过该模型框架与条件概率数据能够对危险化学品储存事故进行分析，得出各个节点的后验概率

RM
state1 86.4
state0 13.6
OP
state1 72.7
state0 27.3
OC
state1 56.8
state0 43.2
SV
state1 55.1
state0 44.9
IS
state1 73.4
state0 26.6
PIO
state1 48.2
state0 51.8
FCP
state1 54.5
state0 45.5
PML
state1 47.7
state0 52.3
TE
state1 65.5
state0 34.5
PR
state1 62.8
state0 37.2
CC
state1 56.2
state0 43.8
SBE
state1 50.6
state0 49.4
DE
state1 51.9
state0 48.1
VI
state1 82.5
state0 17.5

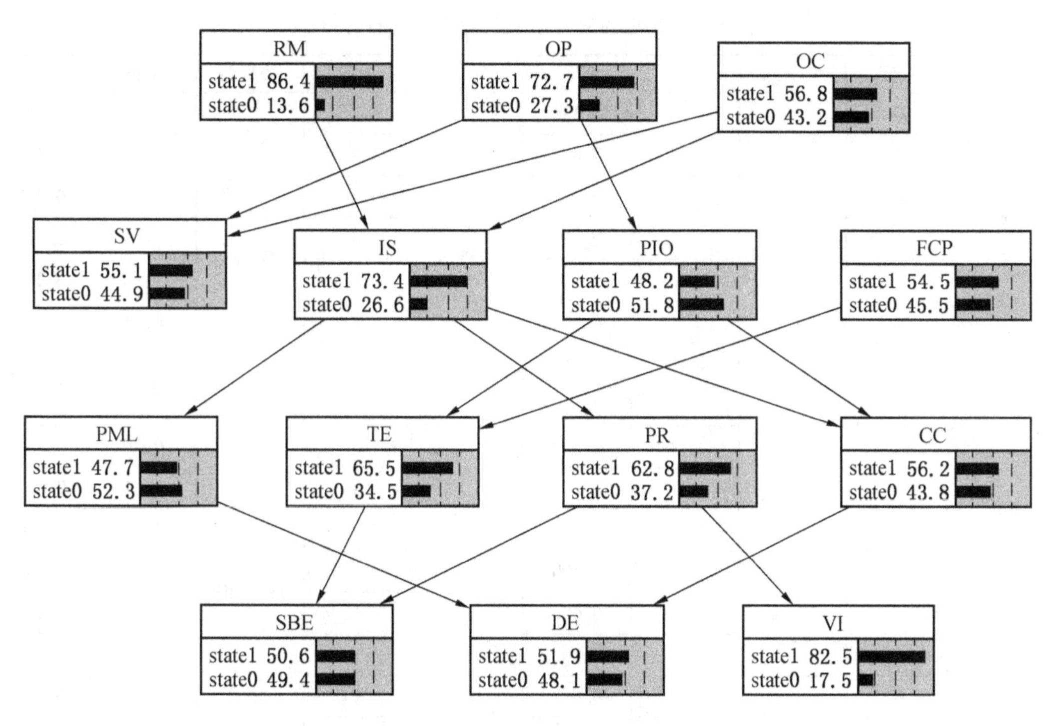

图 7-12 参数学习后的危化品储存事故贝叶斯网络模型

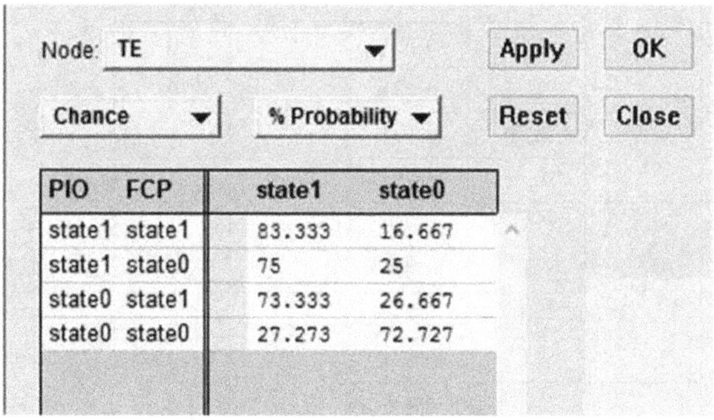

Node: TE
Apply
OK
Chance
% Probability
Reset
Close
PIO FCP state1 state0
state1 state1 83.333 16.667
state1 state0 75 25
state0 state1 73.333 26.667
state0 state0 27.273 72.727

图 7-13 节点“TE”的条件概率

分布，以此推理得出各个因素发生的概率。

利用 Netica 软件分别得出对节点技能差错、决策差错、违规、沟通与协调影响较高的因素。其中，技术环境、个人准备状态、监督不充分对技能差错有显著影响；身体/智力局限、沟通与协调、监督不充分对决策差错有显著影响；个人准备状态不足、监督不充分、资源管理对违规有显著影响；沟通与协调容易受到监督不充分与运行计划不适当的影响，且容易造成决策差错的发生。

表7-8 危化品储存事故贝叶斯网络条件概率

节点	取值	父节点	取值	概率	节点	取值	父节点	取值	概率
RM	0			0.136	TE	0	PIO，FCP	0，0	0.727
	1			0.864		0		0，1	0.267
OP	0			0.273		0		1，0	0.250
	1			0.727		0		1，1	0.167
OC	0			0.432		1		0，0	0.273
	1			0.568		1		0，1	0.733
SV	0	OP，OC	0，0	0.857		1		1，0	0.750
	0		0，1	0.500		1		1，1	0.833
	0		1，0	0.600	CC	0	IS，PIO	0，0	0.750
	0		1，1	0.200		0		0，1	0.667
	1		0，0	0.143		0		1，0	0.500
	1		0，1	0.500		0		1，1	0.167
	1		1，0	0.400		1		0，0	0.250
	1		1，1	0.800		1		0，1	0.333
IS	0	RM，OC	0，0	0.667		1		1，0	0.500
	0		0，1	0.667		1		1，1	0.833
	0		1，0	0.313	SBE	0	TE，PR	0，0	0.750
	0		1，1	0.120		0		0，1	0.769
	1		0，0	0.333		0		1，0	0.667
	1		0，1	0.333		0		1，1	0.167
	1		1，0	0.687		1		0，0	0.250
	1		1，1	0.880		1		0，1	0.231
PIO	0	OP	0	0.769		1		1，0	0.333
	0		1	0.424		1		1，1	0.833
	1		0	0.231	DE	0	PML，CC	0，0	0.714
	1		1	0.576		0		0，1	0.500
FCP	0			0.455		0		1，0	0.500
	1			0.545		0		1，1	0.250
PML	0	IS	0	0.750		1		0，0	0.286
	0		1	0.441		1		0，1	0.500
	1		0	0.250		1		1，0	0.500
	1		1	0.559		1		1，1	0.750
PR	0	IS	0	0.750	VI	0	PR	0	0.353
	0		1	0.235		0		1	0.069
	1		0	0.250		1		0	0.647
	1		1	0.765		1		1	0.931

综上所述，经过对 Reason 模型的设计和重组，HFACS 建立了一个较为完整的航空事故的人因因素分析与分类系统，定义了 Reason 模型中每一层级中缺陷的具体内容，使其能够更好地在实际分析中被应用。各种研究已经证实 HFACS 模型能够很好地适用于分析事故原因并对其进行分类的工具，特别是对于事故中的人因因素分析具有重要意义。

第八章　AcciMap　模　型

第一节　发展及研究现状

一、开发背景

随着事故的复杂性增加，越来越需要以系统的角度看待事故中的参与者（actors）。事故发生在自然和社会环境中，如地点、受害者和直接涉及的自然物体。但是除此之外，也有其他参与者或多或少直接参与其中，他们可能是个人、公司、其他组织或政府部门。而这些参与者之间的相互作用可能很复杂，也很难理解，并且可能不同参与者都在不同的社会层级中，在事故进程中扮演不同的角色。因此简单的基于事故的因果分析模型已经不够充分，通过局部因素来解释事故原因变得越来越困难[229]。但从系统的角度来看，他们都很重要。如果能够将这些事故中的参与者们放在同一个系统框架中，就能够以一个统一的框架分析他们间的相互关系，识别系统结构，以及他们对于事故进程的影响。因此，越来越多的学者开始转变基本的建模理念：需要建立一个系统的事故分析模型，整合不同层次间的事故参与者，揭示相互关系结构。

系统的风险管理措施或模型必须依据实际存在的安全水平和明确的安全目标的测量或观察，应用一种自适应的、闭环控制的反馈控制策略，以达到形成系统地分析事件、事故或组织的目的[230]。根据这个理论，大量的事故分析模型开始发展[231]，AcciMap 分析法就是其中一个。

AcciMap（Accident Map，事故地图）分析方法是 Rasmussen，J. 在社会技术系统层次模型（Hierarchical Model of Socio-Technical System）研究的基础上，于 1997—2002 年创建的基于系统理论的事故分析图形表示方法[16]，是基于社会技术系统层次模型形成的系统性事故致因模型。与 AcciMap 配合使用的还有对多种事故场景进行概括的 Generic AcciMap，识别事故参与者的 ActorMap 以及展示参与者之间信息交互的 InfoMap。

二、发展历程

AcciMap 方法的具体框架及内容自创建以来没有经过较大的修改或版本变更，但在其开发后已得到更加深入的解释、发展与应用。

最初，在 1988 年 10 月世界银行举办的会议中，Rasmussen，J. 展露出对于建立一个新的风险管理方法的想法。Rasmussen，J. 和众多学者讨论了 20 世纪 80 年代末金融危机后的风险管理问题，强调随着科技和社会的发展各行各业竞争力和压力也越来越大，事故率随之升高，应对这些压力的挑战之一是需要扩大对人类行为的解释，不应忽视对组织和文化背景的研究[232]。因此，需要改变基本的建模理念，根据在实际的动态工作环境中产生行为的机制对工作系统进行建模，创建一个“纵向”的模型，描述社会各阶层的决策者（风险管理者）之间的相互作用。

直到 1997 年，Rasmusen，J. 构建起风险管理框架（Risk Management Framework）。该框架描述了参与生产和安全管理的各个系统层级，从高层到底层包括政府、监管机构、公司管理层、员工和工作人员，并将安全视为各个层级参与者之间相互作用的产物。在这个风险管理框架中，可以通过法律法规或指令对危险过程进行控制，并且使每个层级都能够参与到安全管理中[233]。高层级中的决策者向下做出决策，影响或反映在较低层级中的决策与行动中，保证系统安全运行；相反地，较低层级中的相关信息需要向上层反馈，例如设备、环境信息或人员信息，为高层级做出决策或行动提供依据，形成闭环控制反馈。

随后，Rasmussen，J. 和 Svedung，I. 在 2000 年根据其建立的风险管理框架，对 AcciMap 分析方法进行了系统的整理，并对 AcciMap、Generic AcciMap、ActorMap、InfoMap 进行了详细描述[234]，开发了系统的 AcciMap 事故调查分析方法，又在 2002 年阐述了 AcciMap 中表示事件因果关系基础的因果图（The Cause-Consequence Chart）、风险管理背景的发展变化以及事故场景图形表述的现实需求，并在此基础上从其需求背景的角度再一次对 AcciMap 及其他的共 4 个模型进行了简要的概述[235]。

以上 2 个研究仅对于其基础理论以及框架结构进行了阐述，而并未真正给出 AcciMap 及其他共 4 个模型的分析程序。直至 2009 年，Strömgren，M. 对此方法开发了更具体的使用指南，指出了 AcciMap 的基本框架、应用范围以及具体的分析程序[236]。

随着研究的发展，除 Rasmussen，J. 创建的 AcciMap 外，也有学者对 AcciMap 模型进行改进研究，包括对层级的调整和增加层次等。如 Branford，K. 在 2007 年总结了各个 AcciMap 方法，讨论了 AcciMap 方法的有效性和可靠性，以及如何从 AcciMap 分析中获得更严格和更容易重现的结果的可能性[237]，因此为了实现这个目的，随后又制定了 AcciMap 手册[238]，以便得到更加严格以及结果更加能够重现的 AcciMap 分析方法；孙逸林等人将 AcciMap 分析化工领域事故时的层级分为政府政策与预算、监管机构与协会、相关企业管理、技术与运营管理、事故进程与人员活动、设备与环境 6 个层级[239]；Igene，O. O. 对 AcciMap 分析医疗事故的层级划分为政府、监管和协会、公司、管理、职员、操作六个层级[240]；Lee，S. 对韩国轮渡事故运用的 AcciMap 分析中将事故原因层级划分为：政治环境和不良的政府机构、法规不完善及其监督和执行不力、安全文化欠佳、人为因素、缺乏或过时的标准操作和紧急程序 5 个层次[233]。

这些研究均表明，随着社会技术的发展，由于事故领域不同、事故发生主体不同、分析者不同等原因，AcciMap 也进行了发展与改进，其层次划分更加多样化，这也反映出 AcciMap 原本就具有高度的自由度与灵活性。

三、研究现状

AcciMap 属于系统的事故分析方法，具有一定的普适性，可以更好地阐述复杂事故的原因，并且目前已应用于多个领域，包括航空航天[241,242]、公共卫生[243]、化工[244,245]、煤矿[246]、交通运输[247,248]、户外活动[249] 等领域，适用于多个领域复杂社会-技术系统事故的分析。目前对于 AcciMap 模型的研究与应用应分为 2 类：单独应用 AcciMap 分析方法分析事故；与其他模型或分析方法结合，对 AcciMap 进行改进后分析事故。

在第一类中，学者直接单独应用 AcciMap 对事故进行分析，提炼事故进程与参与者，或者与其他模型进行对比分析。在上述各个领域的研究中，其分析模式均为单独应用 AcciMap 模型进行事故分析。同时 AcciMap 在描述事故进程、挖掘潜在致因等方面的独特优势也已得到验证[250]。但其分析应用大多为定性分析，无法对事故原因进行定量的研究。因此有学者开发出 AcciMap 的另一种应用形式。

在第二类中，学者将 AcciMap 与其他模型或分析方法结合，对 AcciMap 进行改进后分析事故。例如 Akyuz, E. 将 AcciMap 与网络层次分析法（Analytic Network Process, ANP）结合，首次实现了 AcciMap 分析方法的定量分析[251]；AcciMap 与灰色 DEMATEL-ISM-MICMAC（决策与试验评价实验室方法-解释结构模型-交叉影响矩阵相乘法）方法结合，对事故致因因素的属性特征等进行定量分析[239]。

除了 AcciMap，与其共同创建的能够配合使用的 Generic AcciMap、ActorMap、InfoMap 目前都有研究与应用。但是出于某些原因，目前的研究中单独使用 AcciMap 的情况更多一些，这会在第三节介绍 AcciMap 等方法的具体内容中进行阐述。

第二节 具 体 内 容

AcciMap 分析方法是用图形来表示对事故或关键事件的分析，能够描述一次特定事故的事件流程，给出描述所分析事故或关键事件的结构和框架，这也与思维导图（Mind Map）有许多相似之处。它将所有的因素按逻辑关系排列至地图中，同时该地图还能够揭示多因素系统中各部分导致事故的路径，以系统工程观点分析事故演化过程。模型图示中包含的事故影响对象涵盖了人员、设备、社会财富、环境和无形资产，这是在当时事故致因模型由简单链式模型向系统模型发展的趋势[252]。

除了 AcciMap，Generic AcciMap、ActorMap、InfoMap 也都属于 AcciMap 分析方法的一部分：AcciMap 是以代表事件因果关系的原因和序列图为基础，辅以有助于创建情景的规划、管理和监管机构的分析方法，用来表示一个特定的事故场景；Generic AcciMap 是由表示特定事故场景的一组 AcciMap 组合而成的图形，在这个图中强调了在特定危险领域设定的一般决策机构（决策者），并用于确定那些应研究的在正常工作环境中做出决策的决策机构（决策者）；ActorMap 是一个确定各种组织机构（参与者）的图表，由 Generic AcciMap 和参与工作规划和风险管理的个体参与者和决策者确定，如现场访谈中确定的，以及他们在事故中各自的角色，由于这些参与者的复杂性，这种表示往往要占用几个层级，按层次顺序排列；InfoMap 是一种表示决策者在正常活动中的信息交互的图表。

本节将详细阐述 AcciMap 分析方法创建所依据的理论基础，AcciMap、Generic AcciMap、ActorMap、InfoMap 的基本结构、框架等具体内容，以及 AcciMap 分析方法的分析程序。本节内容总结提炼于参考文献［234-236］。

一、基础框架：社会-技术系统

社会-技术系统（The Socio-Technical System）是 AcciMap 分析方法的一个基础框架。

社会-技术系统是一种关于组织的系统观点，认为组织是由社会系统和技术系统相互作用而形成的社会-技术系统，包括多种因素。它强调组织中的社会系统不能独立于技术系统而存在，技术系统的变化也会引起社会系统发生变化。

Rasmussen，J. 和 Svedung，I. 在创建 AcciMap 方法时，认为当前的技术的高速发展导致了系统的高度集成和耦合，而在这样一个竞争激烈的环境中，在成本效益压力的影响下，组织行为会系统性地向事故倾斜。因此，通过分析工作系统内的局部因素来解释事故原因变得越来越困难，安全和风险管理越来越成为社会技术系统的问题。

同时，在这个社会技术系统中，越来越多的参与者参与其中。这些参与者可能是个人、公司、其他组织或政府部门，并且他们之间的相互作用可能很复杂，也很难理解。不同参与者都在不同的社会层级中，在事故进程中扮演不同的角色。而事故的因果路径通常是由属于不同社会层次的组织的不同决策者（decision makers，事故中的参与者），在不同时间点做出的决策的副作用而导致。AcciMap 创建所依据的社会-技术系统，如图 8-1 所示。

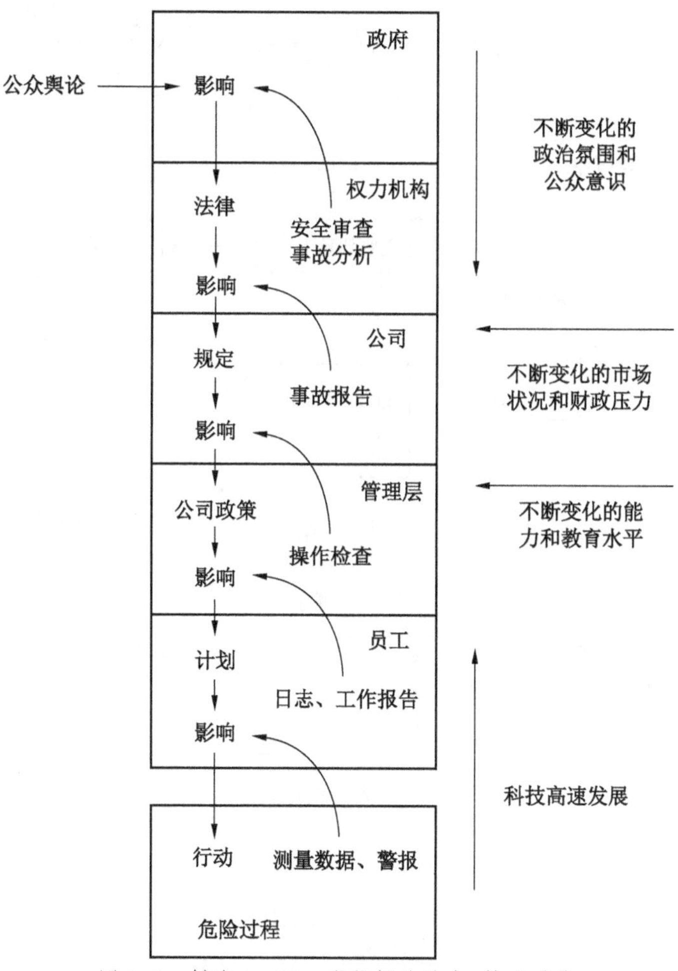

图 8-1 创建 AcciMap 所依据的社会-技术系统

由图 8-1 可知，在这个社会-技术系统中，共有 6 个社会层级，自下而上分别是：员工（Staff）、管理层（Management）、公司（Company）、权力机构（Authority）、政府（Government），除此之外还有员工所做出的危险过程（Hazardous process）。各层级之间通过不同因素相互关联、影响着，如技术变革、不断变化的能力和教育水平、不断变化的市场状况和财政压力、不断变化的政治氛围和公众意识；并且也存在外部因素对于社会-技术系统的影响，如公众舆论等。AcciMap 分析方法就是以这个社会-技术系统框架为基础建立的，这表明 AcciMap 是一个集合了多个社会层级的系统的事故分析模型，在参与者之间创建链接，并且从系统的角度描述其相互作用，查明事故致因逻辑。

二、基础理论：因果图

因果图是 AcciMap 中表示事件因果关系的基础理论。因果图是对一组意外事件进程的

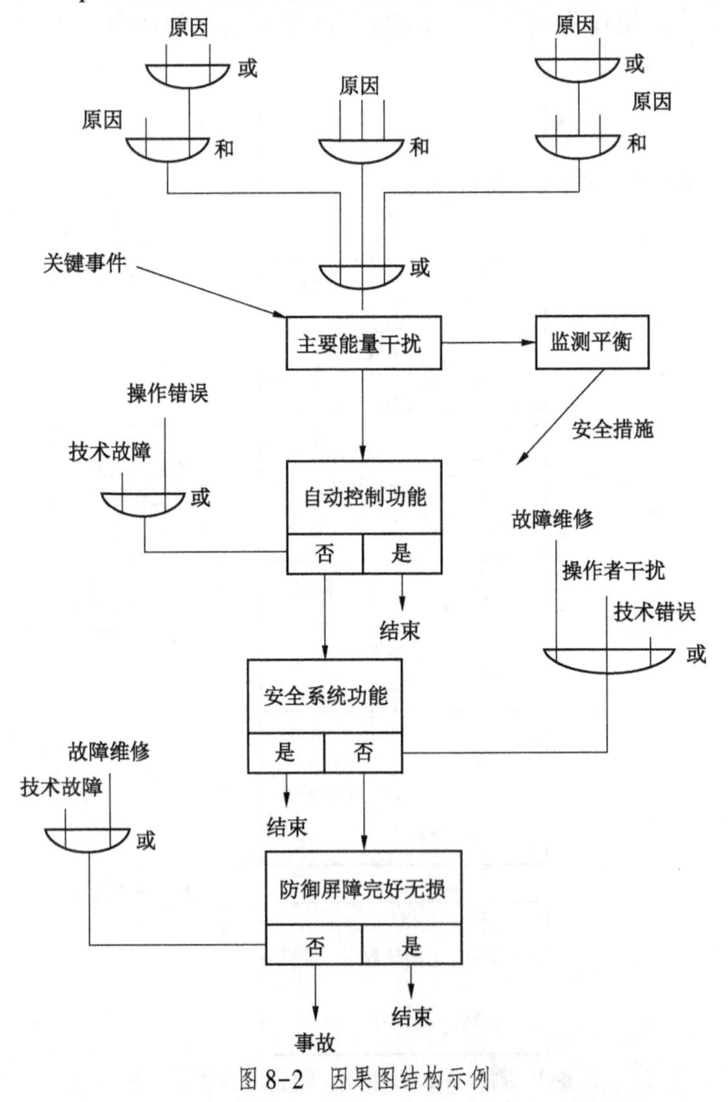

图 8-2　因果图结构示例

概括，它反映了一个复杂的因果树网络以及事件的发展进程，用于总结过去的事故以及预测可能发生的事故。AcciMap 原作中给出的一个因果图示例如图 8-2 所示。

AcciMap 分析方法正式运用了因果图这一图形表现形式。Rasmussen，J. 等研究者通过对相关组织的事故场景分析和现场研究，在描述这些复杂的系统结构的过程中发现，图形在研究过程中表现出十分有效的作用。运用图形表示系统结构或事故致因的目的不是为了表示出特定流程或决策的错误，而是可以明确表示出在这个过程中系统内受益较高的参与者，以及促使形成潜在危险的力量（如成本效益等）。

三、AcciMap

AcciMap 用来表示特定的事故场景，它以典型的因果图为基础，表示事件的因果流（Causal flow），并辅以展现系统中规划、管理和监管等机构在事故情景中的作用。其基本思想是将系统划分为不同的层次，其结构、划分层次、布局和建议使用的符号如图 8-3 所示。图基本是由矩形和箭头组成，图中矩形方框可以用来表示事件、结果或条件，但是没有严格的规定说明如何使用这些符号，这意味着最后的结果可能不会重复，会因人而异。

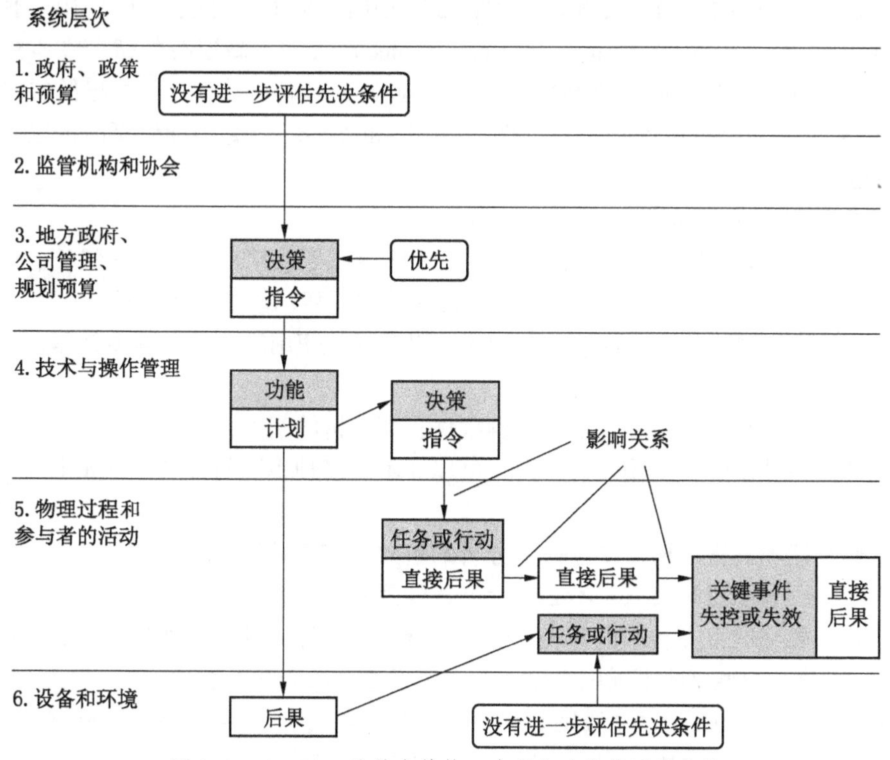

图 8-3 AcciMap 的基本结构、布局和建议使用的符号

图 8-3 的左半部分显示了 AcciMap 划分的 6 个系统层级，自上至下分别是：

1. 政府、政策和预算（Govemment，Policy & Budgeting）

这一层级代表上级政府针对政府所做出的政策或预算决策，在这个层级中主要分析政府或政策层面无法再进一步评估或挖掘的事故的前提条件。

2. 监管机构和协会（Requlatory Bodies and Associations）

这一层级代表其他监管机构及协会的决策者，在这个层级中主要分析在监管机构和协会层面无法再进一步评估或挖掘的事故的前提条件。

3. 地方政府、公司管理、规划预算（Local area Government，Company Management. Planing & Budgeting）

这一层级代表地方政府或公司高层级别的决策者，针对规划或预算的决策，在此层级中使用“决策/指令框”（Decision/Order）表示该层级的决策者在正常工作环境中做出指令，由“指令框”连接低层级表示对低层级的影响。

4. 技术与操作管理（Technical and Operational Management）

这一层级代表事故发生者的直接管理层级，针对技术或操作的管理决策，在此层级中使用“功能/计划框”（Function/Plan）表示更高层级的指令在本层级的影响，随后由“计划”做出“决策”，使用“决策/指令框”表示该层级的决策者在正常工作环境中的决策，“指令”连接低层级表示决策对于底层事件的影响。

5. 物理过程和参与者的活动（Physial Processes & Actor Activities）

这一层级代表事故过程以及事故中直接相关人员的活动，在此层级中使用“任务或行动/直接后果框”（Task or Action/Direct Consequence）表示更高层级的指令在本层级的影响，随后由“直接后果”描述“间接后果”（Indirect Consequence），并与低层级造成的“任务或行动”共同影响导致“关键事件”（Critical Event），直接导致事故的发生，从而描述事故过程。

6. 设备和环境（Equipment & Surroundings）

这一层级代表事故现场的环境，在此层级中应描述事故地点和涉及的建筑、设备、工具、车辆等的形态和物理特征，在此层级中使用普通框表示事故发生的环境。

图 8-3 的右半部分是 AcciMap 的布局含义以及建议使用的符号，其中具体符号的使用含义如下：

（1）带有框架组合的矩形，表示关键事件，即分析的起点；

（2）普通单独矩形，使用较为自由，可以表示为多种不同的含义，例如事件、序列或条件；

（3）圆角矩形，表示还未作进一步分析的事故的先决条件；

（4）箭头，表示影响关系，不必表示严格的因果关系；

（5）带有数字的正方形小框，表示能够更全面地解释事件、条件和影响的注释。

另外，与原始模型有些不同的框架内容，基于 Strömgren 的建议所建立的 AcciMap 框架如图 8-4 所示。底层的 3 个基本级别没有特别大的变化，但是更高级别可以根据具体事故的情况而进行改变。图 8-4 中在政府层级之上又增加了一个层级：国际合作标准和协议（Intemnational Cooperation Standards and Agreements），代表国际组织制定的标准或协议。因此 AcciMap 在使用上相对自由，能够根据事故或系统的具体情况进行分析，构建特定的结构。

需要特别说明的是处于“物理过程和参与者的活动”层级中的“关键事件”。在 AcciMap 复杂的事故地图中，所有的分析都是从一个关键事件开始，通过关键事件发生的前因、后果、环境情况等，理清事故进程及系统中事故参与者的决策和关系。关键事件可能

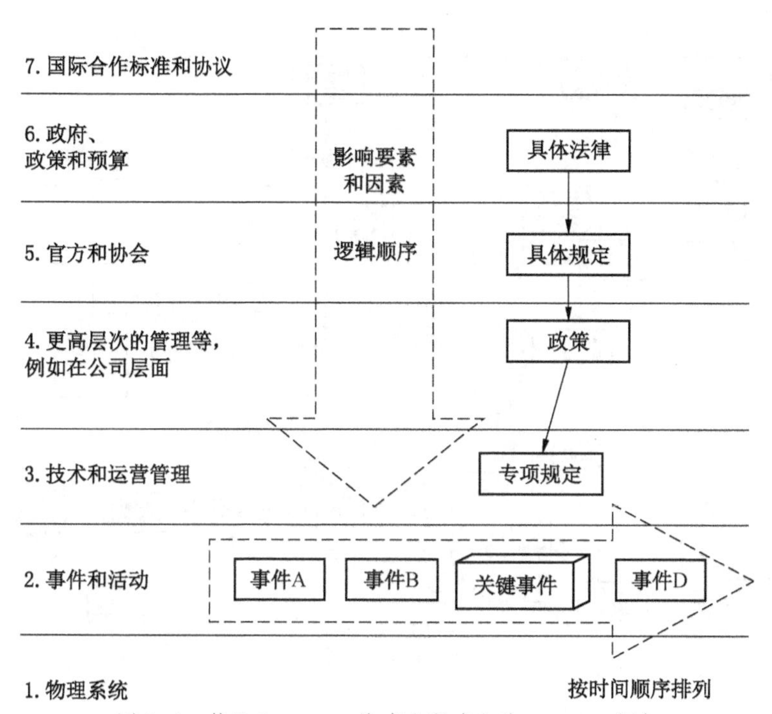

图 8-4 基于 Strömgren 的建议所建立的 AcciMap 框架

是一个事故、一个未遂事故或一个引发事故的关键的事件。在图 8-3 给出的 AcciMap 基本结构中，示例所给出的“关键事件”就定义为了“失控事件”（Loss of Control or Loss of Containment）。在“物理过程和参与者的活动”层级中，事件按时间顺序显示，因此在这一层级可以显示导致关键事件的原因事件和后果事件。

图 8-5 所示为模型原作者在著作中给出的关于危险货物运输的 AcciMap 示例，该事故涉及石油在运输中泄漏进入沟渠，通过河流汇入到市政饮用水供应。其中，图 8-5a 所示为关键事件发生前的事故过程，显示关键事件为“罐体破裂，失去密封性”（tank rupture loss of containment），关键事件的选择符合事故中失去控制从而引发事故或危险事件的环节。关键事件之前的事故过程及物理技术环节等在第 5 和第 6 层级中描述，并且还对有关调节事故方面的各层级均进行执行的重要决策或活动进行了描述。图中所示数字编号是基于事故调查报告的进行注释。图 8-5b 所示为图 8-5a 中 AcciMap 的延续，描述了关键事件发生后的事故过程。

总体来说，AcciMap 分析方法划分层级的最下层是事故场景环境的层级，包括工具、设备等事故中涉及的物理条件等；再向上，整体来说处于中层的层级中，用“决策/指令”的逻辑关系显示出层级中的所有决策及决策者，并用“行动/后果”的逻辑关系描述了决策的影响及事故的进程，如事故发生时动态的因果关系、如何引发关键事件以及如何进一步引发事故等，并显示受人为干预情况下导致的结果；最后在最高层级中，分析无法再更加进一步评估或挖掘的条件，一般为政策、预算分配、监管、设计或者文化问题。

该分析的重点是社会-技术系统底层的危险控制过程，通过系统整体分析识别能够改进的因素，而不是查找管理错误。其目的是在各个层面上进行纵向分析，进而通过整个社

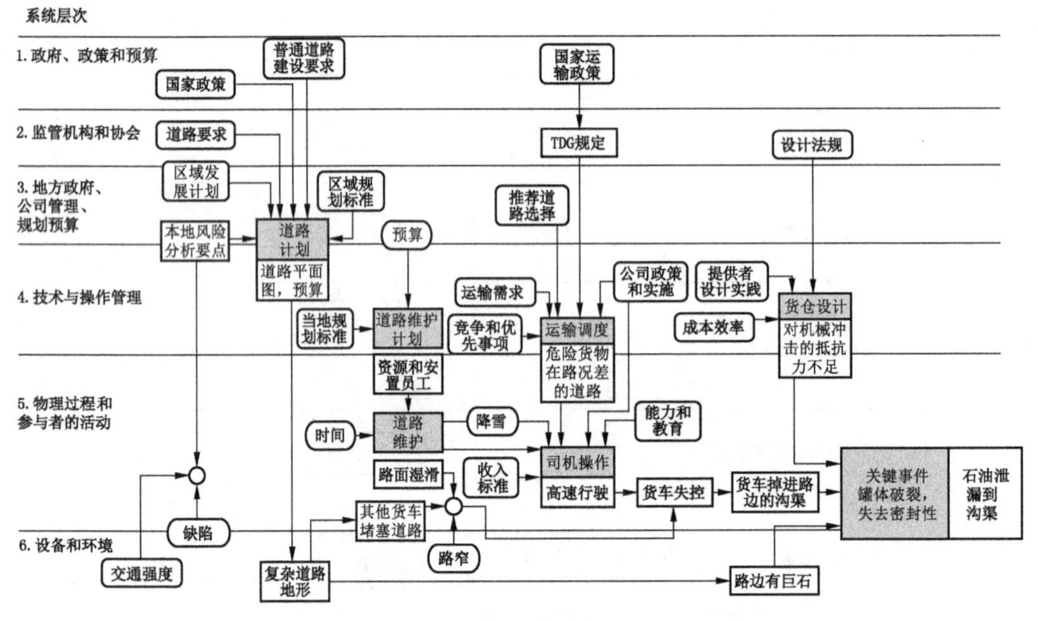

(a) 事件发生之前

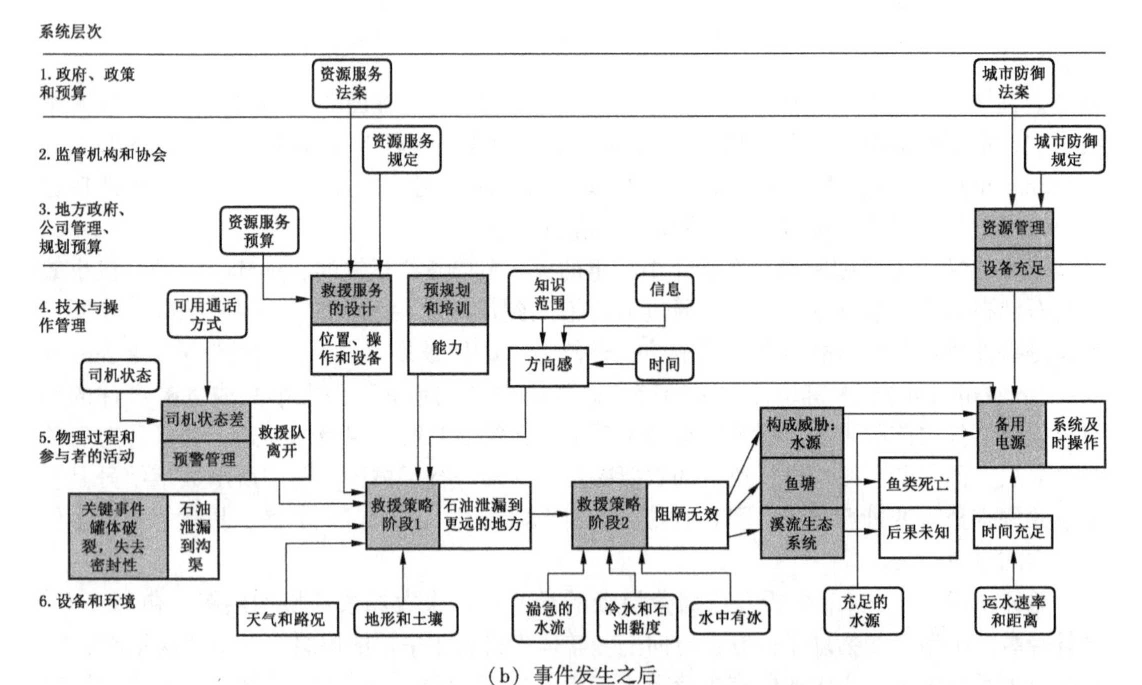

(b) 事件发生之后

图 8-5　关键事件发生危险货物运输的 AcciMap

会-技术系统的纵向关联及决策和事件的流动方向，推理分析出底层的危险及其控制过程，从而改进整个系统的设计及风险管理，不是在各个层面上进行横向的概括。因此，这种分析方法有助于分析过去的事故，识别有可能改善安全的决策者。同时许多层级中的决策者都在对未来做出规划，同时确定意外事件的可能流向。因此在分析过程中，需要考虑到处于社会-技术系统上层中的工作规划者、管理者、立法者等决策者在正常工作期间的决策，以及外部压力源的影响。将这些决策者置于更完善的风险管理框架中，分析更完善的因素及关联。

AcciMap 是为实现这些目标而提出的，与同样通常用于分析过去的事故，表示事后分析结果的因果图或树形图的情况一样，AcciMap 反映了一个特定事件的过程。但是，其也有几个基本的区别：

（1）AcciMap 旨在改进系统，而不是要将责任归结于谁。因此，它发展的标准不是对事故事实的阐述，是识别改进因素，如识别出所有可能影响事故走向的决策者。

（2）即使 AcciMap 仅用于反映对一次过去事故的分析，它也能分析出对事故走向有影响的决策和行为，从而根据分析结果制定主动的方案预防。

（3）与传统的树形图不同，制定 AcciMap 的分析不应仅包括直接动态事件流中的事件和行为，它还应该有助于识别社会-技术系统中更高级别的所有决策及其决策者，这些决策通过其正常状态影响了导致事故的条件和工作活动。

因此，通过这种方式，AcciMap 可以确定相关决策、决策者以及他们正常工作中可能导致事故的影响和控制。AcciMap 代表了某个特定事故场景中的系统条件，可以用于相关决策者未来做决策。

对图 8-5 中描述的“危险货物运输”事故场景，进行风险管理时通常需要考虑几种不同的危险源，而不是仅考虑单一的危险源。并且可能涉及很多关键事件，如失去控制、储存过程中着火、运输过程中材料泄漏等。因此，单独的 AcciMap 无法概括描述多个事故场景，需要建立 Generic AcciMap。

四、Generic AcciMap

Generic AcciMap（通用事故地图，后文简称为通用 AcciMap）可以对多种事故场景进行概括，并从决策者的正常工作环境中反映出决策者的正常决策对此类事故场景的影响。通用 AcciMap 的层级、结构划分以及符号的使用与 AcciMap 相同，不同的点在于 AcciMap 仅表示一个特定的事故情境，而通用 AcciMap 可以对多种事故场景进行概括。因此，简单来说，通用 AcciMap 就是一组 AcciMap 图的集合，能够表达一组事故场景。

为了完成对相关决策者的识别，AcciMap 最低层级中对于“关键事件”的选择以及对于其前后的因果流是很重要的。而通用 AcciMap 包括了关键事件发生后所有相关的、可选的事件流程路径，以及与预防和缓解策略相关的流程。

通用 AcciMap 因果关系层次上的这种表示是基于对其中“关键事件”的因果流的完整描述。通过这种描述，通用 AcciMap 就可以跨多个事故场景进行概括，并反映决策者正常工作环境对该事故场景的影响。

对于某个具体的领域，例如“危险货物运输”，在风险管理中通常必须考虑几个不同的危险源都被释放的情况。因此在详细的研究中必须包括几个单独的通用 AcciMap，可能包含以下几个相关的关键事件：丧失密闭性，存储过程中起火，搬运过程中材料泄漏等。图 8-6 所示为模型原作者关于危险货物运输的 Generic AcciMap 举例图。需要注意的是，通用 AcciMap 不能通过一个事故场景来创建，而是多个事故场景以及决策者正常工作环境的集合。

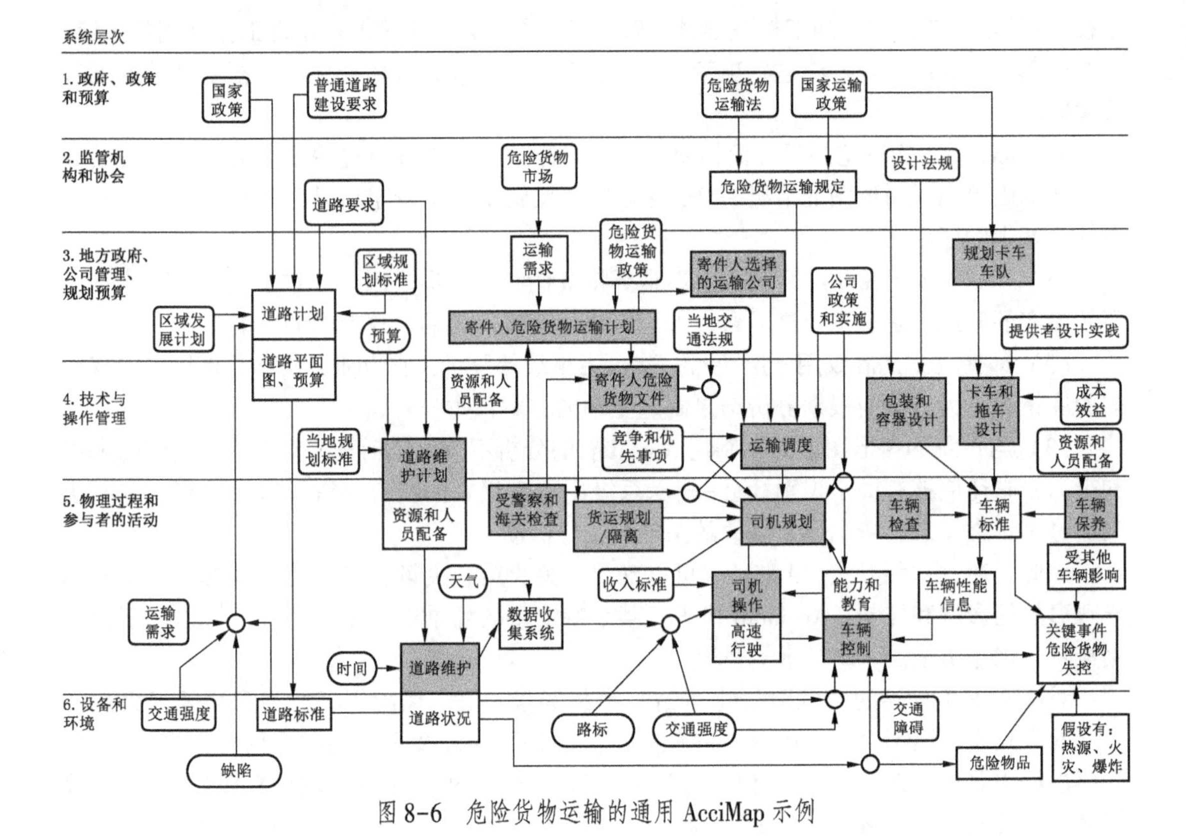

图 8-6　危险货物运输的通用 AcciMap 示例

五、ActorMap 和 InfoMap

ActorMap（ActorMap，参与者地图）和 InfoMap（Information Flow Map，信息流地图）是与 AcciMap 配合使用的。ActorMap 主要功能为识别事故参与者，InfoMap 主要功能为展示系统组件（参与者）之间的信息交互。ActorMap 和 InfoMap 的基本结构和示例如图 8-6 和图 8-7 所示。

不同的行动者和决策者在系统中有许多角色和任务：第一是在他们特定的控制范围内制定目标计划；第二是在已制定的目标的基础上确定事件流程的发展；第三个是采取行动，使事件发展流程与目标一致，同时确保在操作规程和安全法规等规定约束下、在既定的成本效益的约束下，在各类前提可接受的范围内确保系统性能是最佳的。每一个决策者在所处的社会-技术系统中，其范围内的正常决策和行动都在为系统形成控制闭环服务。

风险管理应确保系统的闭环反馈控制切实有效，因此这意味着需要识别系统控制环节中的每一个相互作用的决策者及其在系统控制功能中的作用，以确保控制的环节及效果。这种情况下就可以使用 ActorMap 和 InfoMap。其一般步骤如下：

(1) 使用通用 AcciMap 确定出某个领域或某些事故场景中相关的组织机构，并绘制出这些机构的关系（图 8-6）。

(2) 使用 ActorMap 分析识别参与者。ActorMap 背后的分析阶段是根据对正式的、独立于案例的研究来确定的，例如，公司手册、年度报告、企业分支机构、政策规章等，需

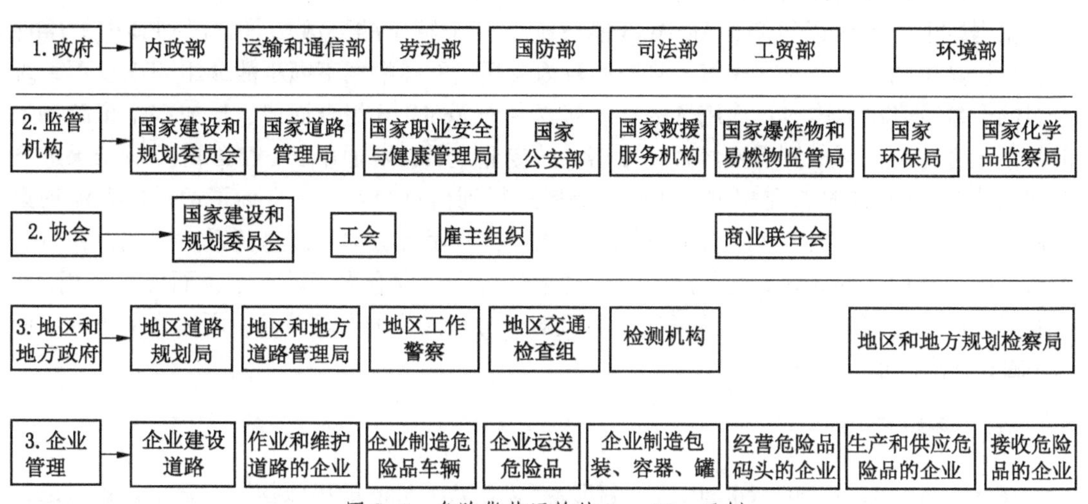

图 8-7 危险货物运输的 ActorMap 示例

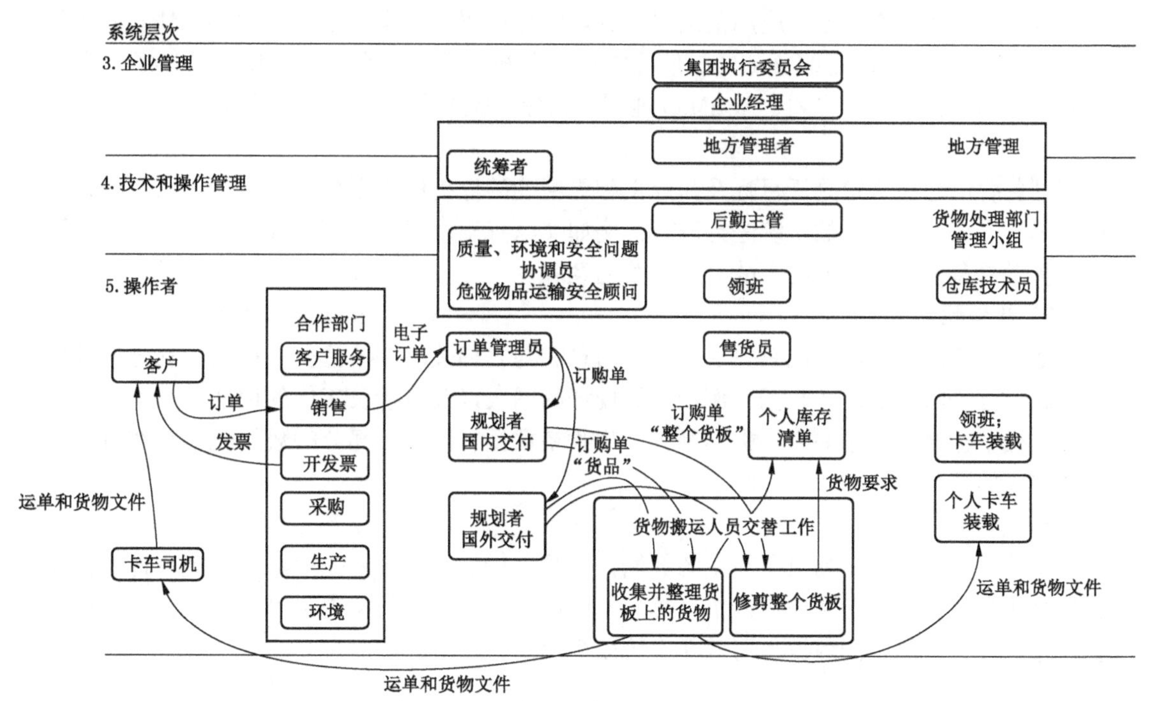

图 8-8 图 8-6 的 ActorMap 中事故参与者的信息交互的 InfoMap 示例

要经过高度培训的专业人员针对不同系统中的特定情况进行分析。

（3）使用 InfoMap 识别参与者之间的信息交互。识别的信息交互包括沟通的形式、内容等，一般描述为以下方面：①信息网结构：工作控制所需的信息回路是否畅通、完好；②价值观、目标和绩效标准的沟通效果；③反馈循环是否有效，以及向上级管理层通报的工作绩效和资源需求；④针对系统内变更、干扰和异常情况的做法是否有效，并且在正常情况下做法是否也有效，如图 8-8 所示。信息交互以及参与者间关系的识别与分析可以采用实际研究和访谈等方法。

根据以上内容可以得知，AcciMap 能够描述一个特定的事故场景，识别其中的事件流，分析其中的决策者及其决策，且应用较为灵活，能够根据不同事故或组织来变更系统层级的个数及其中的内容；通用 AcciMap 需要多个 AcciMap 组合而成，形成多个事故场景的复杂集合；ActorMap 则需要经过高度培训的专业人员，对通用 AcciMap 的分析结果进行特定的分析；而 InfoMap 是根据访谈研究等形式得到信息交互，并且为了记录信息流动渠道而确定的参与者之间大多不会形成循环的通道，从而无法构建信息关系。因此，在目前的研究中，应用 AcciMap 更为灵活简便，对于分析人员没有太高的要求，而应用通用 AcciMap、ActorMap 和 InfoMap 更为复杂，并且对于分析人员的要求较高。所以目前单独应用 AcciMap 方法的情况更多。

六、分析程序

在 Rasmussen，J. 和 Svedung，I. 最初发布创建 AcciMap 的出版物中，并未真正讨论其分析程序，仅对其结构及功能进行介绍及示例，但 Strömgren 制定了更具体的使用指南，指出 AcciMap 的基本框架、应用范围以及具体的分析程序。本书中介绍的 AcciMap 分析程序出自于 Strömgren 制定的 AcciMap 使用指南。分析程序大致分为 7 个阶段：准备、数据收集、总结数据、分析序列、AcciMap 地图的构建、验证和改进、总结报告。

1. 准备

准备阶段包括确定分析目标及其定义和更精确的分析层级划分。通常，可以结合采用更简单的方法对要分析的系统进行调查，例如文献查阅、资料汇总法等。在此阶段中，要求分析者具备与各个领域的事故分析有关的经验。

2. 数据收集

数据收集阶段应收集汇总关于事故的信息和与之相关的一些情况。在正式的分析开始之前就应首先收集的事故数据，例如事故现场的图表以及所涉及工作的说明。然而，正式分析过程中会产生问题并会根据问题进一步收集数据，因此大部分的数据收集是在分析过程中完成的。

3. 总结数据

总结数据阶段就是列出所获得的数据，这是分析的开始。首先列出与关键事件直接相关的具体事件，然后是其他事件信息等。本阶段中所列出的数据应尽可能地广泛，可能不会在正式分析中用到的数据也可以在本阶段列出。

4. 分析序列

分析序列阶段就是将收集到的事件信息进行排列，从发生的事件开始分析，其分析结果为第五层级“物理过程和参与者的活动”中的内容，以此类推获得更高层级的事件和活动。首先是选择要研究的关键事件，根据与关键事件直接相关的事件进行排列，将先发生的事件位于左侧，事件的后果位于右侧，从而按时间顺序排列事件。事件和条件间由箭头连接，表示顺序及某种影响。影响事件顺序的技术和物理条件置于最低层级处，即第 6 层级“设备和环境”。

5. AcciMap 地图的构建

AcciMap 地图的构建阶段就是根据现有信息绘制事故地图。对于每一个事件，都要确定导致事件发生的条件或情况。到这一阶段，基本的元素都已经插入到图中，并放置在适当的系统层级。

地图上的项目（包括事件、条件、参与者和影响）的文本必须简短，并且在需要时可以进行单独注释，每个注释具有唯一的编号，遵循 AcciMap 符号使用规则。构建地图可以遵循一条路径或多条路径的组合：

（1）从底部的事件开始，逐项向系统上部层级进行“追踪”分析，直至分析到不再有意义为止。

（2）一次分析一个系统层级，从最低到最高。

（3）选择一个或多个参与者（或参与者动作等），对其进行进一步分析。

其中，最关键的一步是对不同的项目进行排列，并用箭头将它们连接起来。各个项目之间的影响关系并不总是明显的，而注释在其中可以起到很大的作用。而之前提到不同分析者使用 AcciMap 分析得到的地图外观可能会非常不同，因此在构建地图的过程中就应意识到构建 AcciMap 地图是一个不断尝试与反复试错的过程，最终应得到一个更符合逻辑的图即可。

6. 验证和改进

在得到初步分析结果后，需要对其进行检验。首先应检查 AcciMap 地图，包括检查时间顺序错误、逻辑错误及解释问题，在此阶段需要修改或添加更多注释。

验证和改进的依据主要是：①根据分析的总体目标，尽可能找到更多的原因，包括根本原因或普遍原因等。例如，如果是面向公众公布的调查结果，那调查就应该发现更普遍的问题，得到更普遍的结论；②结果不能是基于猜测得到的。如果有些分析数据不充分，那就不应该使其出现在分析结果中；③地图中可以接受使用假设，但是应该做好明确的标记。

7. 总结报告

总结报告阶段是对于 AcciMap 分析结果及地图中信息的解释。AcciMap 中的基本信息可能会十分复杂，需要进行解释，并且分析过程中产生的注释列表对于解释结果非常重要。其他可能对于解释结果有价值的信息是：

（1）涉及的人员。

（2）问题和安全缺陷清单。

（3）安全改进建议清单。

其中，在分析过程中发现的一些问题和安全缺陷可以看作是结果的一部分，但安全改进建议不是方法中的必须部分。在下面的小节中就将按照此分析程序针对一起化工领域火灾爆炸事故应用 AcciMap 进行分析，建立社会-技术系统，确定事故中关键事件并以关键事件为基础制作出事故地图，查明系统弱点。

第三节　事故案例分析应用

一、事故数据来源

本节以某物流公司重大爆炸着火事故为例，运用 AcciMap 分析方法进行事故分析，确定事故中关键事件并以关键事件为基础制作出事故地图，分析推导出事故进程，以此阐述 AcciMap 分析方法在化工领域的应用，以及展示它在描述事故进程、挖掘事故潜在致因方面的应用。事故案例信息均来自于公开渠道[253]。

二、事故经过

2018 年 7 月 12 日 11 时 30 分左右，该物流公司将 2 t 标注为原料的 COD（重铬酸钾耗氧量，称为化学需氧量，Chemical Oxygen Demand）去除剂（实为易爆危险化学品氯酸钠）送达公司仓库。随后，公司库管员未对入库原料进行认真核实，将其作为原料丁酰胺进行了入库处理。

14 时左右，公司二车间副主任开具 20 袋丁酰胺领料单到库房领取咪草烟生产原料丁酰胺，库管员签字同意并发给副主任 33 袋“丁酰胺”（实为氯酸钠），并要求补开 13 袋丁酰胺领料单。

15 时 30 分左右，二车间咪草烟生产岗位的当班人员 4 人（均已在事故中死亡）通过升降机（物料升降机由车间当班工人自行操作）将生产原料“丁酰胺”（实为氯酸钠）提升到二车间 3 楼，而后用人工液压叉车转运至 3 楼 2R302 釜与北侧栏杆之间堆放。16 时左右，用于丁酰胺脱水的 2R301 釜完成转料处于空釜状态。17 时 20 分前，2R301 釜完成投料。17 时 20 分左右，2R301 釜夹套开始通蒸汽进行升温脱水作业。18 时 42 分 33 秒，正值现场交接班时间，二车间 3 楼 2R301 釜发生化学爆炸。爆炸导致 2R301 釜严重解体，随釜体解体过程冲出的高温甲苯蒸气，迅速与外部空气形成爆炸性混合物并产生二次爆炸，同时引起车间现场存放的氯酸钠、甲苯与甲醇等物料殉爆殉燃和二车间、三车间的着火燃烧。

事故共造成 19 人死亡，12 人受伤（其中重伤 1 人）。事故造成直接经济损失约 4142 万元。经计算，本次事故释放的爆炸总能量为 230 kgTNT 当量，初始爆炸（第一次爆炸）当量为 50 kgTNT。

三、事故分析

1. 事故层级划分

根据事故调查报告及其他关于本事故研究中的信息和我国危险化学品生产及其火灾爆炸事故的实际情况，以及我国政府统一领导、部门依法监督、企业全面负责、群众参与监督、全社会广泛支持的安全生产工作格局，确定此次事故的事故社会-技术系统层级为国家法律法规，政府、政策与监管机构，技术与企业管理，事故进程与人员活动，设备与环境。

2. 数据收集

依据《中华人民共和国安全生产法》《危险化学品安全管理条例》等，针对事故中可能出现的原因进行广泛的收集，见表8-1。

表8-1 事故中可能出现的原因

社会-技术系统层级	可能出现的原因
国家法律法规	违反国家法律法规或对法律法规执行不力
政府、政策与监管机构	安全理念差
	安全监管不力
	执法检查不严
	违规审批建设
技术与企业管理	企业隐患自查自纠不彻底
	企业未严格落实安全生产主体责任
	安全检查与培训不足
	安全管理制度不完善或落实不严
	安全监管不到位
	企业非法生产
	未开展危险源建档
	违规提供技术服务工作
	缺少安全防范措施技术
	缺少现场监护
	安全组织架构不合理、缺少安全经费、办公场所
	缺少应急预案
	企业未批先建、违法建设
	缺少生产记录
	供销单位违规提供材料
	假冒项目申请备案
事故进程与人员活动	领导长期违法违规经营
	违规冒险操作
	反应釜爆炸
	应急救援能力差
	现场处置不当
	误操作
	操作人员资质不符合规定要求
	判断失误
	违法违规运输供应物料
	操作人员安全意识淡薄
	自行停产
	违法违规建设、施工

表8-1（续）

社会-技术系统层级	可能出现的原因
设备与环境	安全设施不到位或缺少维护
	设备超温
	设备不达标或安装维护不良
	产生可燃气体
	摩擦产生静电
	车间布置不合理
	物料或电力供应中断
	物料安全距离不够
	物料混放
	剩料未妥善处理
	擅自改变仓库用途
	产生有毒气体

3. 总结数据

依据总结的事故中可能出现的原因集合，结合该物流公司重大爆炸着火事故调查报告，对事故中各个层级进行分析，总结事故原因事件，见表8-2。

表8-2 事故原因事件总结

层级	事件	具体描述
国家法律法规	违反国家法律法规或对法律法规执行不力	—
政府、政策与监管机构	安全理念差	当地政府安全意识差，缺少重视；当地政府未贯彻落实安全生产责任制
	安全监管不力	当地安监、环保等部门未严格履行属地监管职责
	执法检查不严	当地工商、公安、消防、城建等部门未严格履行执法职责
	违规审批建设	负有安全生产监管的相关部门未认真履职，审批不严
技术与企业管理	企业未严格落实安全生产主体责任	该公司未批先建、违法建设，非法生产
	企业未批先建、违法建设	在未办理项目建设计划经营许可证等项目的审批登记手续之前，擅自开工建设，未批先建；拒不执行停止建设指令，违法建设
	企业非法生产	未经许可擅自改变生产产品，实际与项目备案报批内容不符；在不具备安全生产条件情况下非法组织生产
	供销单位违规提供材料	氯酸钠产供销相关单位违法违规生产、经营、储存和运输

表 8-2（续）

层级	事件	具体描述
技术与企业管理	违规提供技术服务工作	设计、施工、监理、评价、设备安装等技术服务单位未依法履行职责，违法违规进行设计、施工、监理、评价、设备安装和竣工验收
	安全管理制度不完善或落实不严	安全生产责任制不落实，安全生产职责不清，规章制度不健全，未制定岗位安全操作规程，交接班制度不完善，特种设备管理制度不落实，未建立危险化学品及化学原料采购、出入库登记管理制度
	企业隐患自查自纠不彻底	未开展安全风险评估，未认真组织开展安全隐患排查治理
	安全检查与培训不足	主要负责人和安全管理人员未经安全生产知识和管理能力培训考核，未按规定开展安全教育培训，员工缺乏化工安全生产常识和技能
事故进程与人员活动	领导长期违法违规经营	—
	违法违规建设、施工	—
	违法违规运输供应物料	—
	未对入库原料进行认真核实	—
	操作人员误操作	操作人员未经确认将无包装标识的氯酸钠当作 2-氨基-2，3-二甲基丁酰胺，补充投入到 2R301 釜中进行脱水操作
	操作人员资质不符合规定要求	事故车间绝大部分操作工均为初中及以下文化水平，不符合国家的强制要求，特种作业人员未持证上岗，不能满足企业安全生产的要求
	反应釜爆炸	—
设备与环境	安全设施不到位或缺少维护	不具备安全生产条件。安全设施缺少，安全设施手续不全
	设备不达标或安装维护不良	装置无正规科学设计。该企业咪草烟和 1，2，3-三氮唑生产工艺没有正规技术来源，也未委托专业机构进行工艺计算和施工图设计
	车间布置不合理	厂区布置未按照规定进行设计，防火间距不足且缺少防爆、防火隔离设施；违规进行建筑工程竣工验收

4. 分析序列

将收集整理的事故事件信息进行排列，确定事故关键事件以及与关键事件关联事件的顺序。根据事故发生经过及事故调查报告描述，在发生爆炸前，操作人员发生误操作，未经确认就将无包装标识的氯酸钠当作 2-氨基-2、3-二甲基丁酰胺，补充投入到 2R301 釜中进行脱水操作，而这一误操作事件直接导致了失控爆炸。因此，确定“操作人员误操作”事件为本次事故中的关键事件，“反应釜爆炸”为本次事故关键事件的后果。其余事件的序列绘制在 AcciMap 地图中。

5. 构建 AcciMap 地图

根据所确定的关键事件，以及整理得到的事故中的事件信息，绘制该物流公司爆炸事故的 AcciMap 地图。在绘制过程中，首先将各个项目放置在其所属层级，其次将其中的事

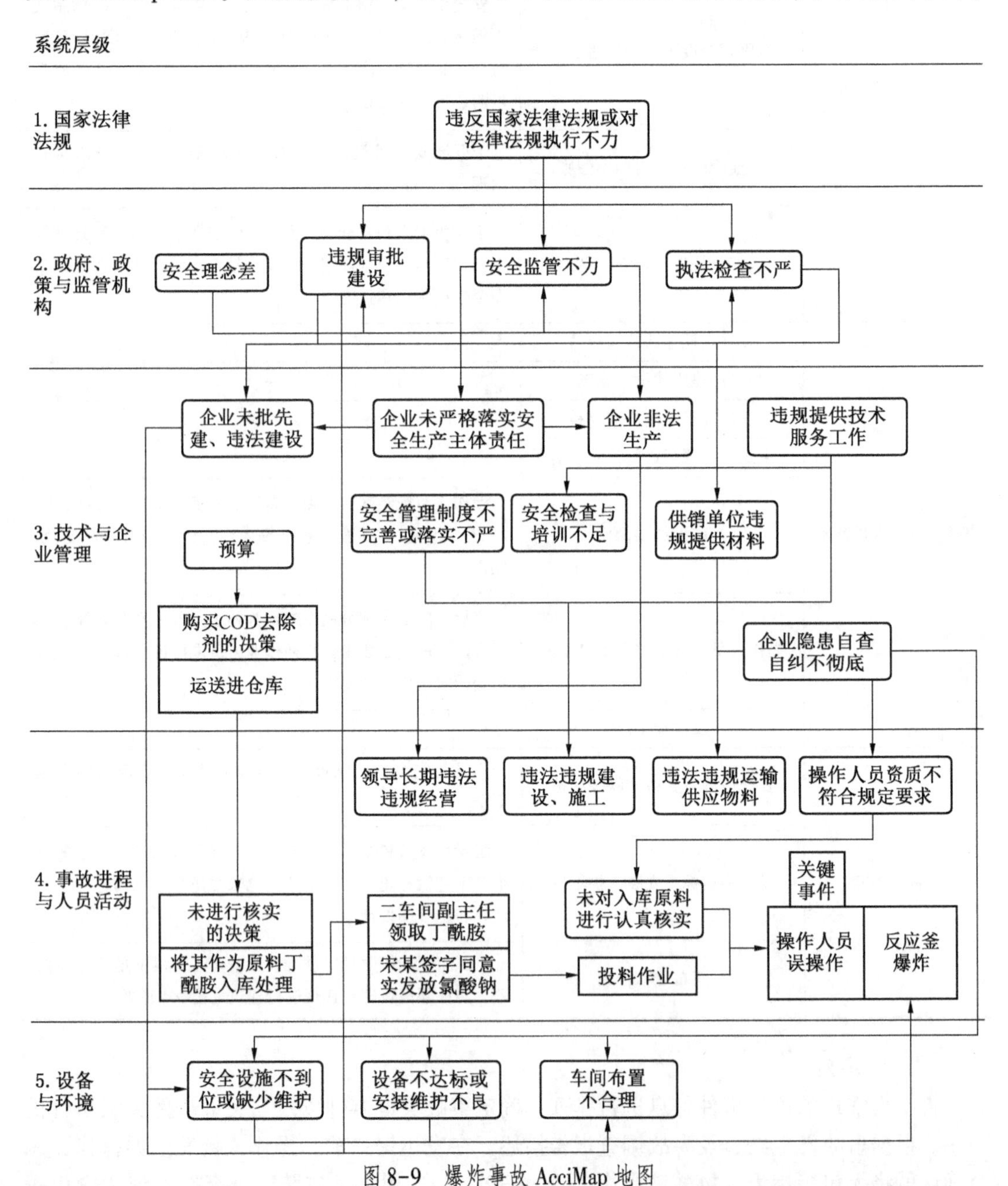

图 8-9 爆炸事故 AcciMap 地图

故事件按照时间顺序进行排列，后通过分析找出各个项目之间的影响关系，并经过不断尝试与反复试错，最终得到一个符合逻辑的爆炸事故 AcciMap 地图，如图 8-9 所示。

6. 总结报告

图 8-9 展示了该物流公司爆炸事故的 AcciMap 地图，描述了导致爆炸事故的原因结果，以及所有事件的逻辑关系。其中关键事件为“操作人员误操作”，导致结果为“反应釜爆炸”，而在关键事件发生前，“未对入库原料进行认真核实”与“投料作业”两个事件共同导致了关键事件的发生。本次事故中涉及的人员包括：销售 COD 去除剂公司、物流公司、公司采购部门、公司库管员、当地政府及监管部门、二车间副主任、二车间生产岗工人；存在问题和安全缺陷即为图 8-9 的 AcciMap 地图中的圆角矩形内的事件内容。

综上所述，AcciMap 现在已由不同学者进行了发展与改进，其层次划分更加多样化，这也反映出 AcciMap 原本就具有高度的自由度与灵活性，同时对于复杂社会技术系统背景下的事故分析具有重要意义。

第九章 STAMP 模 型

第一节 发展及研究现状

一、开发背景

自19世纪上半叶以来，科学技术的发展越来越快，导致正在构建的系统的复杂性增加[20]。除了方便人们的生产生活，与之相伴的往往还有风险和事故。例如，19世纪高压蒸汽机的出现，它极大地提高了生产效率，但也导致了爆炸事故频频发生[254]。

在早期的研究中，人们一般使用基于事件的事故模型来解释事故，如FMEA（Failure Mode and Effects Analysis）、事件树和故障树。这些基于事件的事故模型根据多个事件随时间顺序排列成一条链条，所考虑的事件总是涉及某种类型的部件故障、人为错误或能源相关事件[255]。然而，基于事件的事故模型对于事故的解释只涉及简单的事件链，很容易忽略故障事件之间的耦合和相互作用，且不涉及任何部件故障的事故，不能很好地描述系统性的事故。例如在博帕尔事故中，联合碳化物公司及其印度子公司的成本削减和政治压力导致取消制冷、推迟维护、减少劳动力、改变工人轮班替换政策等，所有这些都导致了历史上最严重的工业事故[256]。考虑到博帕尔联合碳化物公司工厂的整体状况及其运行情况，如果1984年12月的那一天，即使员工在清洗工艺管道的过滤器时安装了盲板，也有可能会发生其他事故。事实上，前一年也发生过类似的泄漏，但没有造成同样的灾难性后果[257]。

将一个事件甚至多个事件确定为导致该事故的根本原因或事件链的开始，会使其产生误解，并不能从根本上对事故分析起到本质的作用。因此，人们开始意识到需要一种新的方法，去适应复杂性不断增加的新系统[258]。系统安全需要新的理论基础，而系统论就提供了这方面的基础，能够适用越来越复杂的系统。在系统理论中，涌现特性（emergence）源自于系统组件间的相互作用，控制涌现特性的方法是给组件的行为及组件间的交互施加约束。从而将安全视为一个控制问题，其控制目标是确保满足安全约束，事故就源自于系统开发、设计和运行过程中没有充分控制或施加安全约束。例如，博帕尔事故、阿丽亚娜5号以及火星极地着陆号等[259]。因此根据系统理论，上述安全问题就可以变为一个控制问题，其目标是通过在设计和运行过程中实施安全约束去控制系统的行为。为实现这一目标必须施加控制。

为了说明清楚为什么控制失效会导致事故发生，2004年，美国麻省理工学院教授Nancy Leveson提出了系统理论事故模型与过程（Systems-Theoretic Accident Model and Process，STAMP）。STAMP是一种新的系统理论模型，在对现代复杂的系统进行有效的安全分析中起着越来越重要的作用。STAMP模型将系统安全问题视为控制问题，认为系统发生事故是由于控制失效，系统被视为相互关联的组件，通过反馈控制回路保持在一个动态的平衡状态[260]。

二、发展历程

正如在 STAMP 模型的开发背景中所提到的，在基于事件的模型中，确定的因果因素取决于所考虑的事件以及与这些事件相关条件的选择。然而，除了直接发生在损失之前或直接涉及损失的物理事件外，选择事件是主观的，选择条件来解释事件更是主观的。针对事件链模型的局限性，学者纷纷开始展开对基于系统理论模型的研究，例如 Rasmussen，J. 开发出的 AcciMap 模型，该模型是构建 STAMP 的基础。关于 AcciMap 模型的详细阐述见第八章。

2000 年 5 月，安大略省沃克顿的水运系统受到大肠杆菌污染，最终导致 7 人死亡，2300 人患病，Rasmussen 框架为从这一特定事件的细节中抽象出来提供了理论基础。2003 年，Vicente，K. J. 和 Christoffersen，K. 对加拿大沃克顿的供水受到大肠杆菌污染进行了建模，以验证 Rasmussen，J. 所提出的风险管理中的社会-技术框架模型，如图 9-1 所示。这项研究是对 Rasmussen，J. 框架做出的一次全面和独立的测试，然而，这项研究表明 AcciMap 模型存在着一定的局限性[243]，首先，AcciMap 模型需要来自不同学科的大量知识，包括科学、工程、人为因素、心理学、管理学、社会学、经济学、法律和政治学等，将这些跨学科专业知识整合在一起将是一个挑战。其次，AcciMap 模型与许多管理理论背道而驰，由于目标是在特定复杂社会技术系统的各个层面上实现垂直整合，因此必须以特定行业的方式实施该框架。

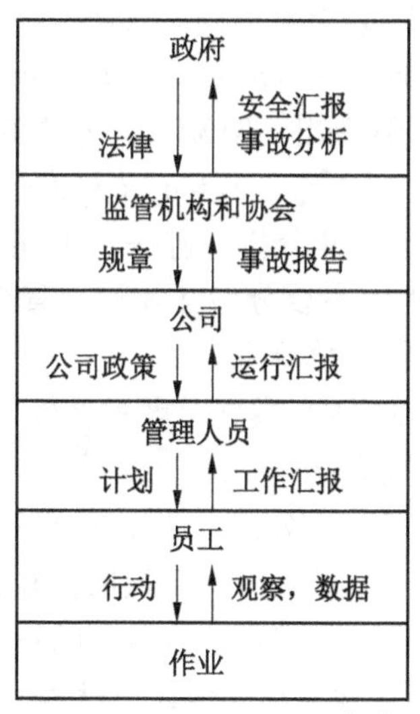

图 9-1 风险管理框架[16]

因此，STAMP 模型建立在拉斯穆森-斯韦登模型及社会技术系统事故致因模型的思想基础上，延续了拉斯穆森-斯韦登模型的控制理论方法，包括技术系统及其开发和运营，并将控制论思想贯穿于整个模型建立过程中。

在正式提出 STAMP 模型之前，已经将其应用于几起事故，包括 1994 年 2 架美国战斗机在伊拉克北部对两架美国陆军黑鹰直升机的友军射击[261]，以及上面所提到的加拿大沃克顿的供水受到大肠杆菌污染的事故[262]。经过这几次事故的非正式评估，Leveson，N. 于2004 年正式提出了 STAMP 模型。

Leveson，N. 也对 STAMP 做出了描述[20]，使用 STAMP 模型有助于将事实数据与数据的解释分开，虽然事故中涉及的因素可能很清楚，但它们的重要性以及对这些因素存在原因的解释往往是主观的，而且建立的模型也比与这些事故相关的官方政府事故报告中引用的因果因素更完整。此外，STAMP 还可以帮助了解这些因素之间的关系，对整个控制结构及其参与者进行建模有助于确定设计师、运营商、管理者和监管者对事故过程的不同看法，以及每个人对损失的贡献，更加容易地为预防未来事故提出建议，并对其重要性进行排序。

多年的研究与实践已经证实了 STAMP 模型是一种能够很好地适用于分析事故原因，并且可以明确事故原因之间关系的工具，直到现在，经过国内外学者的研究和开发，在 STAMP 模型基础上进行改进而得到的模型可广泛应用于煤矿、危化品、交通、海运、铁路等领域，能够系统地分析各类事故，其研究应用现状将在以下详细阐述。

三、研究现状

基于 STAMP 的事故原因分析从识别违反的安全约束开始，然后确定为什么设计用于实施安全约束的控制不充分，或者如果它们可能是充分的，为什么系统不能对其实施施加适当的控制。STAMP 模型最初被开发应用于航空领域，航空航天系统涉及软件、硬件、人为因素、人机交互等复杂情况，正是因为 STAMP 模型在如此复杂的系统中全面梳理了事故原因，其影响力和认可度才得到不断提高。Leveson，N. 对美国“挑战者号”航天飞机事故进行了分析，NASA（National Aeronautics and Space Administration）在其“safety assurance in NextGen”的报告中明确指出 STAMP 是一种更完善的风险分析技术，满足了 NASA 未来安全分析的需求[263]。此后，Leveson 又对发生在加拿大安大略省沃克顿镇的“公共自来水系统细菌污染事故”展开分析，进一步阐述了 STAMP 模型的分析过程和方法。在运用 STAMP 进行事故分析中主要分为 2 大类，直接应用模型进行事故分析、对模型进行改进或结合其他方法再进行事故分析。

在第一类中，学者直接应用 STAMP 模型对事故进行分析。利用 STAMP 模型建立基本层次控制结构，对事故所涉及系统的安全约束、分层安全控制结构、物理过程、基层操作、外部监管、动态过程视角进行综合分析。例如文献［264-274］，直接将 STAMP 模型运用到煤矿、危化品、交通、海运、铁路等多个领域，并通过对这些领域事故的分析，建立了相应的人为误差因果分析框架，为降低事故风险的技术和管理提出改进建议。除了事故分析外，STAMP 模型还可以成功地推动安全评估过程，例如文献［275，276］，通过深入分析事故的潜在原因以及为预防事故而实施的控制状态，为进行安全评估做出贡献。

在第二类中，学者将 STAMP 模型进行改进，或将其与其他方法结合进行事故分析。利用 STAMP 模型可以得到控制结构的相关安全约束、不充分控制行为及产生原因，以及系统的安全动态变化。将 STAMP 模型与其他模型相结合，例如与 ISM（Interpretative Structural Modeling Method）结合，在 STAMP 基础上，进一步分析事故致因因素之间的关联关系并划分层级[277]；与 PageRank 算法结合，可计算出各控制器对事故产生的贡献程度[278]；用 STPA（System-Theoretic Process Analysis）安全分析方法进一步识别不安全控制行为，对生成的不安全控制行为进行场景分析[279]；将模型检验与 STAMP 方法结合，从而实现自动搜索可能导致危害的潜在路径，用于改进系统设计，并运用到事故分析中[280]；Bow-Tie 分析概述了哪些活动保持控制工作以及谁对每项控制负责，STAMP 模型揭示了控制过程主管未实施的安全约束，2 种方法之间的这种双向反馈可能有助于改善安全，这种组合是有益的[281]。

以上文献研究可以看出，STAMP 模型主要应用于对复杂系统事故的原因分析和系统设计中的安全性分析，且涉及煤矿、危化品、交通、海运、铁路等多个领域，应用也较为成熟。

第二节 具 体 内 容

STAMP 模型认为导致事故发生的原因不仅仅是系统内组件（包括软件、硬件、人因等）失效，更多的是组件之间的交互影响。因此，用于描述系统组件失效的链式事故致因模型容易忽略组件之间的交互影响的原因，难以满足复杂系统的事故原因分析的需求。

STAMP 中首先定义系统需要达到的安全目标，即需要控制的事故类型，然后针对系统的安全目标，提出各个层次的安全约束，安全约束能否得到保障是通过各个层级的控制来实现的。STAMP 模型将安全问题视为控制问题，当系统的安全约束或控制存在缺陷时，就会导致事故的发生。因此，事故实际上是系统的失控状态下产生的结果。安全约束、分层安全控制结构、过程模型是 STAMP 的基本概念。

一、基础理论

STAMP 模型基于 2 个基础理论发展而来：系统理论和控制理论[264,266]。接下来本节在 2 个角度分别展开论述。

（一）系统理论

系统论最初出现在 20 世纪 40 年代和 50 年代[282]，它侧重于将系统视作一个整体，而不是单独考虑其中某一部分。系统论认为，系统的某些性质只能在整体上得到充分的体现，并将系统中的社会方面与技术方面联系起来，它提供了一种研究复杂系统的方法。系统论的基础仰仗两对概念：涌现性和层次性（emergence and hierarchy）；通信和控制（communication and control）。

复杂系统的通用模型通常可以用组织层次来表示，每个层次都比下面的层次更复杂，而每一层都以具有涌现性来表征，较低的层次不具有涌现性，层次结构中较低层次的过程操作导致了更高层次的复杂性，这种复杂性就具有涌现性。

层次性理论论述一个层次和另一个层次之间的基本差异，其最终目的是解释不同层次之间的关系：是什么产生了这些层次，是什么将它们分开，以及是什么将它们联系起来，与层次结构中某一层的一组组件相关联的涌现性与这些组件的自由度约束相关。

（二）控制理论

STAMP 模型中另一个重要的理论是控制理论。在控制理论中，开放系统被看作相互关联的部件，它们通过信息和控制的反馈回路达到动态平衡。一个完整的控制过程需要满足以下 4 个条件[283]：

（1）目标条件：控制器必须有一个或多个目标（例如，对设定值进行跟踪）。

（2）动作条件：控制器必须能够改变系统的状态。在工程中，控制动作由执行器执行。

（3）模型条件：控制器必须是（或包含）系统模型。

（4）可观测性条件：控制器必须能够确定系统的状态。在工程术语中，通过传感器来观察系统的状态。

图 9-2 展示了一个典型的控制回路。控制器从测量的变量反馈中获得关于观察过程状态的信息，并使用该信息通过操纵受控变量来启动动作，使得过程即使受到干扰也仍在预定限制或设定值（目标）内运行。一般来说，任何开放系统层次结构的维护（无论是生物的还是人为的）都需要一系列的过程，在这些过程中，存在着用于调节或控制的信息交流[284]。

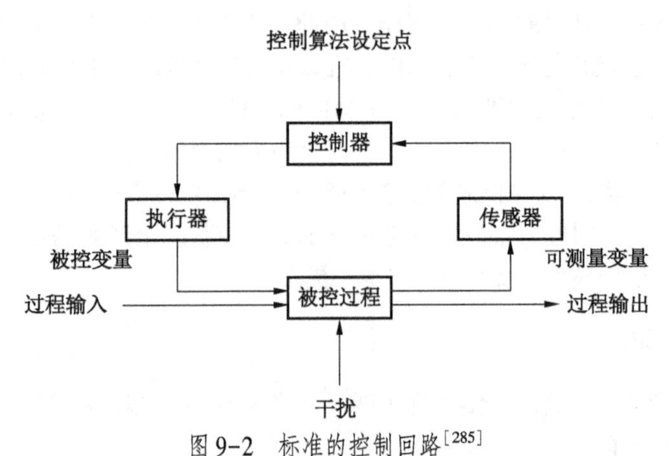

图 9-2　标准的控制回路[285]

为了提高复杂系统的安全性，需要从系统工程的这些基本原理入手，STAMP 模型正是基于系统理论发展而来，大大提高设计更加安全和更加复杂系统的能力。

二、安全约束

安全约束是 STAMP 中最基本的概念，只要人类和组织保持在安全约束的范围内，安全就可以得到维护，导致损失的事件之所以发生，是因为安全约束没有成功实施[286]。

随着系统复杂性的增加，在设计和操作中识别和实施安全约束的难度也有所增加。在许多自动化程度较低的系统中，物理和操作限制通常是由技术和操作环境的限制造成的。物理定律和材料的限制给物理设计的复杂性施加了自然约束，并允许使用被动控制。

在工程中，被动控制是指通过实际存在来确保安全——基本上，系统不能达到一种安全状态或者简单的连锁，通常会将系统组件之间的相互作用限制在安全状态。通过其实际存在来维持安全的被动控制的一些例子是防护罩或屏障，例如安全壳、安全带、安全帽、车辆中的被动约束系统和栅栏。被动控制也可能依靠物理原理，如重力，从而进入安全状态。典型的例子如老式铁路臂板信号机，它利用重力来确保一旦牵引线断裂，臂板将自动下降到表示停车信号的位置。其他例子包括设计为触点打开时失效的机械继电器，以及用于飞机的可伸缩起落架，其中如果升高和降低轮子的压力系统失效，轮子会下降并锁定在着陆位置。

相比之下，主动控制则需要一些措施来提供保护：①检测危险事件或条件（监控）；②测量一些变量；③对测量进行解释（诊断）；④响应（恢复或自动防故障流程）。

所有这些都必须在损失发生之前完成，这些动作通常由控制系统实现，现在的控制系统通常包括计算机。

现如今，系统的复杂性已经达到并超过人为控制的极限，这导致组件交互事故的增加和系统安全约束的缺乏。即使是相对简单的基于计算机的间歇化学反应器阀门控制设计也导致了部件相互作用事故。相较于被动控制，主动控制有很多的优势，包括增加功能、设计更灵活、能够远距离操作、减轻重量等。但这些却增加了工程问题的难度，并且引入了更多潜在的设计误差。

图 9-3 所示为操作者对操作系统的直接感知过程，这种操作系统主要由位于操作过程附近的人员近距离操作，通过直接的物理反馈，如振动、声音和温度，接近度允许感知过程状态。图 9-4 所示为操作者对操作系统的间接感知过程，在这种操作系统下，操作者可以从更远的距离控制过程，而不是单纯的机械连接控制。然而，这一距离使操作员失去了有关过程的直接信息，不能直接感知过程状态，控制和显示也不再提供关于过程或控制本身状态的丰富信息源。系统设计人员必须综合并向操作员提供过程状态的图像，需要事先确定操作员在所有条件下需要什么信息来安全控制过程，这就引入了一个重要的新设计误差源。如果设计者没有预料到可能发生的特殊情况，并在最初的系统设计中提供这种情况，他们也可能没有预料到操作者在操作过程中对有关信息的需要。设计者还必须对操作者的行为和可能发生的任何故障提供反馈，这些控制可能在对过程没有预期效果的情况下操作，操作者可能不知道。由于不正确的反馈将导致事故开始发生。

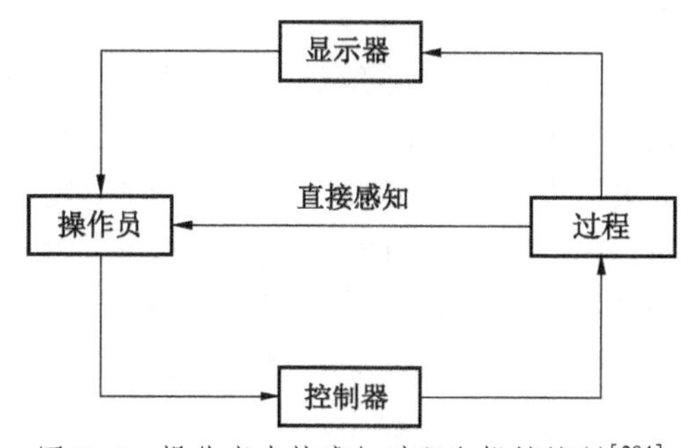

图 9-3 操作者直接感知过程和机械控制[284]

如图 9-5 所示，通过机电来控制系统设计中的松弛约束，可以实现更多的功能。与此同时，它们为设计者和操作者带来了更多失误的可能性，而这在机械控制系统中是不存在

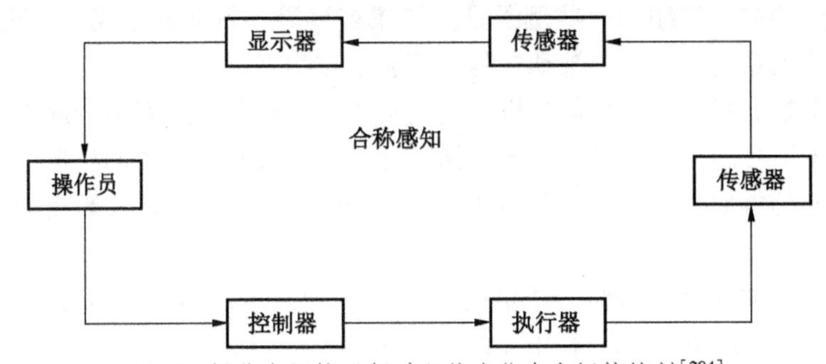

图 9-4 操作者间接了解过程状态信息和间接控制[284]

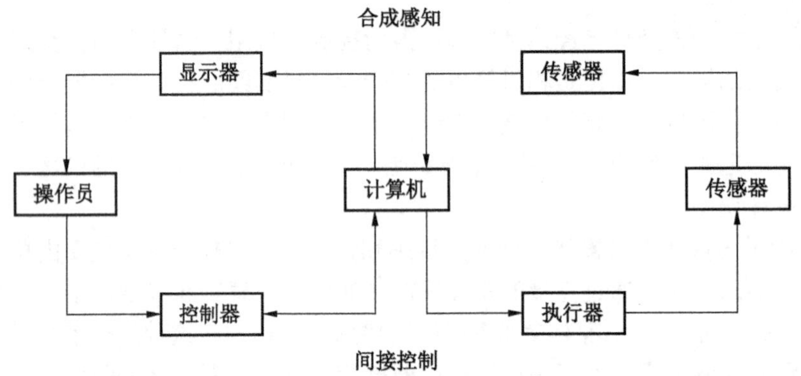

图 9-5 操作者基于计算机的显示获取信息并通过计算机实施控制[284]

的，也是不太可能发生的。系统的约束放松使得系统的设计变得更为困难，同样的道理也适用于组织、社会控制以及社会技术系统组件间的相互关联中日益增加的复杂性，因此需要一个全新的整体安全方法来确保安全。

为了实现上述目标，提供今天社会所要求的安全水平，首先必须明确系统的约束，然后设计有效的控制来确保安全约束。

三、分层安全控制结构

STAMP 使用层次安全控制结构来描述系统的组成，系统被视作分层结构，系统的每一个层次都对其下面的层次施加约束并控制其行为，以满足各层级的安全约束[287]。控制过程在各层之间运行，以控制层次结构中较低级别的过程，实施控制过程所负责的安全约束。当这些过程提供不充分的控制，并且低级组件的行为违反了安全约束时，就会发生事故。

图 9-6 展示了一个典型的社会技术安全控制分层结构，其有 2 个基本的分层控制结构，一个用于系统开发（左侧），一个用于系统操作（右侧），并且它们之间有交互。政府、一般的产业团体和法院系统位于一般控制结构最高两层，且控制开发的政府机构与控制运营的政府机构不同。在每个控制结构及每个控制层中的约束也有所不同，但是通常包括技术设计、过程约束、管理约束、制造约束和运营约束。系统开发和系统运营结构的最顶层都是国会和国家立法机构，国会通过颁布法律和建立政府法规结构来控制安全性。为了这些控制的运作成功或附加控制的需要，国会需要一些反馈，这些反馈来自政府报告的

形式、议会听证和证言、各种相关组织游说和事故。

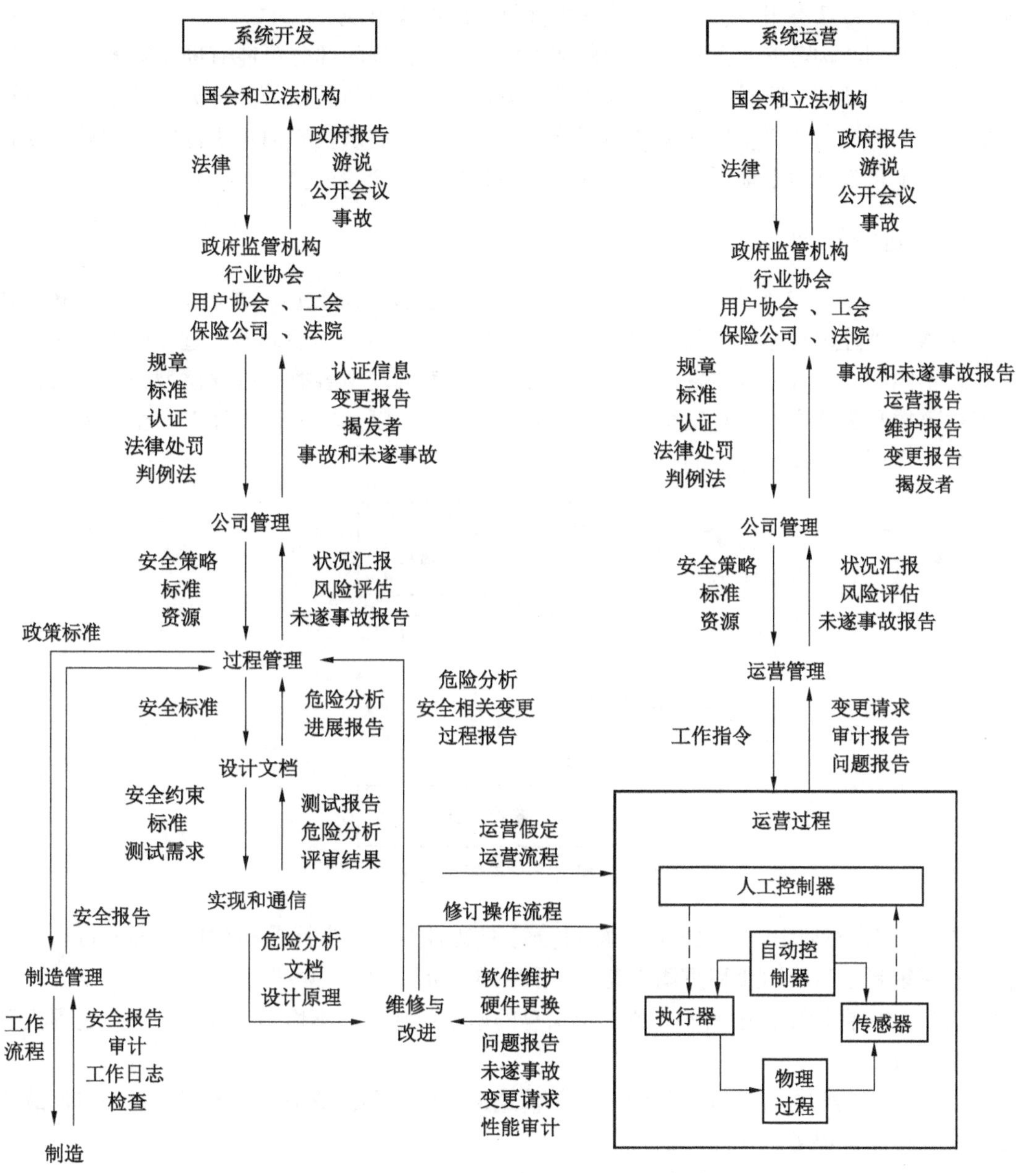

图 9-6 社会技术安全控制分层结构[257]

下层的约束包括政府监管机构、产业协会、用户协会、保险公司以及法院系统。工会在确保运营安全或生产过程中工人安全保障起着重要的作用。当没有监管机构，公众也没有其他手段促使人们对公司管理中的安全问题给予应有的关注时，往往会采用法律制度。在这一级别产生并强加给公司的约束通常以政策、法规、认证、标准（由行业或用户协会制定）或诉讼威胁的形式存在。在有工会的情况下，工会要求和集体谈判可能会导致对运营或制造的安全相关限制。公司管理层对其行为采取标准、法规和其他一般控制措施，并将其转化为公司的具体政策和标准。许多公司都有一个通用的安全政策以及更详细的标准文件。反馈可以状态报告、风险评估和事件报告的形式出现。

安全控制结构可能非常复杂，抽象和集中在整体结构的部分可能有助于理解和沟通控制。在检查不同的危险时，可能需要详细考虑整个系统中与其相关的部分，其余的可以视为输入或子系统的环境。唯一关键的部分是，必须首先在系统层面识别危险，然后必须自上而下而不是自下而上地识别整个控制结构各部分的安全约束。

四、过程模型

STAMP 中的第 3 个概念是过程模型，过程模型是对控制过程的表达形式，能够反映出控制器与被控过程之间的关系，具体过程如图 9-7 所示。当控制器的过程模型与被控制的系统不匹配，并且控制器发出不安全的命令时，就会发生事故。过程模型在理解为什么会发生事故和为什么人类对安全关键系统的控制不足，以及在怎样设计更安全的系统中起着重要的作用，是控制理论的重要组成部分。

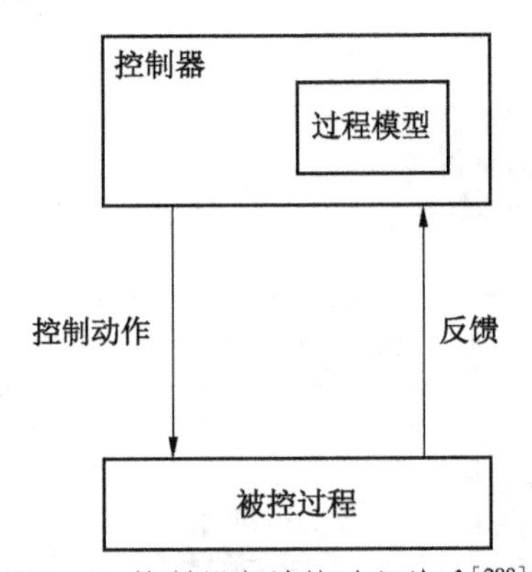

图 9-7　控制器与被控过程关系[288]

在 STAMP 模型中，事故原因一般可分为控制器操作、执行器和被控过程的行为、控制器和决策者之间的沟通和协调 3 类，如图 9-8 所示。

（1）控制器操作：控制输入或外部信息的错误或缺失、不恰当的控制算法、过程模型不完全一致。

（2）执行器和被控过程：控制命令传输通道失效或存在缺陷、执行器或被控组件故障或失效、控制过程受到外部干扰。

（3）控制器和决策者之间的沟通和协调存在缺陷。

过程模型不仅在操作过程中使用，而且在系统开发过程中也使用，安全性也可能受到开发过程中开发者自身不正确模型的影响。总之，过程模型在这两个方面发挥了重要的作用：①弄清为什么发生事故以及为什么人们给安全系统提供了不充足的控制；②设计更安全的系统。

当控制器是作为人员出现在系统中，其过程模型实际上是心智模型，系统和人员的心智模型之间的关系如图 9-9 所示。

在系统设计和开发阶段，设计师处于理想化的状态对系统进行设计，但是由于实际系

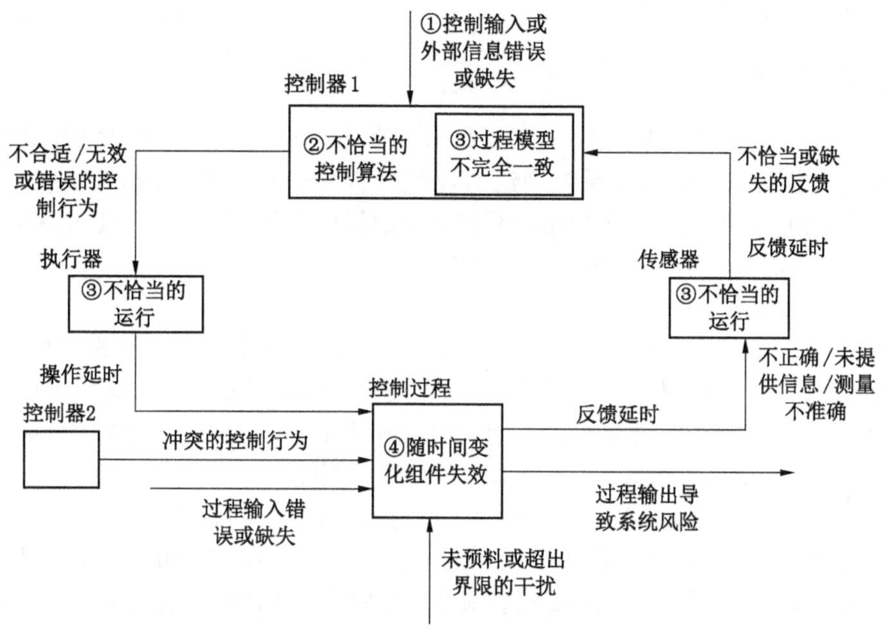

图 9-8 导致危险的控制缺陷分类[285]

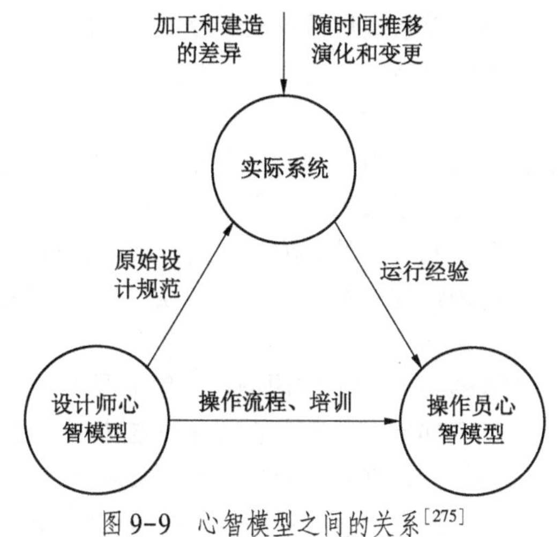

图 9-9 心智模型之间的关系[275]

统的加工和建造以及随时间变化系统变更，导致设计师的心智模型跟实际系统之间可能存在较大的差异。除此之外，设计师自身的心智模型缺陷也可能导致设计和开发阶段出现缺陷。

在系统稳定运行阶段，主要涉及的是操作人员的心智模型。从心智模型关系可以看出，操作人员的心智模型主要受2个方面影响：一方面是长期以来根据实际系统运行积累的经验；另一方面是根据设计师的心智模型进行操作流程的培训。在系统发生变化时，操作人员的心智模型应该及时改变以适应系统需要。尽管培训和工作手册等会定期更新，但会存在一定的滞后性，若操作人员的心智模型与实际系统之间出现差异，不能正确发出控制动作，就会导致事故的发生。

五、模型延伸

在 STAMP 模型的基础上，Nancy 教授提出 2 种新的方法，一种是在发生事故之前用于系统的安全分析方法——基于系统理论的过程分析（System-Theoretic Process Analysis，STPA）；另一种是在事故发生之后用于系统的事故原因分析方法——基于 STAMP 的原因分析（Causal Analysis based on STAMP，CAST）。

（一）STPA 方法

STPA 方法是要辨别出 STAMP 可辨识出的、而传统的技术无法处理的新的致因因素。更具体地说，危险分析技术应当包括设计错误（包括软件缺陷）、部件交互事故、认知复杂决策的失误、促使事故发生的社会、组织和管理因素[276]。总之，STPA 的目标就是辨识涵盖整个事故过程的事故场景，而不仅仅是那些机电部件。

STPA 可用于系统生命周期的任何阶段。它与任何危害分析技术都有相同的总体目标：积累关于如何违反行为安全约束的信息。根据使用时机不同，它提供必要的信息和文件，以确保在系统设计、开发、制造和运行中实施安全约束，包括这些过程中随时间发生的自然变化。STPA 分析分为两步：

（1）第一步，识别潜在的不安全控制行为。危险状态来源于不恰当的控制和安全约束的实施，它们发生的原因如下：①未提供或者没有遵守安全所要求的控制；②提供一个不安全的控制；③过早或过晚提供可能安全的控制，即错误的时机或时序；④安全的控制结束得太快或作用时间太长。

不安全控制行为按照上述类似于引导词的 4 个方面来寻找即可。第一步的结果可以被用于指导生成第二步的场景，还可以被用于制定系统设计和应用的需求和安全约束。这些需求可在第二步识别出不安全控制行为的致因之后进行细化，从而得到更详细的需求。对人员的安全约束可能不会像物理组件的约束一样得以强制实施，但这些需求会在设计人员操作流程、培训及绩效审核中起作用。

（2）第二步，识别不安全控制行为的致因场景。包括两个方面：①对于每一个不安全的控制，要检查控制回路的各个部分以确定是否会导致这些不安全控制的发生；②考虑所设计的控制随着时间的推移如何退化并建立防护。包括管理变更流程，以确保在有计划的变更中安全约束能够得以实施；性能审计，危险分析隐含的假设是对运营审计和控制的前提条件，以便能够监测违反安全约束的非计划变更；事故和未遂事故，以便追踪危险和系统设计中的异常。

STPA 分析过程是自上而下进行的，通过以上两个步骤，可以很清晰地从整体层面构成一个危险辨别的过程，分析过程综合考虑交互、环境、设计、人员、社会、组织和管理因素，对于危险的全方位识别提供了一个崭新的思路。

（二）CAST 方法

CAST（Causal Analysis based on STAMP）方法刨根究底，注重于寻找事故的根本原因以及如何防止今后出现类似事故，且分析全面，可综合考虑社会因素，人为因素及设计等各个方面。STAMP 方法认为事故涉及复杂过程，而不是单个事件。因此，CAST 事故分析需要了解导致损失的动态过程，其具体步骤如图 9-10 所示[268]。

(1) 识别事故中的系统的危险。

(2) 识别与控制系统危险相关的安全需求及约束。

(3) 建立系统的安全控制结构以控制系统危险及确保安全约束正确实施。

(4) 确定导致事故的近因事件。

(5) 分析系统物理层的原因。

(6) 逐级分析控制结构中更高层级的原因。

(7) 分析导致事故的沟通与协调的原因。

(8) 分析系统随时间变化控制结构的变化。

(9) 形成建议。

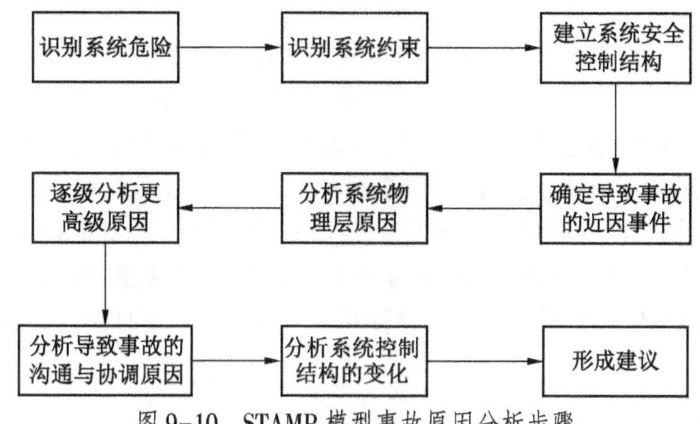

图 9-10 STAMP 模型事故原因分析步骤

分析步骤中强调了控制论的思想，整个模型就是通过控制论来控制系统的危险，因此在事故分析中也是侧重分析导致系统发生事故的控制原因。在步骤 6 中，从底层向高层分析，一方面要确定每一层级组件的控制原因，另一方面要确定上一层级的一个或多个组件为什么没有执行恰当的控制约束以确保下一层级的控制动作正确实施。

第三节 事故案例分析应用

一、数据来源

现以某食品有限责任公司库房较大坍塌事故为例运用 STAMP 模型进行分析，事故案例信息均来自于公开渠道[289]。首先对事故发生过程进行梳理，得到事故的基本情况及事故发生的近因事件链。然后基于 STAMP 模型对事故原因进行分析，得到详细的事故原因。

二、事故简介

2020 年 8 月 4 日 8 时 55 分，该食品有限责任公司库房部分楼体坍塌，造成 9 人死亡，1 人受伤，直接经济损失 2602.28 万元。事故现场如图 9-11 所示。

图 9-11 事故现场

三、事故经过

2020 年 8 月 3 日，坍塌库房一层的承租人将装修工程发包给自然人（承包人），承包人在劳务市场雇佣 3 名临时务工人员和一台小微挖 35 型挖掘机，对库房一层进行装修施工，拆除建筑物内部分墙体。公司法人代表指派公司人员王某现场监督承包人及其施工人员按照预先商定的拆除内容作业。此次改造拆除施工作业布局示意图如图 9-12 所示，现场挖掘机拆除了 *A* 轴三段 6 面墙体，扩拆了 *B* 轴一个门口，人工扩拆了 2 轴一个门口。8 月 4 日 8 时 55 分许，承包人组织 3 名临时务工人员进入现场继续施工时，部分楼体突然坍塌（坍塌单层面积约 510 m^2，占单层总面积 31.2%）。事发时楼内共有 12 人被困。

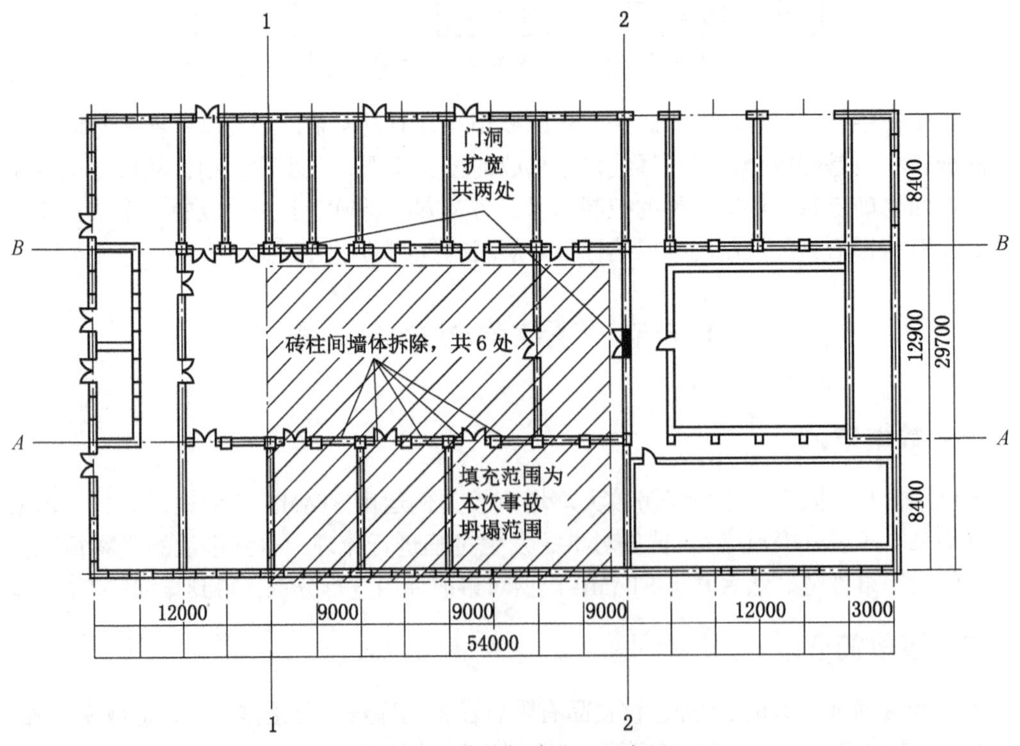

图 9-12 改造拆除施工示意图

四、事故分析

（一）确定近因事件

进行事故分析的首要步骤即是辨识与事故相关的基本事件，即从繁杂的事故发生经过中寻找诸如环境、故障、操作等事故相关事件。虽然事件链不提供最重要的因果关系信息，但确定事故发生的近因事件可以便于弄清事故涉及的物理过程[290]。

对于此次坍塌事故，物理过程事件相对简单：对该房屋一层 *A* 轴上 1 与 2 轴之间 6 处柱间承重墙体实施连续拆除作业，该范围内砖砌体柱在竖向荷载作用下受压承载力与荷载效应之比仅为 0.23，其比值小于 1.00 为不满足规范要求，最终受压承载力严重不足引起破坏，导致该房屋结构发生局部坍塌。

导致坍塌和死亡的原因如下：

（1）公司向承租方提供错误的承重墙体信息，致使承重墙体被拆除。

（2）承租方未组织进行勘察、设计，将装修工程非法发包给个人。

（3）承包方未取得相应资质证书，违法组织装修施工。

（4）挖掘机所有人和挖掘机司机违法拆除墙体。

（5）2016 年 9 月，公司对库房进行了不合理的改扩建活动，使得房屋结构存在隐患。

（二）确定系统危险及安全约束

根据 STAMP 分析事故的步骤，需对系统危险进行分析，在该起事故中，与事故有关的系统危险是库房坍塌事故。为了防止该系统危险的发生，系统应该具有以下安全约束：

（1）采取措施避免坍塌事故的发生。

（2）一旦发生坍塌事故，应及时撤离危险区域人员。

（三）建立系统安全控制结构

对于研究系统中的各组件来说，系统的安全需求随分层控制结构逐层分配。为更好地分析与事故相关的组件，需明确各个组件的安全约束。

首先明确一般建筑施工系统结构以及涉及的相关组件。根据建筑施工的特点，对于一个建工施工项目，最顶层应为政府及监管部门，这一层级不参与企业内部的管理，只对其安全负责，因此将这一层级归为社会系统层。政府及监管部门通过法律法规及有关部门的监管来确保对下层单位的有效控制，同时，也需要得到下层的反馈，反馈的形式通常为报告或申请。在政府和监管部门之下是建设单位、设计单位、监理单位、施工单位、承包单位以及第三方检测和评价机构等，这些单位受政府及监管部门的监督和管理，但同时又对下一层级有着约束的作用，因此将这一层级归为管理层，主要负责企业内部的管理。管理层之下是劳务单位和现场施工作业人员，这些单位需要长期在作业现场工作，与事故发生直接相关，同时需要受到管理层级的监督管理，因此将这一层级归为基层。此外，整个系统还会受到外部因素的干扰，因此将这一层级归为物理层。根据建筑施工中各单位及层级之间的关系，构建了建筑施工控制结构的一般形式见图 9-13，并将控制结构中的所有组件分成 4 个层级：L_1—物理层，L_2—基层，L_3—管理层，L_4—社会系统层。

根据图 9-13 所示，结合本次拆除作业过程特点，建立本次拆除作业的系统控制结构。本次事故的发生主要包括两个部分，第一部分为事故发生的间接原因，由于 2016 年公司

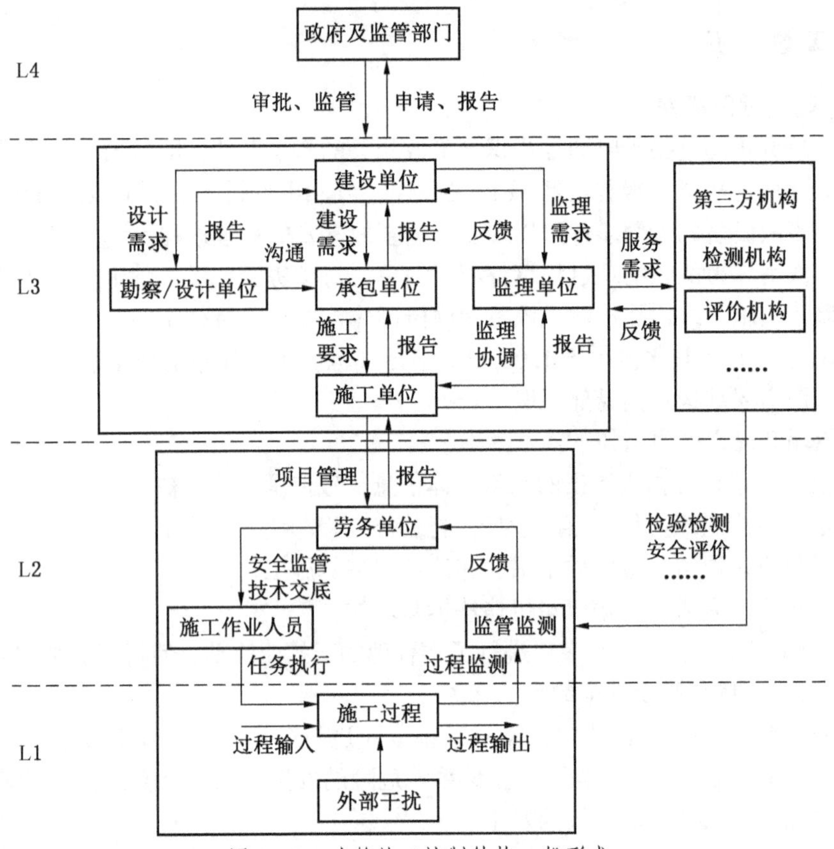

图 9-13　建筑施工控制结构一般形式

所进行的改扩建活动使得房屋结构存在隐患，活动涉及建设单位公司法人，承包单位，施工单位，以及劳务市场和现场施工作业人员。第二部分为本次事故发生的直接原因，由于现场的违规操作，直接导致了库房的坍塌。本次活动涉及了建设单位承租方，承包单位，公司现场监管人员，以及劳务市场和现场施工作业人员。需要注意的是，本次拆除作业涉及现场施工作业人员来自劳务市场，根据百度百科中对劳务市场和劳务单位的定义可知，该案例中施工作业人员应该归本公司建设单位管理，故本案例不涉及劳务单位，此外，本案例涉及的监理人员来自建设单位直接委派，故未涉及第三方的监理单位。根据所涉及相关单位，建立了本次库房坍塌事故的 STAMP 安全控制分层结构，如图 9-14 所示。

图 9-14 梳理了与建筑施工事故有关的组织及人员的结构，建立了各组件之间的关系。本案例中，在政府和监管部门之下涉及建设单位、承包单位以及施工单位，这些单位被归为管理层，其中建设单位处于管理层最高层级，按照政府规定，应建立相应的管理制度，在作业过程中，需对承包单位进行审批工作，同时也需要得到相应的报告和反馈。建设单位之下是承包单位和施工单位，承包单位需在其资质等级许可的业务范围内承揽工程，并将经过审核的施工要求交予施工单位，依法组织施工活动，同时接受来自建设单位的监督管理，按时报告工作。施工单位需要按照承包单位的要求，依法组织现场施工作业人员的工作，对现场施工作业人员进行技术交底，并对上层承包单位进行工作报告。管理层级之

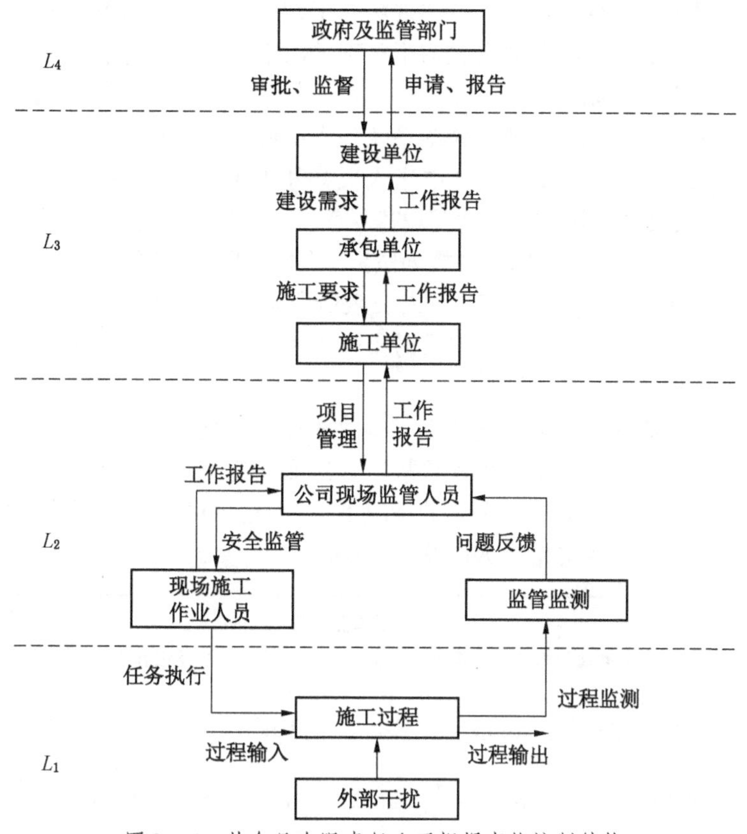

图 9-14 某食品有限责任公司坍塌事故控制结构

下是公司现场监管人员和现场施工作业人员，现场施工作业人员需要及时向公司现场监管人员进行工作报告并接受其监督管理。在本次拆除作业过程中，除上述因素外，还会受到外部因素的干扰。

此次坍塌事故分析涉及建设单位、承包单位、施工单位、公司现场监管人员以及现场施工作业人员，并且包括这些组件的安全需求和约束、做决定时所处的环境、不恰当的控制动作、心智模型缺陷、合作及反馈等内容。在明确此次事故有关组件及其相互关系后，将对各个层级展开关于这些内容的研究。

（四）物理因素分析

根据 STAMP 模型系统安全控制结构分析，第一层级为物理层，根据事故调查结果，造成此次坍塌事故的物理过程及环境影响因素如下：

（1）墙体受压承载力不满足规范要求。

（2）房屋结构本身在此次事故拆改前已存在较大的安全隐患。

（五）基层操作原因分析

根据系统安全控制结构，第二层级为现场作业的基层，对施工过程和施工结果产生直接影响。公司现场监管人员监管现场的施工作业任务，对作业过程直接控制；现场施工作业人员直接实施具体操作。

首先，对该层级公司现场监管人员和现场施工作业人员的决策和控制动作产生的背景进行阐述；其次，分析与此次事故有关的不正确的决策及控制动作；最后，分析导致错误的决策及控制动作产生的原因。

下面以现场施工作业人员为例，介绍系统各个组件的职责及安全约束。

根据《中华人民共和国建筑法》（中华人民共和国主席令第 29 号）、《建设工程质量管理条例》（中华人民共和国国务院令第 279 号）、《建筑工程施工许可管理办法》（建设部第 91 号令）、《中华人民共和国城乡规划法》（中华人民共和国主席令第 74 号）、《哈尔滨市城市房屋安全管理办法》（哈尔滨市人民政府令第 168 号）等，现场施工作业人员应该履行的职责包括按照作业规程作业、及时报告作业过程中的任何问题、接受公司现场监管人员的管理与监督等。

根据现场施工作业人员的职责确定其与事故相关的安全约束，包括遵守作业规程、及时向上级反馈施工问题、确保不会出现事故等。然而在施工时，挖掘机所有人和挖掘机司机违反规定，在未见到明确的拆改手续的情况下，未向上级报告，擅自拆除承重墙体，造成局部楼体坍塌。分析得到的结果如图 9-15 所示。

现场施工作业人员

违反的安全需求和约束：未遵守作业规程；未及时向上级反馈作业问题；出现事故

做决定时所处环境：缺少培训与技术交底；不了解作业要求与流程；未经考核就上岗作业

不正确的决策和控制动作：在未见到作业方案和拆改手续的情况下开始施工作业

心智模型缺陷：不知道此次作业的具体要求；盲目认为作业环境以及自己的操作是安全的

图 9-15　现场施工作业人员分析结果

同理，对于基层中公司现场监管人员的分析结果如图 9-16 所示。

公司现场监管人员

违反的安全需求和约束：未确保现场施工作业人员遵守规章制度；未发现作业过程存在问题

做决定时所处环境：没有工程设计图纸和施工技术标准

不正确的决策和控制动作：作业现场检查无效；纵容劳务人员违章作业

心智模型缺陷：不了解劳务人员技术水平；盲目认为操作过程不会出事；盲目认为现场是安全的

图 9-16　公司现场监管人员分析结果

除每个组件内部控制存在缺陷外，组件之间的反馈也存在着缺陷。不同组件之间应该建立沟通反馈通道，当沟通反馈通道存在缺陷时，也是造成组件产生错误的决策和控制动作的原因。在基层操作中，现场施工作业人员和公司现场监管人员之间的沟通反馈通道中，现场施工作业人员缺少现场作业报告的上行反馈通道，同时公司现场监管人员对现场人员管理的下行通道也是不完善的。

通过上述分析，得到公司现场监管人员和现场施工作业人员的关系，如图 9-17 所示。

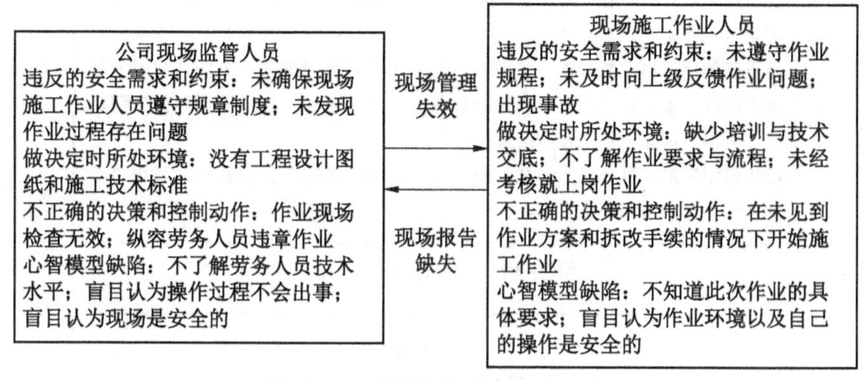

图 9-17 基层操作对事故的影响

（六）管理层原因分析

根据系统安全控制结构，第三层级为现场作业的管理层，对现场施工进行管理活动，包括建设单位、承包单位和施工单位。首先，对该层级的决策和控制动作产生的背景进行阐述；其次，分析与此次事故有关的不正确的决策及控制动作；最后，分析导致错误的决策及控制动作产生的原因。

以建设单位为例，需要履行的职责包括建立完善的安全管理体系，明确各单位的管理职责；对施工方案进行审查；对项目安全质量进行监督管理等。根据建设单位职责确定其与事故相关的安全约束，包括确保施工方案无误、确保施工项目的安全等。然而建设单位在未组织进行勘察、设计，在没有确认承重墙体信息的情况下，就将装修工程非法承包给个人；在未办理拆改手续的情况下，要求承包人进行拆除作业和工人进场施工。对建设单位的分析结果如图 9-18 所示。

建设单位

违反的安全需求和约束：未确保作业方案无误；未确保拆除作业的安全

做决定时所处的环境：未确认承重墙体信息；作业前进行的改扩建活动使得房屋结构存在隐患

不正确的决策和控制动作：未组织进行勘察、设计就将装修工程非法承包给个人；在未办理拆改手续的情况下要求承包人进行拆除作业和工人进场施工

心智模型缺陷：盲目认为承包单位会对项目安全进行管理；盲目认为承包单位的资质符合要求；盲目认为默认作业方案不会出现问题

图 9-18 建设单位分析结果

同理，对于承包单位和施工单位的分析结果如图 9-19 和图 9-20 所示。

承包单位
违反的安全需求和约束：未明确安全生产职责；未确保作业现场的安全；未确保作业方案无误
做决定时所处的环境：施工前未得到来自建设单位关于本次拆除作业的明确内容
不正确的决策和控制动作：在未依法取得相应等级的资质证书的情况下非法承揽建设工程；未办理工程质量监督和安全监督手续；在未取得建筑工程施工许可证等情况下将工程非法发包给个人
心智模型缺陷：盲目认为安全管理不是自己的主要业务；盲目认为建设单位和施工单位能够保证施工安全

图 9-19　承包单位分析结果

施工单位
违反的安全需求和约束：未确保劳务人员职责；未确保其落实到位；未确保作业方案无误；作业完成后未对房屋情况进行检查
做决定时所处的环境：施工前未得到关于本次拆除作业的明确内容；没有依法取得建筑资质
不正确的决策和控制动作：在未见到作业方案和拆改手续的情况下开始施工作业造成库房局部坍塌；建筑物建成后未对房屋的结构体系、受力状态、地基基础和构建承载能力进行技术评估和受力分析
心智模型缺陷：盲目认为不会出事故；盲目认为外来劳务人员已经掌握了所从事作业的技能和知识；盲目认为公司现场监管人员会发现作业现场和拆除作业中存在的问题

图 9-20　施工单位分析结果

同基层分析一样，除每个组件内部控制存在缺陷外，组件之间的反馈与交流也存在着缺陷。

建设单位在与其他单位的合作中，认为承包单位会对项目安全负责，因此对项目的安全情况疏于监督管理。承包单位在与施工单位合作的过程中，将施工作业分包给施工单位，认为施工单位会全面负责施工安全，并认可其施工能力，因此对施工安全投入较少。施工单位从劳务市场招聘劳务工，未对其进行培训和安全交底等统一管理，对劳务人员管理松懈，只是向劳务人员布置作业任务；同时，施工单位认为建设单位委派公司现场监管人员对施工现场作业和施工方案等进行监督管理，如果出现问题会被公司现场监管人员发现并及时得到纠正，因此在现场作业过程中将安全工作过分依赖于公司现场监管人员，只关注施工进度，忽视了安全工作。

在 3 个组件的沟通反馈中，建设单位对承包单位的沟通与监督不够，未确保作业方案无误；同时承包单位也存在反馈通道的缺陷，未将作业方案情况反馈给建设单位。施工单位在进行拆除作业时没有将作业情况及时反馈给承包和建设单位，因此存在上行反馈通道缺陷。

通过上述分析，得到建设单位、承包单位和施工单位三者的关系，如图 9-21 所示。

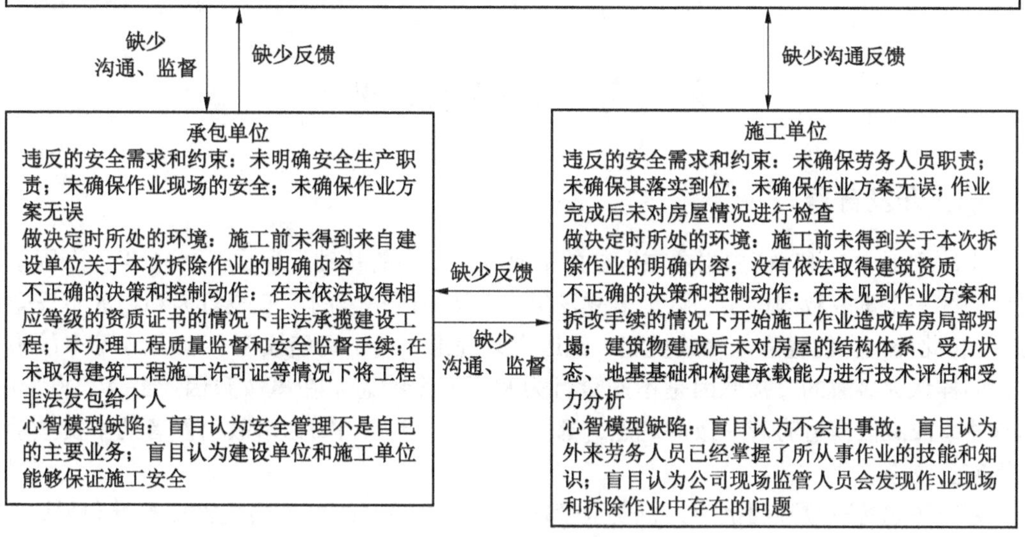

图 9-21 管理层对事故的影响

（七）社会系统层原因分析

根据系统安全控制结构，第四层级为社会系统层，主要为当地政府及监管部门，根据事故调查报告，得到如下结果：城市管理行政执法局未依照城乡规划有关法律法规规定，监察工作不到位，未及时发现该公司未取得建设工程规划许可证进行违法建设的行为。地区街道办事处未认真履行组织对辖区内违法建设进行巡查，以及及时发现、制止违法建设行为及报告相关执法部门处理的职责，没有有效制止企业违法建设和违法生产行为。

综上所述，STAMP 模型将安全视为控制问题，关注安全约束在安全管理中的作用。在面对复杂系统的事故致因分析时，STAMP 模型不仅能考虑物理层的事故致因因素，而且可利用系统工程思想将所有组件以分层控制结构结合在一起，深入分析事故发生机理、组织问题及环境变化，为事故致因给出更为详细的解释，帮助相关人员从中发现更多潜在的不安全因素，拓展寻求事故致因的方法，为类似事故的分析和预防提供思路与借鉴。

第十章 事故致因“2-4”模型

第一节 发展及研究现状

一、开发背景

事故致因“2-4”模型主要在以往的事故致因模型的基础上形成。1931年，海因里希提出的第一个事故致因链中，认为事故发生的直接原因是人的不安全行为和物的不安全状态[291]，此外，在能量意外释放模型、轨道交叉理论、瑞士奶酪模型、HFACS等事故模型中，同样认为事故的直接原因是不安全行为和不安全物态。在事故致因“2-4”模型中，与这些事故致因模型有着一致的观点，都将事故的直接原因归为事故引发者的不安全动作和不安全物态。

在斯图尔特事故致因链中，将安全管理分为2个层面，第1层是管理愿景和承诺第2层是由组织各个部门对安全工作的负责程度、员工参与和培训状况、硬件设施、安全专业人员的工作质量4个方面组成，比较具体的给出了事故发生的根本原因、直接原因和间接原因。事故致因“2-4”模型将斯图尔特中事故致因链中提到的间接原因具体化为安全知识、安全意识、安全习惯、心理状态、生理状态5个方面，并且表明这5个因素都属于个人原因，也可以看作个人的安全能力。

在瑞士奶酪模型中，事故的根本原因是组织错误，事故致因“2-4”模型将海因里希和瑞士奶酪事故致因模型中的危险源、组织行为做了重新的定义，并将导致事故发生的组织原因归结于安全管理体系和安全文化，将安全管理体系与安全文化归为组织层面的原因。

在上述研究的基础上，事故致因“2-4”模型的基本内容框架正式被提出，并且经过6个版本不断地完善和发展，形成了现在的最终版本。（事故致因“2-4”模型又称24Model、事故预防“2-4”模型以及行为安全“2-4”模型，有时也直接称作“2-4”模型，为便于读者阅读，本书将统称其为事故致因“2-4”模型。）

二、发展历程

（一）第1版事故致因“2-4”模型

事故原因是每次事故发生后调查的一项重要内容，但是光靠对事故发生原因进行简单的描述是不够的。因为每起事故都有其各自的特色，难以对每起事故都进行精确的描述；根据已发生事故原因来预防未发生事故过于迟缓；此外，所调查原因过于抽象，不适用于所有事故。因此，第1版事故致因“2-4”模型在这样的背景下被开发出来，揭示了相关人员安全知识不足、安全意识欠缺、安全习惯欠缺是一切事故的共性原因，并将这些原因做了结构化的描述。

第 1 版事故致因“2-4”模型内容主要参考自文献［22］，第 1 版事故致因“2-4”模型于 2005 年发表，如图 10-1 所示。事故致因链条简化为“组织安全方案欠缺-间接原因-直接原因-事故”，这是事故致因“2-4”模型的起源和雏形。模型运用“文化导向组织行为，组织行为决定个人行为”的行为科学基本原理，认为安全管理方案视作可以结构化为由安全文化、组织结构和安全方法 3 个基本模块组成的模型，其运行产生组织内员工的安全知识、安全意识、安全习惯等中间结果和组织员工的安全行为、安全设施的安全状态以及组织安全业绩等最终结果。并且其优劣可以用诊断方法量化诊断，其运行结果也可以用个人行为纠正方法进行补充改善，第 1 版事故致因“2-4”模型初步形成。

该模型的相关内容阐述了组织的安全业绩用事故率来衡量，创造安全业绩的过程也就是消除事故原因的过程。在组织内，将预防事故需要消除的原因分为 2 部分，一部分是个人层面的原因，一部分是组织层面的原因[292]。

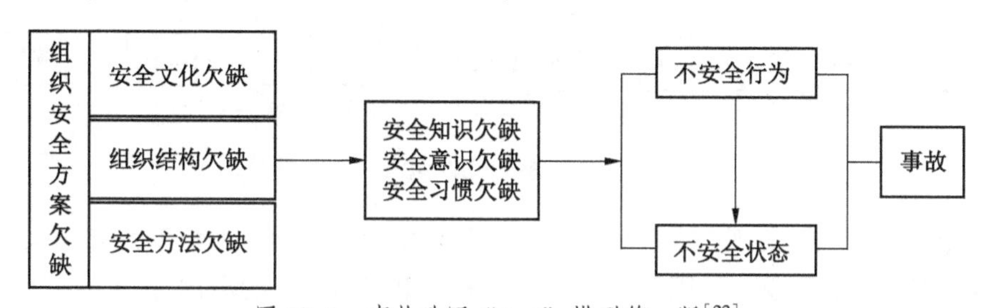

图 10-1 事故致因“2-4”模型第一版[22]

（二）第 2 版事故致因“2-4”模型

第 2 版事故致因“2-4”模型内容主要参考文献［292］，事故致因“2-4”模型的第 2 版形成于 2013 年（表 10-1、图 10-2）。针对第 1 版的“安全方案欠缺-间接原因-直接原因-事故”链条，将第 1 版中的“安全方案欠缺”具体细化，定位了“管理原因”的位置和内容，并且考虑到“个人行为决定于组织行为、组织行为为组织文化所导向”的组织行为学基本原理和 Reason 的观点[293]，将事故发生的根本原因归为组织的安全管理体系和安全文化。

在第 2 版中进一步确认了任何事故都至少发生在一个组织之内，并直接是由组织成员造成的，但根本上决定于组织的安全文化和安全管理体系。按照事故引发者个人引发事故的过程分析，事故的发生是组织和个人 2 个层面上行为发展的结果。由表 10-1 可见，模型显示在组织行为层面上的原因包含根源原因（指导行为，也即组织的安全文化）和根本原因（组织的运行行为，也即安全管理体系（体系文件及其运行过程）），个人行为层面上的原因有间接原因（即个人习惯性行为）和直接原因（个人的一次性行为），共“4 个发展阶段”，形成“根源原因-根本原因-间接原因-直接原因-事故”的事故致因链条。

（三）第 3 版事故致因“2-4”模型

第 3 版事故致因“2-4”模型内容主要参考文献［294］，事故致因“2-4”模型的

表 10-1 事故致因“2-4”模型第 2 版[293]

链条名称	发展层面和阶段					
	第 1 层面（组织行为）		第 2 层面（个人行为）		发展结果	
	第 1 阶段	第 2 阶段	第 3 阶段	第 4 阶段		
行为发展	指导行为	运行行为	习惯性行为	一次性行为	事故	损失
原因分类	根源原因	根本原因	间接原因	直接原因	事故	损失
事故致因链	安全文化	安全管理体系	安全知识 安全意识 安全习惯	不安全动作 不安全物态	事故	损失

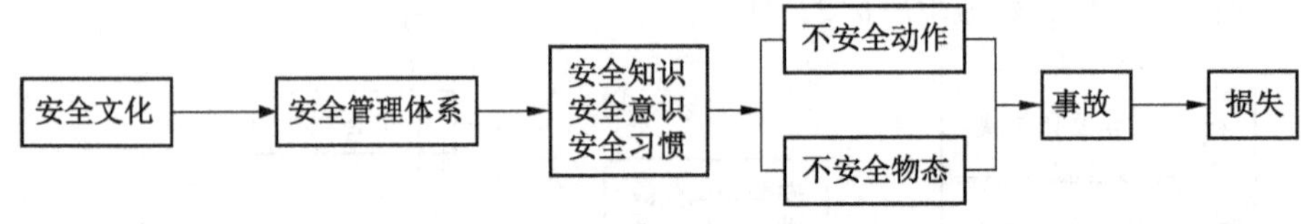

图 10-2 事故致因“2-4”模型第 2 版[293]

第 3 版形成于 2015 年，如图 10-3 所示。第 3 版保持原有结构，考虑了外部影响因素，即心理、生理因素和监管及其他因素。将导致事故的组织内、外的原因分开，描述了两者对于引发事故的影响程度，确定组织自身是预防事故的主体，探讨了组织内外部因素的关系，认为外部影响因素是通过组织内部因素发挥其对事故发生或者预防的作用。

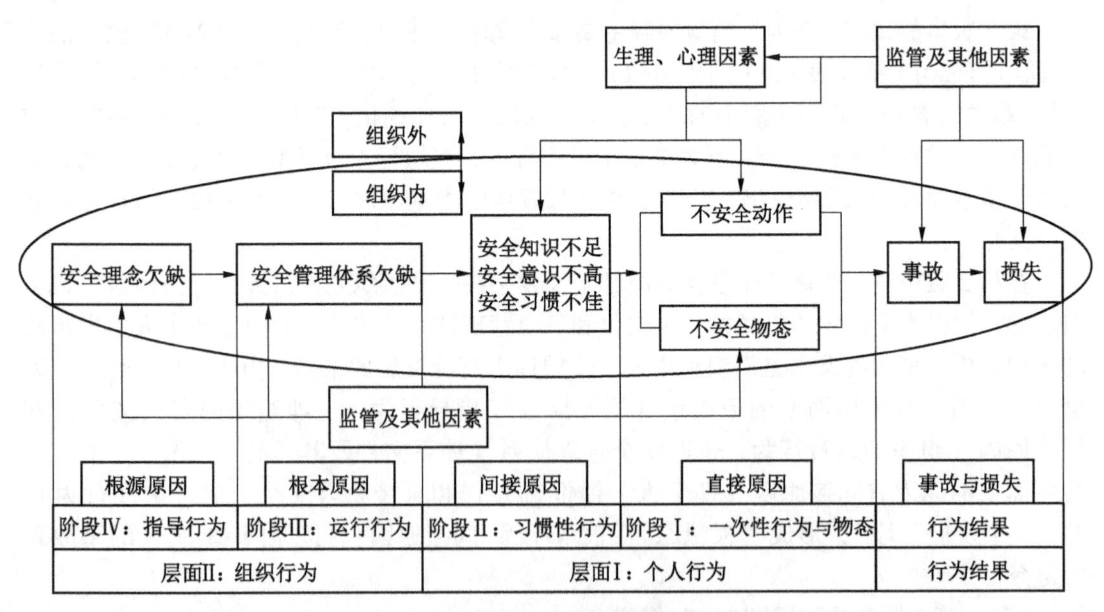

图 10-3 事故致因“2-4”模型第 3 版[294]

在2015版中确切定义了模型中的各个模块，分出安全文化元素和其集中体现形式[295]，肯定了生理、心理因素对引发事故的动作的影响，认为他们直接对员工的不安全动作产生影响，应该与安全知识、安全意识和安全习惯在同一个层次上，属于组织内的因素而非外部组织因素。

（四）第4版事故致因“2-4”模型

形成于2016年的事故致因“2-4”模型第4版如图10-4所示。模型提出者考虑2015版的外部原因分割不清，因此将安全心理不佳和生理不佳因素归结为个人层面的间接原因，属于组织内部原因。而外部原因的监管及其他因素具体化为组织外部的监管及供应商和其产品与服务质量，组成成员的家庭、遗传、成长环境及自然因素，社会政治、经济、法律、文化因素等，形成了模型的第4版。

在第3版事故致因“2-4”模型基础上，事故致因“2-4”模型中的各原因模块中的原因因素得到更明确的划分，并得到了不安全动作和物态、习惯性不安全行为、安全管理体系、安全文化、外部因素等5个层级原因，确定了基于事故致因“2-4”模型的30个原因因素[292]，提高了应用事故致因“2-4”模型进行事故原因分析和事故预防的可操作性，增强了其应用实践性。

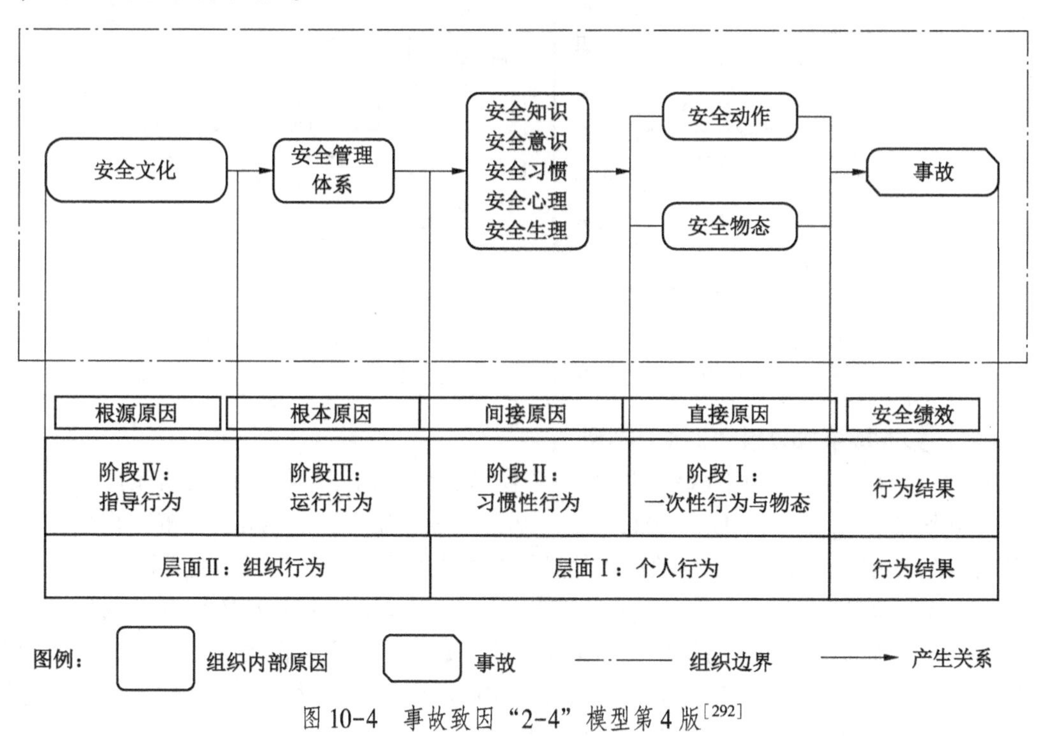

图10-4　事故致因“2-4”模型第4版[292]

（五）第5版事故致因“2-4”模型

图10-5所示为第5版事故致因“2-4”模型，第5版形成于2017年。这一版本在上1版本的基础上加入了动态形式，描述了事故间非线性影响的关系，具体内容与第4版相一致。

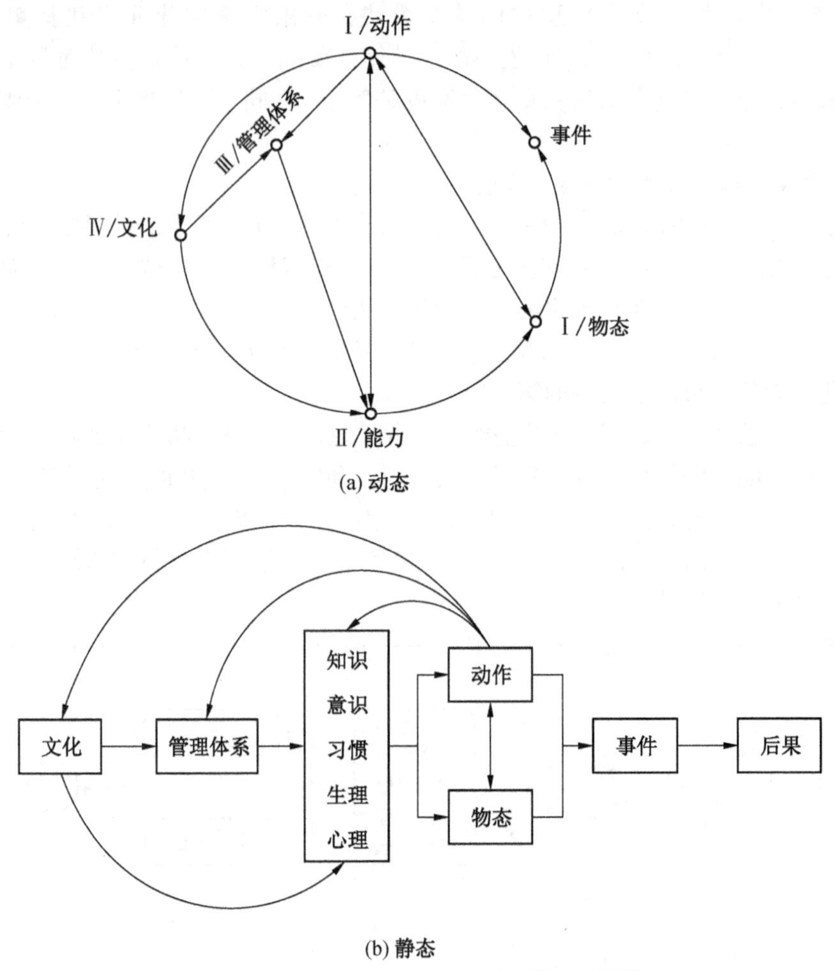

(a) 动态

(b) 静态

图 10-5　事故致因“2-4”模型第 5 版[296]

（六）第 6 版事故致因“2-4”模型

图 10-6 所示为第 6 版事故致因“2-4”模型，包括动态结构、系统性和行为演化过程以及静态结构，第 6 版形成于 2022 年，内容上与第 5 版一致。第 6 版的静态模型方面做了简化工作，将第 5 版上各个事故原因的具体内容进行了合并，使模型更简洁。

在第 6 版事故致因“2-4”模型的动态结构中，安全文化和管理体系是组织整体的性质，安全能力和安全动作是组织成员的个体性质。这 4 个因素以能力为中心，文化指导体系的运行，文化和体系共同促进能力的提升，能力产生动作，动作产生事件，事件产生结果，也就是系统动态行为的产生以及运行过程[297]。

三、研究现状

应用事故致因“2-4”模型进行事故分析主要分为 2 类：第 1 类是直接使用事故致因“2-4”模型对事故进行分析；第 2 类是与其他事故致因模型结合，对某一事故进行具体分析。在第 1 类的研究中，学者直接运用事故致因“2-4”模型对某一事故进行分析。通

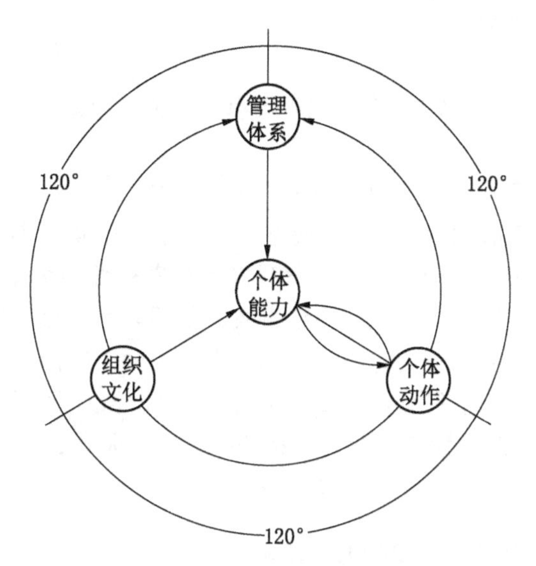

(a) 动态结构、系统性和行为演化过程

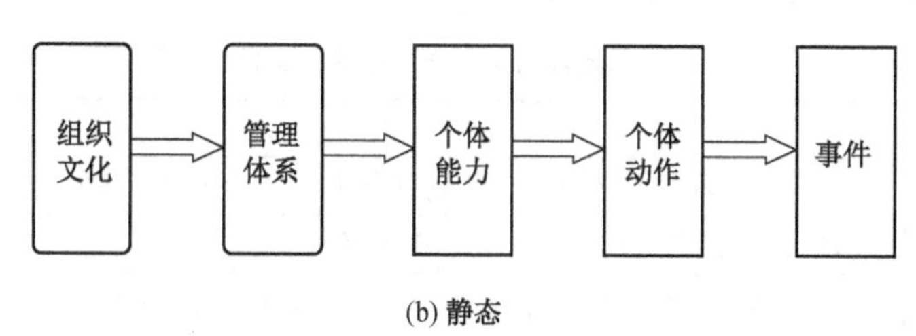

(b) 静态

图 10-6　事故致因“2-4”模型第 6 版[297]

过事故致因“2-4”模型分析事故发生的原因，从个人和组织 2 个层面得出不同事故发生的根源原因、根本原因、间接原因以及直接原因。并且根据研究结果，针对最容易导致事故发生的原因提出针对性的措施。例如文献［298-304］，都属于事故致因“2-4”模型在事故分析中的第 1 类应用。

在第二类的研究中，学者将事故致因“2-4”模型与其他事故致因模型相结合，并用于事故的分析。如文献［305-307］，其中事故致因“2-4”模型与事故树的结合研究，表明了事故原因间的作用关系，尤其突出不安全动作的关联影响，事故致因“2-4”模型与解释结构模型（Interpretative Structural Modeling Method，ISM）的结合，可有效探讨事故中的深度组织致因作用规律，是事故致因“2-4”模型的有益补充。事故致因“2-4”模型与这些事故致因模型的结合使用，使得对于事故的分析更加全面深入。

除了应用事故致因“2-4”模型进行事故分析外，事故致因“2-4”模型还被应用在企业安全文化建设方面。如文献［308-316］，以事故致因“2-4”模型为基础，建立适合各自企业发展以及可以有效预防事故的安全文化和安全管理模式，并验证了其有效性。

自从 2005 年以来，事故致因“2-4”模型已经经过了 6 个版本的发展，目前最常使用的是第四版事故致因“2-4”模型，事故致因“2-4”模型已被运用在煤矿、铁路、建筑、化工、航空、瓦斯爆炸等多个行业的事故分析中，此外还被运用在构建企业安全文化框架、建立安全管理模式之中。

第二节 具 体 内 容

第 5 版和第 6 版在第 4 版的基础上加入了动态形式，内容也与第 4 版相一致，现在应用较为广泛的是第 4 版事故致因“2–4”模型，本节基于第 4 版事故致因“2–4”模型对其具体内容进行介绍。事故致因“2–4”模型将所有事故都归为组织原因[317]，认为任何事故都至少发生在社会组织之内，又将导致事故的原因分为事故发生组织的内部原因和外部原因。其中，组织内部原因分为组织行为和个人行为两个层面，组织行为又可以分为安全文化（根源原因）、安全管理体系（根本原因）2 个阶段，个人行为又可以分为习惯性行为（间接原因）、一次性行为与物态（直接原因）2 个阶段，共 4 个阶段，这 4 个阶段链接起来就构成了事故致因“2–4”模型。

一、事故致因“2–4”模型相关定义

事故致因“2–4”模型相关定义见表 10–2。

表 10–2 事故致因“2–4”模型相关定义[318]

<table>
<tr><th colspan="2">相关术语</th><th>定 义</th></tr>
<tr><td colspan="2">损失</td><td>包括死亡、重伤、工作中所得疾病，经济损失，环境破坏，共 3 个方面</td></tr>
<tr><td colspan="2">事故</td><td>人们不期望发生的、造成损失的、意外事件</td></tr>
<tr><td colspan="2">不安全动作</td><td>一次性行为，是引起当次事故或者与当次事故发生有重要关系的动作，是可见的，“显性”的</td></tr>
<tr><td colspan="2">不安全物态</td><td>只引起事故的物的不安全状态，它不是不安全动作产生的就是习惯性不安全行为产生的，是显性的</td></tr>
<tr><td rowspan="5">习惯性不安全行为</td><td>安全知识</td><td>指与当次事故发生相关的知识，该知识的缺乏（即“不知道”）导致了不安全动作的发生，进而引起事故</td></tr>
<tr><td>安全意识</td><td>对危险源的危险程度（即“风险值”）的重视程度和消除危险源的及时性。安全意识的欠缺会导致不安全动作的发生，进而引起事故</td></tr>
<tr><td>安全习惯</td><td>指平时的习惯即平时的做法。平时习惯不佳（即“平时就是这么做的”）会导致本次动作也这么做，会引起不安全动作的发生，进而引起事故</td></tr>
<tr><td>安全心理</td><td>指与当次事故发生密切相关的平时心理状态。平时的心理状态不佳，可能会导致不安全动作的发生或者激活不安全物态，产生事故的直接原因，进而引起事故发生</td></tr>
<tr><td>安全生理</td><td>指与当次事故发生密切相关的平时生理状态。平时的生理状态不佳，可能会导致不安全动作的发生或者激活不安全物态，产生事故的直接原因，进而引起事故发生</td></tr>
</table>

表 10-2（续）

相关术语		定义
安全管理体系	指导思想	是单位（组织）的安全工作的指导思想，也即安全文化的集中体现形式，也可以叫作安全方针、安全宗旨、安全愿景、安全价值观、安全信仰、安全理念等 6 个名称。一般比较简短，是安全文化的高度概括或者浓缩
	组织结构	指安全管理的机构设置、人员配备、职责分配
	安全程序	是安全管理制度、措施、规章等的总和
安全文化		即安全理念
外部监督		指本组织以外的安全监督、检查单位等监管活动
其他因素		指本组织以外的自然、其他等影响事故发生的因素
其他解释	危险源	是事故的来源，可能是事故的直接、间接、根本或者是根源原因或者之一。包括引起人们一般叫作事故的危险因素，也包含引起人们一般称为职业病的有害因素。危险源和隐患含义相同。危险源包括人的行为、物的状态、安全管理体系、安全文化等各方面的缺欠
	风险值	指危险源的危险程度，它的值等于事故发生的可能性（概率）与严重性（损失率）的乘积
	本组织	是事故发生单位所在的最低组织以及法人单位

二、行为结果

事故是指人们不期望发生的、造成或者有可能造成生命与健康损害、财产损失、环境破坏的意外事件。在事故致因“2-4”模型中，在以上所述的组织行为与个人行为 2 个层面所包含的根源原因、根本原因、间接原因和直接原因作用下，最终导致的行为结果便是事故。

三、直接原因

在事故致因“2-4”模型中，事故的直接原因来自个人的一次性行为，包括不安全动作及不安全物态 2 个方面，属于个人行为方面。

（一）不安全动作

对不安全动作的识别具有重要的作用，根据动作的作用路径可以推理出其他模块的事故原因。事故致因“2-4”模型中将不安全动作定义为对本次事故的发生有重要的影响或者直接导致本次事故发生的动作，并对不安全动作进行了详细的分类以及给出了不安全动作的识别方法[319]，见表 10-3。由表 10-3 可以看出，不安全动作种类较多，不仅包括事故直接引发者的不安全动作，还包括了组织内其他人员的对事故的发生有影响的不安全动作。

表 10-3 不安全动作分类及识别方法[320]

类别	违章	不违章但曾引起事故	不违章、未引起事故但高风险
不安全操作	违章操作	不违章但曾引起事故的操作	不违章、未引起事故但高风险的操作
不安全行动	违章行动	不违章但曾引起事故的行动	不违章、未引起事故但高风险的行动

表 10-3（续）

类别	违章	不违章但曾引起事故	不违章、未引起事故但高风险
不安全指挥	违章指挥	不违章但曾引起事故的指挥	不违章、未引起事故但高风险的指挥
识别方法	仅根据规章	根据规章和事故案例	根据规章、事故案例和风险评估

（二）不安全物态

对不安全物态的分析与不安全动作的分析具有同样的重要作用。事故致因“2-4”模型中将不安全物态定义为对本次事故的发生具有重要影响或者直接引起本次事故发生的物态，并给出了不安全物态的分类及识别方法，见表 10-4。不仅包括事故发生时已经存在的不安全物态，还包括由不安全动作激活的不安全物态。

表 10-4　不安全物态分类及识别方法[320]

类别	违章	不违章但引起事故	不违章、未引起事故但高风险
不安全物态	违章的不安全物态	不违章但引起事故的不安全物态	不违章、未引起事故但高风险的不安全物态
识别方法	仅根据规章	根据规章和事故案例	根据规章、事故案例和风险评估

（三）不安全动作和不安全物态作用路径分析

不安全的动作和不安全物态是事故的直接原因，它们彼此也存在相互作用。在事故致因“2-4”模型中，至少有 6 种不安全动作的作用途径[321]。不安全物态可能的作用路径只有 2 种，一是直接导致事故，二是导致不安全动作[293]。

四、间接原因

间接原因代表直接原因的原因，在事故致因“2-4”模型中，事故的间接原因来自个人的习惯性行为，包括安全知识、安全意识、安全习惯、安全心理以及安全生理 5 个方面，属于个人行为方面[301]。人们发出的动作受这 5 方面因素的影响，当这 5 方面出现欠缺时容易产生不安全动作和激活不安全物态。实际应用过程中，事故调查人员依据间接原因的定义，判定事故中产生不安全动作的间接原因[322]。

（一）安全知识

安全知识是指与直接原因密切相关的理论知识、经验、技能的统称，当这一方面的知识不足时，不安全动作与不安全物态的存在可能就会增加，相反，安全知识增加，安全意识就会增加，就会及时重视、消除不安全动作和不安全物态，此外，安全知识增加，安全习惯也会变好，有了好的安全习惯也会减少不安全动作和不安全物态。

安全知识不足导致安全意识与安全习惯不佳，引起不安全动作，进而再导致事故的案例有很多，如有的司机为图方便，不系安全带，正是由于司机不具备这方面的安全知识，安全习惯不佳，当发生事故时，安全带不能起到很好的保护作用，造成伤亡；工人进工厂不戴安全帽，用完电线后，随地乱扔，不及时处理等；都是由安全知识不足或安全意识不强或安全习惯不佳等引起的。

（二）安全意识

安全意识是指与事故发生密切相关的及时发现危险源、及时消除或者处理危险源的能力，安全意识的缺欠可能会导致不安全动作的发生或者激活不安全物态，产生事故的直接原因，进而引起事故发生。一般来说，对于意识的控制，要从知识着手，通过知识控制以达到提高安全意识的目的。

（三）安全习惯

安全习惯是指与事故发生密切相关的平时习惯，即平时的做法。平时习惯不佳也可能会导致不安全动作的发生或者激活不安全物态，产生事故的直接原因，进而引起事故发生。安全习惯形成的关键在于反复训练，同时很大程度依赖于安全知识的增加，安全知识增加，对于安全意识与安全习惯的提升都有很大的帮助。

（四）安全心理

安全心理是指与当次事故发生密切相关的心理状态。

（五）安全生理

安全生理是指与当次事故发生密切相关的平时生理状态。平时的生理状态不佳，也可能会导致不安全动作的发生或者激活不安全物态，产生事故的直接原因，进而引起事故发生。

（六）间接原因之间的作用关系

（1）知识不足引起不安全动作或激活不安全物态。

（2）知识不足引起安全意识不强，意识不强产生不安全动作或者激活不安全物态。

（3）安全知识不足引起安全习惯不佳，安全习惯不佳产生不安全动作或者激活不安全物态。

（4）安全心理、生理状态不佳，产生不安全动作或者激活不安全物态。

（5）分析时需把安全知识、安全意识、安全习惯、安全心理、安全生理的问题充分找到，其中最重要的是安全知识[263]。

五、根本原因

在事故致因“2-4”模型中，事故的根本原因是组织的安全管理体系的缺陷，属于组织行为层面的运行行为，安全管理体系一般由安全方针、组织结构、安全管理程序、作业指导书等组成，且在运行时被充分执行。因此，分析安全管理体系的缺欠时应从安全方针、组织结构、管理程序、作业指导书等几方面考虑[292]：

（1）安全方针的概括性、有效性。

（2）组织结构的有效性。

（3）安全管理程序和作业指导书等的充分性和有效性。

（4）安全管理体系的建立、实施、保持和持续改进状况。

六、根源原因

在事故致因“2-4”模型中，事故的根源原因来自安全文化，安全文化属于组织行为层面的指导行为，是由组织成员个人所表现，为组织成员所共同拥有的安全理念的集合，是组织整体安全工作的指导思想[323]。安全文化是组织层面的问题，但是要使得安全文化能够真正起到降低组织事故率的作用，还需要将安全文化的内容具体化，也就是要找出安全文化的组成元素。傅贵等在加拿大 Stewart 的基础上，并结合我国的实际情况列出了包含 32 个安全文化元素的安全文化元素[324]，见表 10-5。每一条安全文化元素都相互独立，在事故分析时应该识别 32 条安全文化元素的欠缺对事故发生的影响。

表 10-5　安全文化元素表[324]

元素号码	元素	元素号码	元素	元素号码	元素	元素号码	元素
E1	安全的重要度	E9	安全价值观的形成	E17	安全会议质量	E25	设施满意度
E2	一切事故均可预防	E10	领导负责程度	E18	安全制度形成方式	E26	安全业绩掌握程度
E3	安全创造经济效益	E11	安全部门作用	E19	安全制度执行方式	E27	安全业绩与人力资源的关系
E4	安全融入管理	E12	员工参与程度	E20	事故调查的类型	E28	子公司与合同单位安全管理
E5	安全决定于安全意识	E13	安全培训需求	E21	安全检查的类型	E29	安全组织的作用
E6	安全的主体责任	E14	直线部门负责安全	E22	关爱受伤职工	E30	安全部门的工作
E7	安全投入的认识	E15	社区安全影响	E23	业余安全管理	E31	总体安全期望值
E8	安全法规的作用	E16	管理体系的作用	E24	安全业绩对待	E32	应急能力

第三节　事故案例分析应用

一、事故概况及事故性质

2017 年 6 月 5 日凌晨 01 时 00 分，在某物流有限公司装卸区装卸作业期间，一辆液化气罐发生爆炸引起火灾[193]。事故造成 10 人死亡，9 人受伤，15 辆危险货物运输罐车、1 座球罐和 2 座拱顶罐毁坏、6 座球罐着火。

二、事故经过

00 时 58 分 00 秒，某物流有限公司驾驶员驾驶豫 J90700 液化气运输船经过长距离和连续驾驶后，被该公司拦下，准备在卸货口 10 处卸货。下车后，驾驶员将 10 号装卸臂的气-液体快速连接口，连接到车辆卸油口，打开气阀对油箱加压，将油箱压力从 0.6 MPa 增大到 0.8 MPa 以上。

00 时 59 分 10 秒，驾驶员中途打开了油箱的液阀，液体连接喷嘴突然断开，大量液化气被迅速注入并扩散，现场作业人员未能有效处置，导致液化气泄漏长达 2′10″。

01 时 1 分 20 秒，泄漏的液化气和空气形成爆炸性混合气体，遇到点火源爆炸，事故车辆和其他车辆的储罐连续爆炸。液化气球罐区、异辛烷罐区、废弃的加油车、工厂走廊、控制室、值班室、实验室和该区域中的其他地方先后着火。

该事故的整个过程可以根据其时间轴划分为3次连续事件：①肇事罐车驾驶员操作失误导致液化气泄漏；②现场人员未及时处置致使泄漏持续2分多钟直至遇到点火源发生爆燃；③爆炸导致不符合设计规范的控制室墙体倒塌。此外，整个事件中不恰当的应急救援导致了事故影响扩大、结果损失加重。

三、直接原因

（一）不安全动作

不安全动作是指导致事故或对事故发生有重大影响的动作，有直接导致事故的不安全动作，组织内其他人员的不安全动作也会影响事故或事件。通过分析本事故发现存在的不安全动作见表10-6。

表10-6　爆炸事故不安全动作分析

编号	动作发出者	具体内容
A_1	肇事司机	长途奔波、疲劳驾驶
A_2		在卸载过程中，快速装载接口和油罐车的排液管线之间的连接可靠性不足
A_3	物流公司管理人员	唐某安排陈某回家休息，自己实施卸车作业
A_4		没有动态监控实际管理的公路运输车辆
A_5		未对道路危险货物运输和卸货管理人员进行监督
A_6	其余3名驾驶员	出现泄漏险情时未正确处置及时撤离
A_7	公司管理人员	指挥非法施工队伍开工建设
A_8	当班操作工人	未及时发现肇事司机的误操作和对其制止
A_9	现场员工（司机、特种设备管理和操作人员）	未佩戴自给式空气呼吸器
A_{10}		泄漏后未能及时关闭紧急切断阀和球阀

（二）不安全物态

不安全物态包括事故固有的不安全状态、不安全行为引起的不安全状态和习惯性行为激活的不安全状态。通过分析事故调查报告及相关资料发现存在的不安全物态见表10-7。

表10-7　爆炸事故不安全物态分析

编号	类别	具体内容
B_1	作业环境	10余辆罐车同时进入装卸现场，装卸区安全风险偏高
B_2	防护用具	没有足够的应急设备，设备和用品
B_3	设备设施	控制室墙体的材料不符合设计要求
B_4		值班室内长期使用的非防爆电器

（三）不安全动作和不安全物态作用路径分析

不安全的动作和不安全物态是事故的直接原因，彼此之间也存在相互作用。案例中员工和管理人员都是不安全动作的发出者。3个连续事件中的不安全动作和不安全物态按照影响事故的时间顺序及逻辑关系进行分析，分析结果如图 10-7 所示。不安全动作和物态仅由数字代替，具体内容详见表 10-6 和表 10-7。

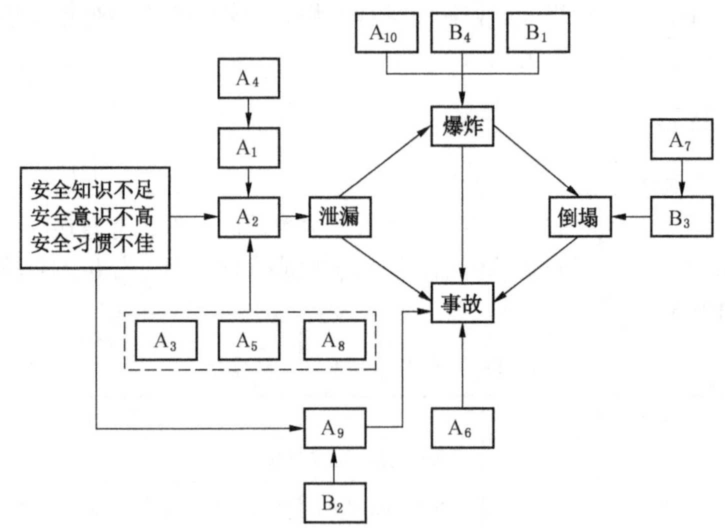

图 10-7　不安全动作和不安全物态作用路径

1. 引起泄漏事件的不安全动作和不安全物态作用路径分析

泄漏事件的最直接原因是肇事司机卸车作业时，对快装接口与罐车液相卸料管连接可靠性检查不到位（A_2），致使其在向罐体充压的过程中液相连接管口，突然脱开，从而发生泄漏。对不安全动作（A_2）产生的原因进行逻辑分析，得到以下 3 个可能的原因：

（1）原因 1：未合理组织作业时间，某物流公司未对肇事车辆进行动态监控（A_4），致使司机长期作业、疲劳驾驶的违规行为（A_1）未能及时得到制止，由于生理状况不佳而导致的不安全动作（A_2）。

（2）原因 2：特殊设备的管理和操作人员没有资格，并且未经认证就上岗工作。32 人中只有 3 人获得特殊设备操作员资格，同时，上岗后因对驾驶员的装卸安全教育培训不到位（A_6），导致司机自身安全知识不足、安全意识不强和安全习惯不佳，从而导致不安全动作（A_2）产生。

（3）原因 3：缺乏有效的监管，押运员提前回家（A_3）、无装卸管理人员监督（A_5）、当班操作工未能有效监督（A_8），从而导致不安全动作（A_2）产生。

2. 引起爆炸事件的不安全动作和不安全物态作用路径分析

爆炸事件的最直接原因是泄漏液化气与空气混合形成的爆炸性气体遇到值班室使用的非防爆电器产生的点火源形成爆炸，即爆炸性气体和点火源发生反应产生爆炸，其中爆炸性气体产生的原因是事发现场员工在液化气泄漏后未能及时关闭紧急切断阀和球阀（A_{10}），导致液化气泄漏 2 分 30 秒最终形成爆炸性气体，另一方面，控制室违规使用的非防爆电器（B_4）提供了点火源，最终发生初次爆炸，爆炸形成的冲击波和火源导致停车场停放的其他 10 余辆罐车（B_1）产生更加剧烈的爆炸，从而产生一系列的连环爆炸。

3. 引起倒塌事件的不安全动作和不安全物态作用路径分析

倒塌事件的最直接原因是由于爆炸产生冲击波，另一方面是由于该物流公司指挥非法施工队伍开工建设（A_7），导致控制室墙体的材料不符合设计要求（B_3），最终控制室墙体受到冲击波压力倒塌，并导致控制室 1 名员工死亡。

4. 导致事故损失扩大的不安全动作和不安全物态作用路径分析

发生泄漏以后，现场员工未佩戴相应的防护用具（A_9），导致几名员工窒息昏迷，一方面是由于公司对员工的安全教育培训不到位（A_6、A_8）导致员工安全知识不足，平时作业过程中未养成佩戴防护用具的习惯，意识不到液化气泄漏的危险；另一方面是由于现场的应急装备、器材和物资配备不足（B_2），不能满足应急需要。由于公司对员工应急处置教育培训不到位（A_8），其余 3 名在场司机在发现液化气泄漏和员工受伤以后未正确处置及时撤离（A_6），从而导致 3 名司机和受伤员工全部死亡，导致事故损失扩大。

四、间接原因

间接原因代表直接原因的原因，包括与直接原因相关的知识，意识，习惯，心理状态和生理状况的 5 个方面中的一个或多个方面，这 5 个方面是平时或日常（事故发生时刻之前，下同）存在的，可以理解为习惯性行为。它们的状态是由组织的安全管理体系产生的。直接原因分析见表 10-8。

表 10-8　爆炸事故间接原因分析

间接原因具体分析	间接原因类型
1. 在极度疲惫状态下，生理状态不佳导致违规作业	安全生理不佳
2. 严重疲劳状态下驾驶员操作中出现严重错误	
1. 不良的安全习惯导致司机卸车时没有仔细检查	安全习惯不佳
2. 员工长期未佩戴呼吸器形成了不良安全习惯	
1. 管理人员没有意识到连续作业会导致员工疲惫，从而产生不安全动作的风险	安全意识不佳
2. 司机没有意识到遵守操作规程的重要性	
3. 员工未意识到液化气吸入和爆炸的危险	
4. 员工没有意识到佩戴呼吸器的重要性	
5. 现场员工安全意识较差，无法及时做出反应	
6. 管理人员缺乏对使用防爆电器重要性的认识	
7. 管理人员缺乏对房屋安全强度重要性的认识	
8. 管理人员没有意识到夜晚作业时，会导致员工注意力不集中、疲倦从而出现操作失误	
9. 管理人员没有意识到应急装备、器材和物资配备不足在紧急情况下会影响救援	
10. 管理人员没有意识到上岗资质的重要性	

表 10-8（续）

间接原因具体分析	间接原因类型
1. 员工缺乏相应的应急救援安全知识	安全知识不足
2. 员工缺乏安全作业相关知识	
3. 现场员工缺乏相应的应急救援安全知识	
4. 管理人员缺乏电气防爆的安全知识	
5. 管理人员缺乏与建筑结构设计有关的安全知识	
6. 管理人员缺乏对安全投入知识的理解	
7. 管理层缺乏与特种作业资格相关的安全知识	

五、根本原因

事故致因“2-4”模型的根本原因是指事故引发者所在的组织中安全管理系统缺欠。组织的安全管理体系，可以是根据 GB/T 45001—2020 等标准制定的，包括安全方针（安全工作说明），安全管理组织结构和安全管理程序等，可由组织自然形成。安全管理体系的工作过程是组织的一般行为，即运行行为。安全管理系统是组织规则，在组织内部有效，根本原因分析见表 10-9。因此，在分析安全管理体系的缺陷时，应考虑安全政策、组织结构、管理程序、操作规程等方面：①安全政策的概括性和有效性；②安全管理程序和作业指导书的充分性和有效性等；③建立、实施、维护和持续改进的安全管理体系。

表 10-9　爆炸事故根本原因分析

根本原因具体分析	根本原因类型
1. 未确立类似“安全第一”的安全方针	安全方针无效
2. 未建立安全生产教育培训程序	安全管理程序无效
3. 未配备专门的危险货物运输装卸管理人员	组织结构无效
4. 未严格制定规范的危化品装卸管理程序	安全管理程序不充分
5. 未依法建立专门应急救援组织	组织结构无效
6. 未定期组织从业人员开展应急救援演练	缺乏安全管理体系
7. 未建立评估特种作业人员考核制度	缺乏安全管理体系
8. 未确定危害识别，风险评估和管理措施	缺乏安全管理体系
9. 未按规定制定有针对性的应急处置预案	作业指导书不充分

六、根源原因

事故的根源原因是组织层面的安全文化欠缺。安全文化是组织安全工作的指导思想，安全文化影响组织的安全管理体系，从而影响组织成员的习惯性行为，最终影响行为和物态，良好的安全管理体系要求组织具备良好的安全文化支撑。

根据安全管理系统缺欠的内容对照安全文化元素表，给出了具体缺欠的安全文化元素，即根源原因。根源原因分析见表10-10。

表10-10　根源原因分析

安全管理系统缺欠内容	安全文化缺欠元素（序号）
未确立类似“安全第一”的安全方针	E1、E4、E16
未建立安全生产教育培训程序	E1、E5、E6、E7、E9、E30
未配备危险货物运输装卸管理人员	E1、E4、E7、E10、E30
未严格制定规范的危化品装卸管理程序	E1、E4、E8、E30
未依法建立专门应急救援组织	E1、E7、E8、E11、E22
未定期组织从业人员开展应急救援演练	E1、E6、E7、E12、E30、E32
未建立特种作业人员上岗资质考核制度	E1、E4、E8、E16、E30
未制定危险源辨识、风险评价和控制措施	E1、E4、E16、E30
未按规定制定有针对性的应急处置预案	E1、E6、E30、E32

通过对照根本原因即安全管理体系缺欠的分析结果可知，在本案例中，安全文化存在以下不足的元素序号如下：E1、E4、E5、E6、E7、E8、E9、E10、E11、E12、E16、E22、E30、E32。

七、事故致因链

通过对该危化品运输爆炸事故案例的分析，可从直接原因、间接原因、根源原因、根本原因方面识别出了该物流公司组织和个人层面存在的事故致因因素，为了更加清楚地显示整个事故过程的因果关系，图10-8描述了完整的事故致因链。

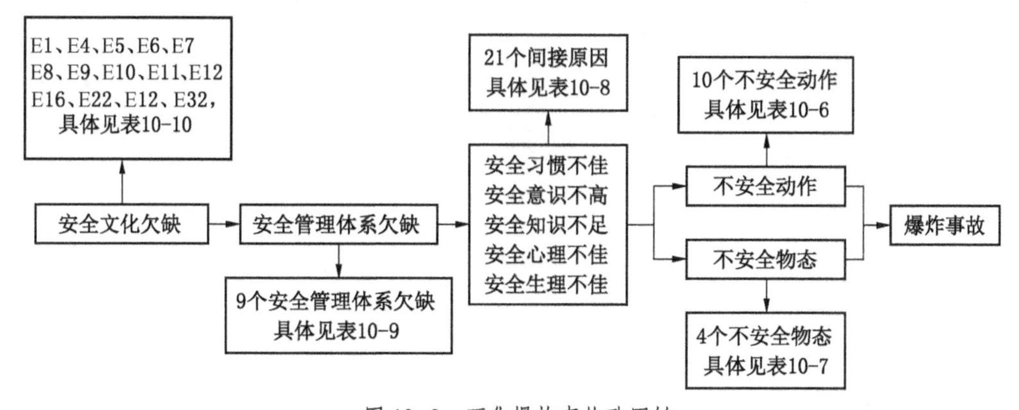

图10-8　石化爆炸事故致因链

八、事故分析结果

从个体层面来看，导致事故发生的最直接原因是肇事司机未将装卸臂快接口上的2个定位锁止扳手闭合，致使快接接口与罐车液相卸料管未能可靠连接，从而导致液化气泄漏；间接原因是现场人员由于应急救援知识不足以及安全意识较差，未能及时关闭泄漏罐车紧急切断阀和球阀和组织人员撤离，导致泄漏持续2分10秒，此外，由于组织成员安全习惯较差，平时疏于隐患排查，致使控制室使用非防爆电器的情况长期存在，最终产生点火源与泄露的液化气接触产生爆炸、倒塌。

从组织层面来看，公司作为责任主体，应确保组织成员安全生产。然而，该物流公司公司违规将安兴货物运输有限公司所属40辆危险化学品运输罐车纳入日常管理，成为实际控制单位，却未对其进行严格实时监管，安全生产实际管理职责严重缺失，为事故的发生奠定了基础。另外，未依法建立专门应急救援组织，应急装备、器材和物资配备不足，预案编制不规范、针对性和实用性差等安全系统缺欠为事故发生后的安全救援埋下了安全隐患。最主要是该公司安全文化存在缺欠，如领导的负责程度、缺乏对安全重要性的理解等，最终所有的因素相互作用导致了事故的发生。

综上所述，事故致因“2-4”模型是基于行为安全的事故致因模型，运用事故致因“2-4”模型进行事故原因分析时，需要确定分析的组织，并分别对各个组织的4个阶段原因进行分析。从事故开始，向后找到事故造成的生命健康方面的损失、财产损失和环境破坏，向前找到事故的直接原因、间接原因、根本原因和根源原因。此外，事故致因“2-4”模型的理论依据是组织行为学原理，有着严谨的逻辑和分析思路，对于事故分析有着重要的作用。

第十一章 FRAM 模 型

第一节 发展及研究现状

一、开发背景

（一）传统线性思维的局限性

在人类社会最初的普遍认知中：往往会认为事情的发展是循序渐进、一步一步进行的。在这种情况下，人们也就认为，一起事故的发生也是在经过特定的步骤一步一步造成特定的后果，这样思考问题的逻辑以及角度，就是线性思维方式[21]。

线性思维认为事件是逐步发展的，即一个动作或事件是另一个动作的结果，这是很自然的，几乎是不可抗拒的。但随着人类认知逐步提高，越来越多研究表明，即使是在控制相对良好的环境中，也可以发生后果严重的事故。此外，这些事故会涉及多种序列，这些序列可能是相互交错、串联或者并行发生。在这种情况下，最初可以应对简单线性故障的组织，往往无法处理这种多个或复杂故障的情况。因此，为了应对更复杂的系统、处理更复杂的事故，事故调查、风险评估和安全管理都必须超越简单的线性思维，并超越简化的条件和行为类别。在此基础上，复杂线性思维被提出。

复杂线性思维认为，引起事故的序列是复杂的和相互作用的，几十年后的瑞士奶酪模型也有同样的思维[325]。人们逐渐认识到，要深入理解安全，就不能再依赖简单的因果关系序列去解释过去和未来的风险，而是需要技术、心理、组织、环境和时间因素等各方面综合。在此基础上，发展了多种包含多个序列和潜在条件的模型和方法。尽管复杂线性思维已经在简单线性思维基础上进一步拓展，但其基础仍然是暗示顺序和因果关系的线性思维[14]。

（二）社会系统复杂化

随着科学技术不断进步，维持社会技术系统正常运行不能只依靠简单的设备和人员组合搭配。系统中人员之间的协调合作、人员与设备之间的相互作用与影响以及设备与设备之间的交互运转造成了系统的日渐复杂性。利用现有的线性思维方式建立的模型方法来应对这类社会技术系统时，往往不够全面。

社会技术系统的复杂性体现在很多方面，交互复杂性尤其突出。系统之间可能存在复杂的相互作用，导致其运行过程无法被彻底计划、理解、预测或防范。此外，大部分人很难理解某些系统的运行，甚至有时都不能获取其潜在行为的信息。还有超出人们智能管理能力的系统，这种系统的交互复杂性和耦合性使设计人员难以考虑所有潜在的系统状态，操作者也难以安全地处理所有正常和异常情况。

在过去的几十年中，系统安全和风险分析越来越关注系统的复杂性，并进一步聚焦于复杂系统的故障和潜在的社会技术因素。社会技术系统意味着 2 个相互关联的子系统：社会和技术系统，并与个人、团体、程序乃至整个组织相互作用，影响日常和长期运行的活动。这些不可忽视的紧密交互，意味着日后的安全工作需要整合不同任务和过程的分析，掌握其中的交互规律，而不是简单地减少系统的复杂性和非线性。

（三）系统输出失效的涌现性

多个要素组成系统后，出现了系统组成前单个要素所不具有的性质，这些性质并不存在于任何单个要素当中，而是系统在低层次构成高层次时才表现出来，这就是涌现性[326]。一个合成系统可以用其组成部分产出的总和或乘积来表示，在具有涌现性的系统中，组件相互之间的输出和由此产生的系统行为基本上是不同的。从这个角度来理解，安全只能在整体范围内确定，而事故的发生被认为是涌现现象。例如，一架飞机执行着陆的试点程序或许在一种情况下是安全的，但在另一种情况下可能不安全。涌现性是社会技术系统的一个新兴性质，出现在组件、子系统、软件、组织和人类行为之间的相互作用中。在涌现性思维下，系统的安全性可以被视为组件之间相互作用动态模式功能[327]。因此，结合涌现性思维，人们可以将安全性视为控制问题，通过对组件之间的行为和相互作用施加约束来控制系统的涌现性，控制目标是执行安全约束。然而，涌现性的行为很难预期，其结果也可能只是瞬间现象或条件，只存在于特定的时间点和空间之中。例如，某些事故只会在特定的环境条件和人员或设备的特定状态下才会发生。

（四）功能共振方法的提出

事实上，随着社会技术系统的不断复杂化，涌现性等新型属性被发现，人们已经意识到，自己面对的是复杂的、异质的世界。无论是简单的线性思维，还是复杂的线性思维，都不足以描述复杂的社会技术系统。因为在大多数情况下，基于线性推理的推理或解释是不确定的。而解决这个问题的办法就是放弃线性推理，考虑非线性系统模型。目前，有许多支持非线性模型的论据，这些模型已被用于许多其他领域，如生物学和气象学。非线性模型的最著名的例子可能是混沌理论，它在处理复杂性上非常有用[328]。为了理解事故的性质，可以使用一个更简单的概念，即随机共振。

共振概念最早由 Benzi，R. 等研究气象冰川问题时提出[329]，后来广泛出现在物理、电气和机械等领域。共振概念可理解：当外界对系统产生的频率接近或等于系统正常运行的频率时，系统会同步产生一个相对较大的选择性响应[330]。可用于描述一种现象——非线性系统中内噪声或外噪声的存在可以增加系统输出的响应。在一个双稳态系统中，同时输入信号和噪声，当噪声强度接近某一频率时，信噪比会因为共振使得信噪比输出信号显著增强，部分噪声的能量会变为有用的信号，即存在某一最佳输入噪声强度频率，使系统产生最强的输出信噪比，使最初被掩盖的噪声信号突显出来，从而达到改善信号检测性能的目的。

随机共振是指无规则的噪声与弱信号混合而引起声信号增敏的一种现象，而功能共振正是基于随机共振发展而来。功能共振是指某一功能性能发生变化时导致其他功能“正常”变化，在相互作用下超出了系统界限的突变现象[331]。复杂社会-技术系统由很多子系统和组件构成，其自我调节能力会使得系统内的人员、组织和技术等要素会在某一个正常范围内发生变化。但当一个或多个子系统的功能变化超过正常的界限，与其他要素发生耦合作用，就很可能导致事故的发生。

基于功能共振的概念，Hollnagel，E. 提出了描述了社会技术系统的功能和活动的FRAM 模型方法。FRAM 方法的作用不是仅仅对其结构进行建模，而是通过对作为系统正常运行中的非线性交互进行建模并通过功能之间的相互耦合产生的涌现性表示来表示系统的动态性能。

二、模型原理

（一）成功与失败等价原理

在以往对事故或风险原因进行分析时，人们习惯性地将系统分解成一些组成部分，对不利结果的解释就是组成部分发生了故障从而导致了事故，这是传统方法的假设，即运行成功和失败来源于不同的原因，如两种结果有两种完全不一样的原因。但换个角度看，成功和失败都来源于适应性，组织和个人通过适应性来处理系统的复杂性。只是成功取决于人们预测、识别和管理风险的能力；而失败是由于缺少这样的能力。从弹性工程角度分析，成功是指在面对风险和严重的情形时做出的适当行为，失败是指临时性或永久性缺乏这种能力的结果，而不是正常系统功能的一种故障[332]。

FRAM 借鉴了弹性工程的理念，从不同的角度对这个问题进行了阐述，认为运行成功和失败以相同的方式发生，即 2 种结果的潜在原因是一样的，相同的机理导致预期的结果或事故，这就是成功与失败原理。

（二）近似调整原理

如前面所提及，许多复杂社会-技术系统只有部分能被描述和预测，描述的部分也不具体，而且作业的实际情况条件并不能达到预期的效果。为了完成作业（执行系统功能，满足系统需要），必须要在已有条件下（时间、人力、信息、资源等）对作业进行适当调整。这些调整可能涉及人、团体或组织层面。然而，由于资源的有限，这样的调整不可避免地存在偏差。

融入近似调整原理的 FRAM 模型，说明了系统中行为变化是正常且必要的，也解释了为什么系统有时候运行成功，有时候运行失败。该原理认为人员不断地调整行为应与实际情况相适应。由于系统的实际情况无法被完全地描述，并且系统中的资源也是有限的，为了满足系统的需求，必须根据系统实际情况来适当做出调整，这样的调整只是近似的，并非非常严格准确的。

（三）涌现原理

涌现性原理认为事故是系统微小变化涌现的结果，而不是合力的结果。在实际的情况中，日常的行为变化通常不会产生不利的影响，这种变化并不会受到关注。一旦这些变化以不期望的方式相互耦合，进而影响系统时，便会导致意外发生。这种变化便被认为是“故障”或“偏差”。导致不成比例的影响，即非线性影响。非线性影响有 2 个特点：“因”与“果”之间没有比例关系、影响不能用因果思想（线性思想）来解释。因此，在FRAM 模型中的涌现原理所体现的耦合作用能从微小的变化中发现可能导致的不利结果，即正常行为的微小变化很少大到引起事故的发生，而众多的微小变化以一种不期望的方式结合在一起，就可能导致事故发生。

（四）功能共振原理

一系列功能变化可能引起共振。例如某功能变化加强会引起另外功能的变化超过正常的界限。这种影响通过紧密的耦合作用传播，可以理解为功能正常变化的共振，即功能共振。这种共振强调的是动态性，不是简单的因果联系。功能共振认为非因果（涌现）和非线性（不成比例）是可预测、可控的。若干功能的变化可能导致共振，如果一些功能的变化超过了正常的限值，这种影响将会导致事故的发生。就桥梁而言，共振就很可能导致倒塌。历史上有很多这样的例子，从迪伊大桥灾难（1847 年）到 1940 年塔科马海峡的吊桥坍塌，再到 2007 年的 I-35W 密西西比河大桥的垮塌，都是由共振引起。

包含功能共振原理的 FRAM 模型认为，系统一些功能的变化可能会同时发生并相互之间作用，这种情况下可能导致一个或多个功能产生大的变化（好或不好的结果），这种功能之间传播的方式与共振现象类似。

本节提出了构成 FRAM 概念基础的 4 个原理，是失败和成功等价原理、近似调整原理、涌现原理和功能共振共振的原理。这 4 个原理既总结了传统线性思维下模型方法的缺陷，也指出了 FRAM 模型以及今后事故分析模型应关注的重点。当线性模型方法的能力逐渐不足以去处理复杂的社会技术系统时，就要重新考虑模型的适用性。即安全模型和方法必须超越简单的线性因果关系。

三、研究现状

（1）航海、海运领域：Salihoglu，E. 等考虑了 FRAM 在航运业务定性风险分析中的应用，采用 FRAM 方法对海上漏油事故进行分析。通过分析结果，试图确定事故背后的事件的变异性，并提出了检查建议。根据研究结果发现，对系统运行有一致看法的本质，以及 FRAM 是加强船舶事故风险分析不可或缺的一部分这一事实[333]。

（2）模型理论研究：Patriarca，R. D. 等收集来自多个科学存储库的 1700 多份文件，并通过 Prisma 审查技术的协议进行了审查，旨在揭示 FRAM 研究的一些特点。此外，还在方法论、应用领域、质和定量的增强等方面对 FRAM 发现方法进行了探索，并提出了未来研究的潜在方向[334]。Bjerga，T. 等提出了几种系统思维方法来理解和建模复杂的社会技术系统和潜在事故，包括系统理论事故模型和过程与相关的危险分析方法系统理论过程分析（STPA）和功能共振分析方法（FRAM）[335]。王仲等通过对功能共振分析方法理论以及基本原理的梳理，从系统分析的角度明确了该方法的应用类型、运用文献综述的方法将 STEP 与 FRAM 结合起来作为系统功能识别的具体方法、利用一致性与完整性检验来完善功能网络图的构建、根据系统失效来确定功能之间的共振，确定了改进后的功能共振分析方法具体应用步骤及分析过程[336]。

（3）航空领域：李耀华等综合考虑系统安全性分析功能间的时间、控制、资源、前提等影响，更加细致地分析影响系统安全运行的因素，建立了全面且规范化定量化安全性分析模型。运用功能可变性描述规则（RFV）、层次分析法（AHP）对功能共振分析法（FRAM）进行改进，建立民机系统安全性综合分析模型。使用模型还原 143 号班机安全运行所需条件，分析得出应重点防范的耦合变异与功能失效，且扩展了原事故调查报告结论，表明了该模型的可行性，提出的理论模型可为航空公司在运营系统安全性方面提供理论参考和技术支持[337]。利用改进后的功能共振事故模型（FRAM）对公务航空飞行事故进行系统和量化分析。建立了功能共振事故模型，通过层次分析法（AHP）对功能模块上游功能输出和下游功能输入端的表型进行量化分析，根据权重识别上下游主要的表型，从而找到功能模块间的失效连接，确定事故主要原因[338]。

（4）煤矿领域：为提高煤矿重大事故致因分析的准确性，通过利用 STEP 模型对现有的 FRAM 系统理论模型进行改进来对煤矿重大事故进行致因分析。结果表明，改进后 FRAM 模型共发现 6 处导致案例事故发生的关键失效链接，包括下达生产任务和安全生产之间失效连接，维修设备和通风、瓦斯监测之间失效连接等。最后，根据失效连接制定相对应屏障措施来保证对重大事故的控制[339]。

（5）铁路领域：为预防铁路危险品运输事故，基于功能共振分析法（FRAM）分析铁路危险品运输系统风险-事故演化机制，进而研究对应控制方法[340]。应用 FRAM 方法构建了生产安全系统功能图和“8·12”事故系统功能图，辨识了系统要素功能变化，研究表明该起事故是系统多要素功能连接失效、缺失共振作用的结果[341]。

FRAM 模型在国外的航空航天、航海和核能源等领域的事故分析取得了良好的应用，可用于事故分析、风险分析、系统设计，指导使用者构建功能网络图，描述系统功能结构。

第二节 具 体 内 容

一、模型思想

系统内的因素并非绝对稳定，常存在正常的波动。单一因素性能波动可能是正常的，但运行环境的性能波动是由很多因素的性能波动共同组成的，如同共振现象，当运行环境的性能无规则波动附加到某一因素正常波动的性能时，就会引起系统功能的共振，加剧要素功能的波动，耦合结果导致重大的事故发生。与传统的事故致因模型不同，FRAM 模型关注的是系统要素的功能而不是要素本身。

FRAM 模型是一种基于系统论的事故分析模型，可以有效地研究系统涌现性，其所提出的功能共振被认为是典型的涌现现象，这种共振现象主要是由复杂的社会技术系统中功能的性能变化造成的巨大影响。

二、模型组成

据上述思想，Hollnagel 提出了输入、输出、前提、资源、控制和时间 6 个维度来表征系统中某一活动要素的功能，如图 11-1 所示，并基于此建立功能共振事故致因模型（Functional Resonance Analysis Method，FRAM）。

对于上述模型各部分含义如下：

（1）输入（I），触发动作。启动功能的事物或功能将要处理或转化的事物，构成与之前功能的连接；对一个功能的输入传统上被定义为由该功能使用或转换以产生输出的输入。输入可以表示物质、能量或信息，输入可理解为开始做某事的许可或指令，而且必须

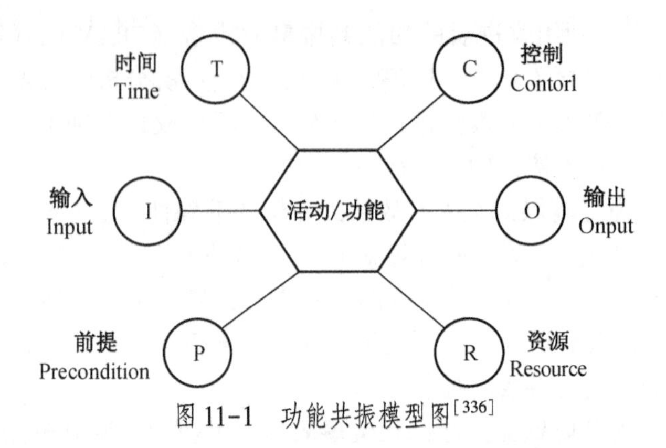

图 11-1　功能共振模型图[336]

是功能可以检测到并认可的。虽然字面上可理解为数据，但实际上输入是一种信号，表明功能可以开始。

（2）时间（T），影响功能的时间约束（与起始时间、结束时间和持续时间有关）。可看作是功能一种约束，也可以看作一种特殊的资源；功能的时间特征表示时间对功能执行产生影响的各种方式。时间（确切地说应该是时间关系）可以视为控制的一种形式，如当时间表示顺序条件时，也可视为是一种控制。如果一个功能必须在另外某个功能之前、之后或并行执行（或完成），那么这些功能之间就存在时间关系；时间也可能只与单个功能相关，这样的功能要么与时钟时间相关，要么与实测时间相关。

（3）控制（C），功能是如何被监控和控制的。控制或控制输入是指为了得到预期输出而对功能进行监控或调整的事物；控制对与功能相关的动作进行立即检查，监督或调整功能，可以是计划、程序、准则、自动控制系统或其他功能；控制或控制输入，是指监督或调节功能以产生所需输出的输入。控制可以是一个计划、一个时间表、一个程序、一套指导方针或指令、一个程序（一个算法）、一个“度量和正确的”的功能等。所有的功能都必然具备某种控制，要么是内部固有的，要么是外部提供的。

（4）输出（O），是功能运行的结果，输出构成后续功能的连接，可以代表物质、能量或信息，后者是已发出的命令或决定的结果；输出可以看作是表示系统状态或一个或多个输出参数的状态变化。

（5）资源（R），是功能执行需要或过程中消耗的输入。资源可以代表物质、能量、信息、能力、软件、工具、人力等。原则上，时间也可以被视为一种资源，但由于时间有一个特殊的状态，它被视为一个单独的方面。由于在功能执行过程中只有资源是会被消耗掉的，因此有必要对资源和执行条件进行区分，二者的区别在于：资源被功能所消耗，其数量会随着时间推移而减少；而执行条件不会被消耗，只要功能运行时存在或满足即可。前提与执行条件的区别在于前者只在功能启动前需要，在功能运行期间不需要。判断某事物应被视为资源还是执行条件的实用标准，是看其是否会随着功能的执行而减少，或者看其能否视为稳定不变的，即数量上或是质量上的改变是否可忽略不计。如果数量上有改变则视为资源，如果质量上有改变则视为执行条件。

（6）前提（P），系统在执行功能前必须存在的先决条件，这些先决条件可以被理解为必须是真实存在的系统状态，或者是在执行功能之前应该进行验证的条件。为避免读者混淆前提和输入，以飞机从登机口滑行至跑道这一过程为例进行说明。当飞机滑至跑道后，必须在道外等待线处等候空中交通管理部门发布起飞许可，未获许可，飞机不得起飞（除非飞行员违反操作规程）。这个许可相当于是输入，因为一旦获得许可，飞机就立刻起飞；但如果该许可被视为前提，就意味着飞机起飞前必须等候许可，并且还得有其他的（输入）信号来启动起飞这一功能，因此将该许可理解为输入较为合理。本例中，飞行员在起飞前必须完成起飞前检查，然而完成检查尚不能允许起飞，仍然需要等待空管部门发出许可，因此起飞前检查被视为前提，而不是输入。总而言之，前提就是在功能执行之前必须处于“真”的状态，但前提本身并不是启动功能的信号，只有输入才可以启动功能，这个规则可用于确定一个事物究竟应该描述为输入还是前提。

三、模型功能

FRAM 模型既可以用于关注已经发生过的事情的事故调查分析，也可以应用于对未来可能发生的事情的风险评估。FRAM 进行事故分析或风险评估时的目的可从 4 点解释：①第一步旨在详细描述事件而非笼统的介绍任务活动，识别正常运行所必需的功能，这些功能是 FRAM 模型的组成部分；②描述这些功能的可变性，这应该包括模型中功能的潜在可变性，以及模型实例化中功能的实际可变性；③考虑特定的模型实例，以了解功能的可变性是如何耦合的，并判断这些耦合是否会导致不期望的输出；④针对第 1 步到第 3 步中失控的变化制定措施，对可能发生的情况进行管控。

1. 事件调查

FRAM 用于事件调查：

（1）调查对象事件的相关信息对于上述第 1 步既有帮助，但同时也有阻碍，这些事件信息可以作为功能识别时的资料参考，但也可能会妨碍分析的进行，因为人们很难忽略实际已发生的事情而把注意力集中于本应发生的事情。

（2）上述第 2 步也会受到类似的影响，事件信息可以显示出功能变化的一种可能方式，但这也限制了启发式分析能力。

（3）对于第 3 步，实例是已发生的事故，而 FRAM 提供了一种方法，可将该实例视为日常行为的变化，而不是一个特殊事件。

（4）第 4 步中，调查对象事件相关信息依然会有所帮助，但是要注意，分析目的是确保可以管控行为变化，而不仅仅是防止这种事件再次发生。

2. 风险分析

FRAM 用于风险评估：

（1）第 1 步是确定分析范围和描述细节程度，这也是对分析系统对象边界的初步描述，对第 2、3 步都会非常重要。

（2）第 2 步应当收缩对可能情境的考虑。以便详细具体地确定实例以及期望的实际变化，但是，与传统的风险评估自底向上（扩展初始事件或事件集）的方式不同，基于 FRAM 的风险评估是自顶向下的，因为它是从建立模型开始，有了模型才去选取具体情境。

（3）第 3 步中，考虑范围继续收缩，内容进一步细化，分析行为变化结果怎样以功能共振的形式进行交互；

（4）第4步则鼓励考虑如何检测或监测潜在的破坏性行为变化，以及如何控制或抑制使用。

四、具体分析步骤

结合上述模型思想及功能，总结出FRAM分析事故（进行风险评估）的主要分析步骤[21,326]：

（1）确定建模的目的（事故调查或风险评估），描述功能情况进行分析。

FRAM的第一步是识别系统日常运行所需的所有功能，从而能够详细的描述系统是如何完成任务的。在识别功能的过程中，可以通过任务分析来描述任务、辨识刻画一个或一组特定任务的基本特性，对于较复杂的层级结构，则可通过层次化任务分析（Hierarchical Task Analysis，HTA）对其进行逐层分解，从而对系统的各个任务进行详细的描述。

FRAM处理的是实际发生的事情，或者已经发生的或可能发生的事情，但并不是正在发生的或假定发生的事情，所以当进行事故/风险分析时，功能指的是活动而不是任务。待分析事件通常表示为导致结果的一系列操作，在这种情况下，可以根据时间顺序，假设每个步骤或动作都对应于一个功能，至少是作为一个起点。

（2）确定系统功能以及每个功能特点。

每个功能由6个基本参数确定，如图11-1所示。为了更简洁明了分析事故，可将每个功能及其6个基本参数制成功能描述见表11-1。

表11-1 FRAM功能描述

功能名称	该活动具体名称
描述	对该活动进行描述解释
方面	方面描述
输入	若存在，请描述；若无，则写没有描述
输出	若存在，请描述；若无，则写没有描述
前提	若存在，请描述；若无，则写没有描述
资源	若存在，请描述；若无，则写没有描述
控制	若存在，请描述；若无，则写没有描述
时间	若存在，请描述；若无，则写没有描述

（3）评估系统功能的潜在变化，考虑正常和可变性的最坏情况。

方法的第3步的目的是对组成FRAM模型的功能的变化特性进行描述，此处的变化包含了实际存在的变化和潜在的变化。通过对系统变化的特征描述，为之后的分析变化的耦合情况提供基础。为了研究功能的性能变化，FRAM分析方法提出了对功能变化的识别的2个步骤：第1步是识别不同类型的功能的变化；第2步是识别行为变化的表现形式。

对于系统功能可变性均来自输出，主要分为以下3类：

① 输出的可变性可以是功能本身的可变性的结果，即由于功能的性质。这可以被认

为是一种内部或内源性的变异性。

内部变异性可从 3 个方面（技术、人员和组织）体现：对于技术而言，可能因为难以掌握技术的内部运行机理而导致行为变化的产生，由技术功能的引起的内部变异数量较少，变化可能性低。对于人员而言，可能因为生理或心理因素导致功能发生变化。生理因素包括疲劳和压力（工作负荷）、作息规律、体质好坏（是否有疾病）、各类生理需要（与输入或输出相关）和暂时性残障等；心理因素包括诸如特性、偏爱、判断启发、决策启发、解决问题的形式和认知形式等。由人员功能引起的内部变异数量较多，变异可能性更多。对于组织而言，行为产生变化的原因很多，例如沟通的有效性、职权梯度、信任、组织发展历程和组织文化等。由组织功能引起的内部变异数量较多，变异性更多。

② 输出的可变性可能是由于工作环境的可变性，即执行功能的条件。这可以被认为是一种外部的或外源性的可变性。

外部变异性也可以从技术、人员、组织 3 个方面体现：技术功能的行为可能因为维修不当而发生变化，还有周围使用环境、传感器失效，过载、超速、过压和不恰当使用等，由技术功能引起的外部变异可能性较低。对于人员行为，技术方面和组织方面是其发生变化 2 个主要的外部来源，其他来源包括社会因素，例如其他人员或组织，社会因素又包括团队压力、潜规则等，由人员功能引起的外部变异性数量较多，可能性较高。对于组织，主要的影响是运行环境，包括实际环境、法律环境和商业环境。由组织文化引起的外部变异性数量较多，变异可能性较低，但影响幅度较大。

③ 输出的可变性最终可能是受上游功能影响的结果，包括前提的上下游耦合、资源的上下游耦合、时间的上下游耦合、控制的上下游输出以及输入输出的上下游耦合。这种耦合是功能共振的基础。它也可以被称为功能上下游耦合。上下游耦合作用中，上游变化对下游变化的影响结果可分为时机：过早、适时、过迟、遗漏；精确度：不精确、可接受、精确。

（4）通过观察功能之间耦合以及变化识别和描述系统功能共振。

此部分所指的功能之间的耦合是上述（3）中第 3 点所指的上下游耦合作用。对于一个系统，仅仅理解单个功能的变化是不够的，还需要理解系统功能的变化可能以什么方式组合在一起，是否能够导致不期望的结果或者超出规定的范围。因此，了解性能变化如何影响下游功能是至关重要的。

根据功能共振原理，下游功能的变化受到上游功能的输出特性和链接类型的影响。任何功能的耦合变化都可以通过定性的语言进行描述，但通过对每个特定的耦合进行独立的评估才能使分析更加准确。

（5）利用 FRAM 分析结果，制定防护措施，实行性能监测。

在第 4 步的分析中在考虑到上游变化、上游功能与下游功能的链接和运行情况的基础上，识别出了每个变化的耦合情况。最后一步的目标是找到方法来应对前面步骤发现的不受控制的性能变化的可能结果。对于产生共振的功能，可根据影响功能共振及失效连接关系，识别性能变化的耦合情况，提出消除、预防、抑制或者监控性能变化的方法，从而消除威胁，提高系统的恢复力，起到保护系统的作用。

第三节　事故案例分析应用

以下2个案例分析均来自文献［21］，一个是事故分析方面，另一个是风险预测方面。本书在该文献对这2个案例分析的基础上做了进一步的扩展。

一、事故调查：轮渡事故

1. 案例描述

本案例是1987年3月6日，发生在比利时泽布勒赫港口的客货两用滚装渡轮“自由企业先驱者”号倾覆事故。这艘渡轮当时正要前往英格兰的多佛，但是在离开港口不久后就倾覆了，侧舷半淹没在浅水中，导致193名乘客和船员死亡。

“自由企业先驱者”号是一艘现代化的客货两用滚装渡轮，设计初衷是往返于英格兰多佛和法国加来之间，以缓解这条线路的航运压力，最大载客量是1400人。多佛-加来航路非常短，大约只有22 n mile，航程90 min；而泽布勒赫-多佛的线路稍长，大约72 n mile，通常一天只有一班。“先驱者”号主要有2个甲板装载汽车。把汽车装载到主甲板上，要通过船艏和船艉的水密门，水密门被设计成蛤壳状，可以在水平方向上打开和关闭，正因为这样的设计，从渡轮的舰桥上无法看到水密门是打开的还是关闭的。如果要把汽车装载到上层甲板，则要通过船艏的一个防雨门，以及船艉的一个开放入口。在多佛和加来，利用双层坡道，可以同时在上层甲板和主甲板上进行汽车装载；而在泽布勒赫，只有一个单层坡道，无法同时在2层甲板上进行装卸。由于单层坡道的高度不能完全够到上层甲板，于是需要用水泵把海水充入“先驱者”号船艏的压载舱，降低船艏的高度，这样才能完成装载。因此，这艘渡轮在泽布勒赫港口的周转时间就比在其他港口要长一些。

事件发生当日，“先驱者”号离开泽布勒赫时，船艏压载舱中的海水还没有完全抽空，因此船艏比船身的位置低大约3 ft。副水手长应负责关闭船艏门，但他在渡轮一抵达泽布勒赫时就打开船艏门，对渡轮进行维护保养和清洁工作。之后，水手长叫他去休息，他回到自己的客舱，结果睡着了，以至于当公共广播通知所有船员返回指定岗位以准备离开港口时，他都没有醒来。水手长在听到要求人员就位的公共广播之后，离开汽车甲板，返回指定岗位，他后来声称，关闭船艏门甚至是确保有人关闭船艏门这项工作并不在他的职责要求范围之内。大副主管汽车装载，他一直待在汽车甲板上，直到看见副水手长穿过停放的汽车走到舱门控制面板那里，他才离开甲板去了舰桥，因为离开港口时他的指定岗位是在舰桥。“先驱者”号先是离开了泊位，然后向右转舵180°，接下来离开内港，穿过外防波堤，迅速提速，达到营运航速——22节。加速时，船艏水流波动加剧，由于船艏的位置比平时要低3ft，因此速度达到15节时，海水以200 t/min的速度涌入打开着的门，淹没了主甲板。因为这个型号的船只没有设计隔离壁将船舱隔成一个个小的舱室，于是海水很快就灌进了整个船舱，从船艏涌入的大量海水迅速使渡轮失去平衡。几乎就在突然之间，“先驱者”号向左转了30°，大量海水继续灌入，充满了汽车甲板的左翼，40 s后，即当地时间19：05，渡轮向左倾覆。“先驱者”号侧翻的角度稍大于90°，左舷搁浅在海床上，而右舷的半边船身在水面以上，根本无法放下救生艇。

2. 暴露问题

（1）船舶涉及问题：自由企业先驱号有2个主要的载具甲板，通过船头和船尾的水密门装载到主车辆甲板上。先驱号的门的设计就像一个翻盖，水平打开和关闭。由于这种设计，船长无法从驾驶台上看到门是开着还是关着。在多佛和加来，可以使用双层坡道将车辆同时装载和卸载到上层和主甲板上。泽布吕赫只有一个单层入口坡道，因此无法同时装载甲板。由于单坡道无法完全到达车辆上层甲板，压载水被泵入先驱号船首的舱内，以便于装载。当先驱号离开泽布鲁格时，船头压载舱中的水还没有全部抽出来，导致船头大约在3 ft深的地方。

（2）人员职责问题：助理水手长于船舱睡着了，未收到“船员按指定位置离开码头”公共广播电话的消息。水手长在“港口车站”呼叫时离开甲板，前往指定的站台。助理水手长后来说，关闭船首门，甚至确保有人在场，从来都不是他的职责之一。大副负责装载车辆，他一直待在汽车甲板上，直到他认为他看到助理水手长穿过停着的汽车朝车门控制面板走去。大副随后前往驾驶台，这是他从码头出发的指定位置。

3. 事故分析

此次事件可以用3个高级功能来描述，这3个高级功能也代表了船舶离开泽布鲁格期间所需的活动顺序：完成装载；航行前操作（关闭船首港、卸压载或将船舶恢复到自然纵倾状态）；操纵-航行（桑德海港电台呼叫、人工站、抛锚、离开港口并加速至服务速度）。

此次事件中，可以识别的功能为：离开港口、关闭船首门、纵倾船、桑德海港站呼叫、海港站有人值守、下降轨道、完成装载、开始航行、SSO船舶法规。

（1）为便于分析事故，本次分析起点选择为“离开港口”功能。具体功能描述见表11-2。

表11-2 “离开港口”的FRAM表示

功能名称	离 开 港 口
描述	船只离开泊位，驶过内港，开始海上航行
方面	各方面描述
输入	人员已就位
输出	船已离开港口
前提	船是平衡的
	船头的门是关着的
	已起锚
资源	暂无描述
控制	暂无描述
时间	航行日程安排

表11-2中功能的描述指向其他7个功能：1个用于输入、1个用于输出、3个用于先决条件、1个用于资源、1个用于时间。FRAM要求描述所有这些功能，但本示例将集中

讨论前 5 个功能。其中，上游功能“海港站有人值守”为本功能提供输入。本功能为下游功能“开始航行”提供输入，上游功能“下降轨道”“纵倾船”“关闭船首门”为本功能提供前提条件。

（2）根据表 11-2 中“离开港口”功能的 6 个方面与其他功能之间的相互关系，绘制出“离开港口”功能关系，指出其他与之耦合的功能，如图 11-2 所示。

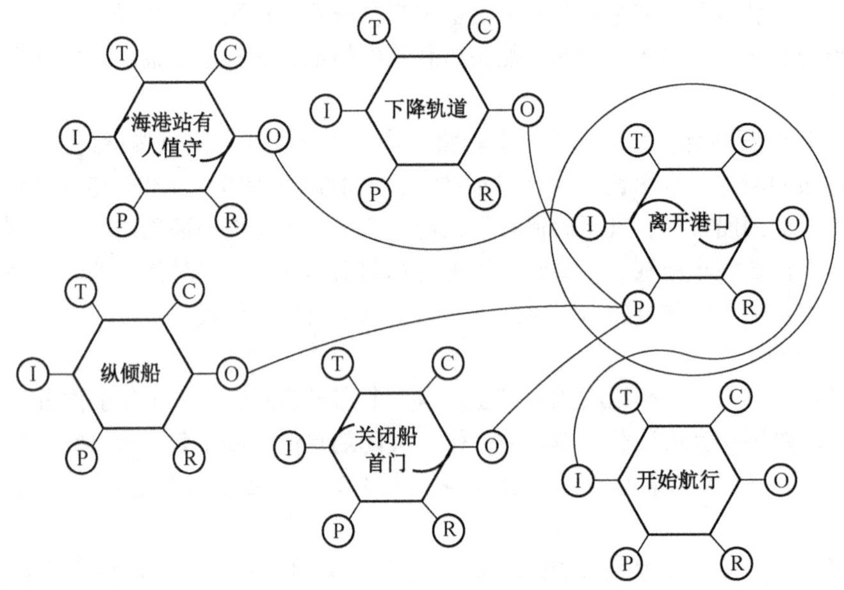

图 11-2 “离开港口”功能关系

（3）根据上述可知，“离开港口”功能的前提有 3 个，分别是船是平衡的、船头的门是关着的和已起锚。针对 3 个前提条件，首先沿船首门已关闭这条路径进行延伸。船首门已关闭是“关闭船首门”功能的输出，“关闭船首门”功能的各方面描述见表 11-3。

表 11-3 “关闭船首门”的 FRAM 表示

功能名称	关闭船首门
描述	在船舶离开港口前关闭船首门。这是分配给助理水手长的
方面	各方面描述
输入	船首门助理水手长
输出	船头的门是关着的
前提	链条就位
	人员已就位
资源	装货员
控制	船舶常规
时间	暂无描述

“关闭船首门”这一功能的描述指向其他 6 个功能。其中：上游功能“SSO”船舶法规提供本功能的控制；上游功能“监督人员”，提供本功能的资源，“监督人员”指装载

人员对船员的监督，是可调用的功能；上游功能“海港站有人值守”提供本功能的输入，同时也为本功能提供前提条件；上游功能“完成装载”也为本功能提供了前提条件；最后本功能为下游功能“离开港口”提供输入。

“关闭船首门”功能与其他功能之间的关系如图 11-3 所示。

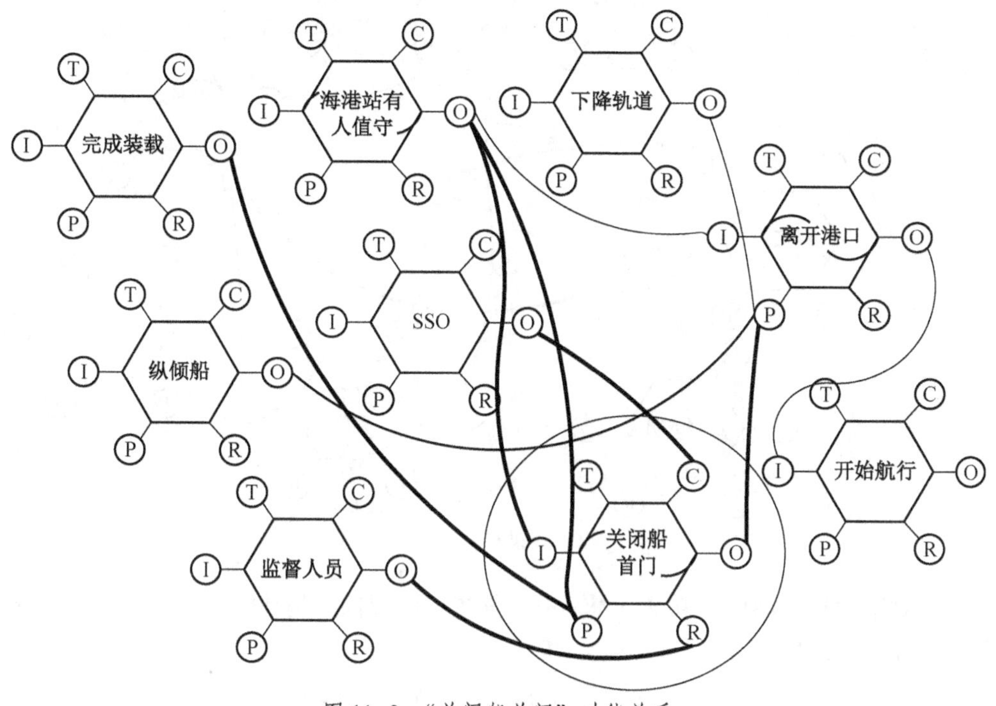

图 11-3 “关闭船首门”功能关系

(4)“离开港口”功能的另一个前提条件是船是平衡的，作为功能“纵倾船”的输出，具体描述见表 11-4。

表 11-4 “纵倾船”的 FRAM 表示

功能名称	纵 倾 船
描述	这将重新建立船舶的自然纵倾。这可能需要相当长的时间
方面	各方面描述
输入	装载完成
输出	船修建完毕
前提	暂无描述
资源	暂无描述
控制	船舶常规
时间	暂无描述

这是一个相对简单的功能，因为它主要涉及对齐阀门和启动泵。本功能可为下游功能“离开港口”提供输入，而上游功能“完成装载”则为其提供输入，上游功能“SSO 船舶

法规”为其提供控制。“纵倾船”功能与其他功能之间的关系如图 11-4 所示。

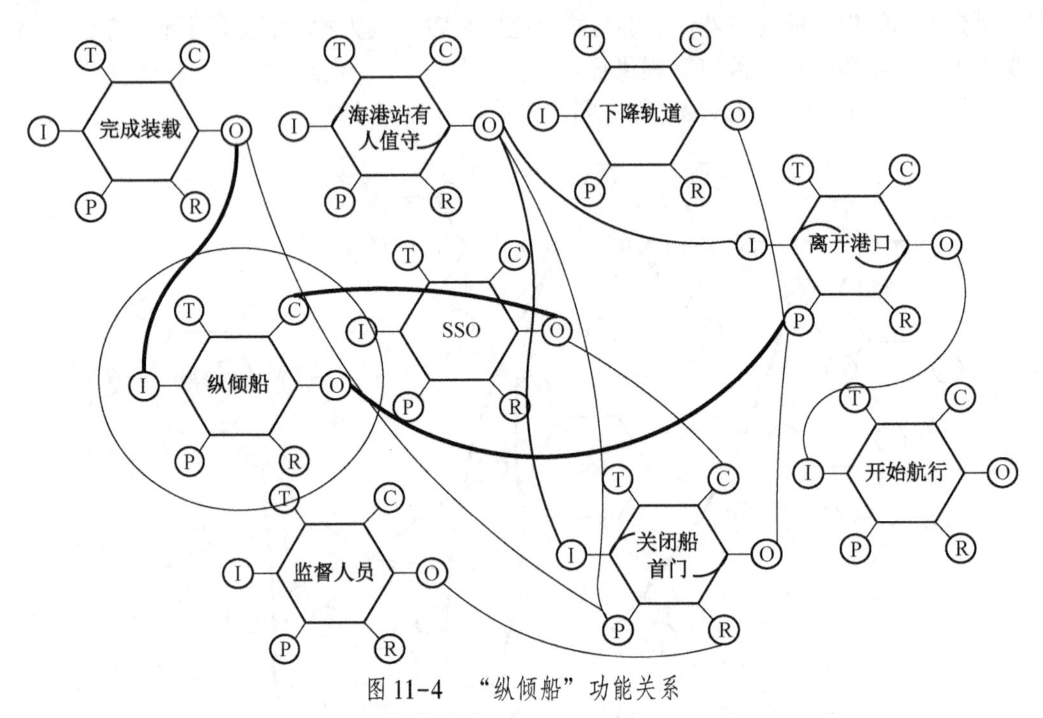

图 11-4 “纵倾船”功能关系

（5）对于“离开港口”功能的最后一个前提：已起锚，是功能“下降轨道”的输出，其各方面描述见表 11-5。

表 11-5 “下降轨道”的 FRAM 表示

功能名称	下 降 轨 道
描述	下降轨道系统是启程系统的一部分
方面	各方面描述
输入	人员已就位
输出	已起锚
前提	暂无描述
资源	暂无描述
控制	暂无描述
时间	暂无描述

“下降轨道”也以非常简单的方式描述如图 11-5 所示。目前为止这就完成了“离开港口”的 3 个前提条件的路径分析。

（6）将分析起点：“离开港口”功能关系以及其前提条件描述完成后，将确定本次 FRAM 模型分析的时间起点，即完成装载，其 FRAM 表示见表 11-6。

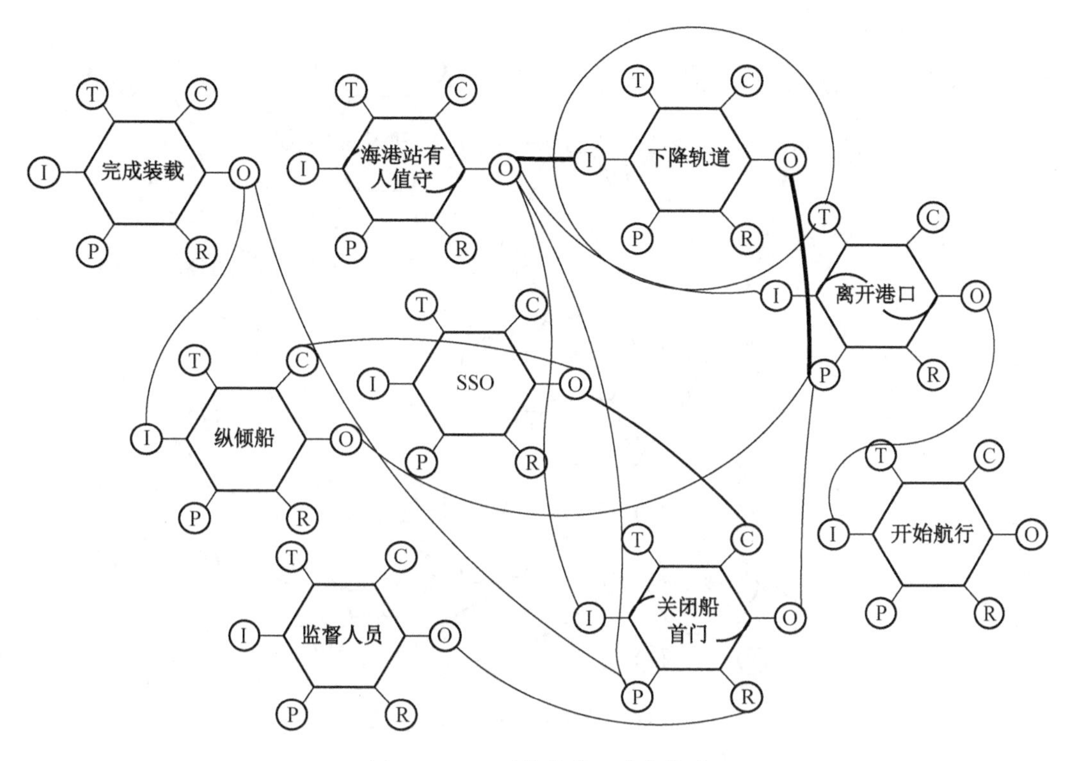

图 11-5 “下降轨道”功能关系

表 11-6 “完成装载”的 FRAM 表示

功能名称	完 成 装 载
描述	完成装载的一些操作，如链条放置到位
方面	各方面描述
输入	暂无描述
输出	装载完成
	可以呼叫海港站
前提	暂无描述
资源	暂无描述
控制	暂无描述
时间	暂无描述

此功能被描述为具有 2 个不同的输出：一个是“装载完成”的信号。另一个是该船已准备好停靠港口站。其具体功能关系如图 11-6 所示。

（7）“海港站有人值守”的 FRAM 表示见表 11-7。

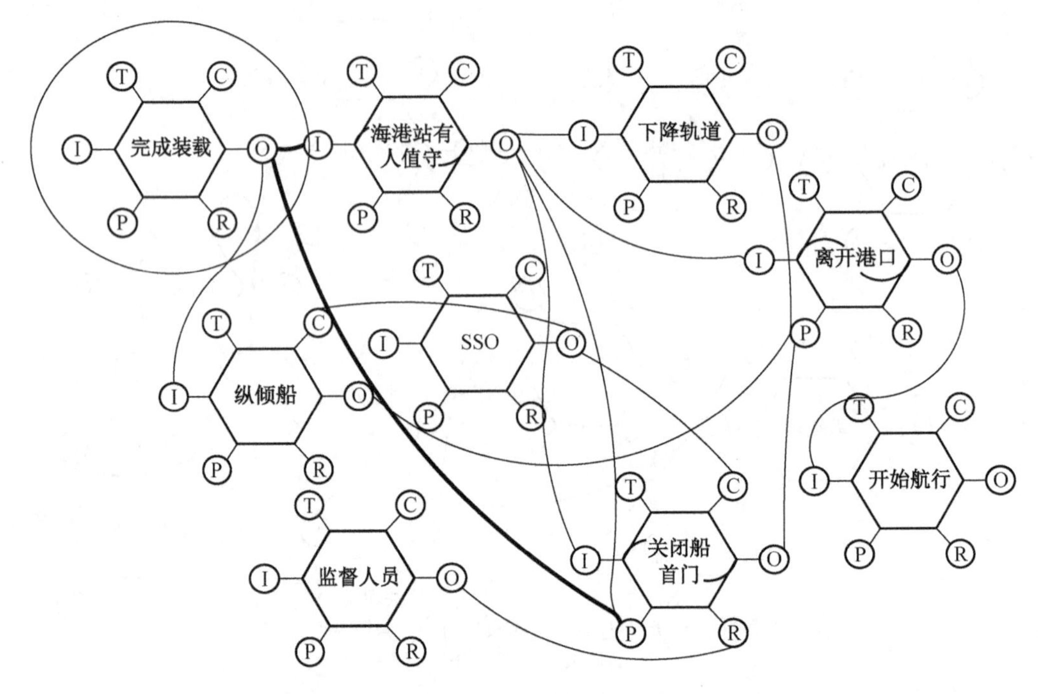

图 11-6 “完成装载”功能关系

表 11-7 “海港站有人值守”FRAM 表示

功能名称	海港站有人值守
描述	这是船员离开海港的信号
方面	各方面描述
输入	可以呼叫海港站
输出	人员已就位
	副水手长在船首门处
前提	暂无描述
资源	暂无描述
控制	暂无描述
时间	暂无描述

这一功能标志着出海准备的一个重要阶段。该功能有两个不同的输出。一个是海港站一般都有人值守；另一个是助理水手长在船首门处的位置上。“海港站有人值守”的功能关系如图 11-7 所示。

4. 可变性的来源

变化的一个主要来源是该船从泽布鲁格开往多佛，而不是从原来的正常航线。由于缺乏双层坡道，泽布吕赫的车辆卸载和装载时间更长。由于该公司没有考虑到这一点，如果要维持航行时间表，更复杂的程序会带来时间压力。

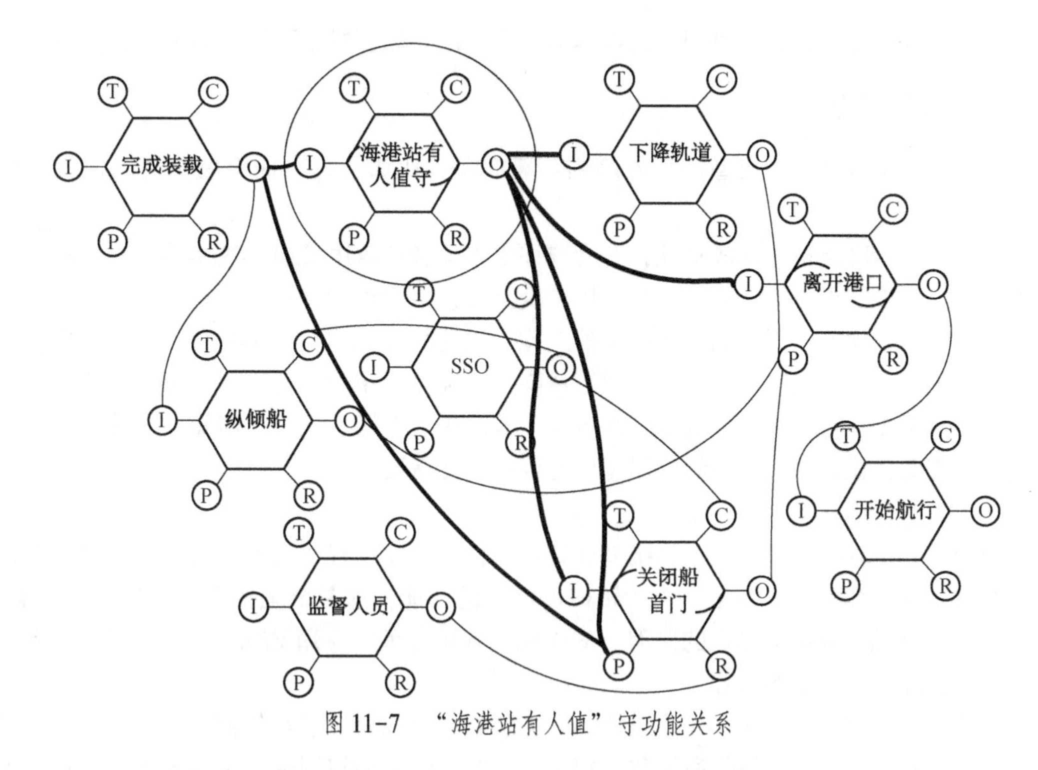

图 11-7 “海港站有人值”守功能关系

(1) 内部可变性。事故报告中没有任何技术故障的迹象。就人的功能而言，存在可变性。对于主要参与者（水手长、大副、船长）来说，时间压力可能增加绩效的可变性。对于组织职能，可以假设活动期间没有变化。事实上，整个事件只花了约 1 h，实际航行时间约为 20 min。组织职能变化的频率通常比这低几个数量级。

(2) 外部可变性。对于人的功能来说，有保持时间表的压力，即准时到达和离开。组织中的精神或文化——包括船上和运营公司。水手长声明关闭船首舱门不是他的职责，这可以被看作是强调自己的工作效率，而不关心周围发生的事情。

(3) 上下游耦合性变化。在本次事故分析中，可能存在以下上下游耦合变化：①离开港口功能：输出为渡船已离开港口，其存在 2 种变化情况分别为过早与过迟，即渡船未做好离港准备或离港任务推迟；②关闭船首门功能：输出为船首门已关闭，其存在一种变化情况是疏忽导致未关闭船首门；③海港站有人值守功能：输出为人员已就位，其存在一种变化情况是不精确，即不是所有人员都已就位。

5. 模型的实例

由表 11-7 可知，这种情况下主要变化是强烈认为需要开始航行，这意味着一些先决条件没有得到应有的验证。船长习惯性地依赖报告，这意味着在他没有被明确告知舱门是打开时，他假设船首舱门是关闭的。驾驶台上的官员也可能认为，即使船舶未处于纵倾状态，离开泊位也是安全的；毕竟，船首门被认为是关闭的。最后，也有所不同，因为输出不精确，甚至可能还不成熟。

建立“先驱”案 FRAM 模型的第 1 次分析并不完整，但说明了如何构建模型以及如何对模型进行详细阐述。在这个模型中，每一个功能都能很好地得到了解，这将产生一个更精确地描述应该发生什么的模型。这可作为一个基础，以更好地了解发生了什么。

二、风险分析

风险分析案例是一个典型的事件序列：请求者（比如个人）向金融机构（银行）申请贷款。

为了让银行决定是否发放贷款，有必要评估申请者的信用价值，这本质上是一项金融风险分析。如果结果是肯定的，银行可以将资金转移给请求者。在贷款有效期间，银行必须继续管理贷款风险，因为如果市场条件恶化，抵押品（如房屋）的价值可能会降低。同样，监管机构必须管理市场风险，如银行风险，以确保遵循适当的程序。银行可能依赖自身资本，也可能不时需要额外资本，而这又可能取决于市场状况等。简短和非技术性的描述清楚地表明，在开发金融系统的模型中有许多功能需要考虑。

1. FRAM 模型银行风险分析

由于该分析着眼于一般金融系统而非特定事件，因此没有“自然”起点；须自行选择一个起点。在本案例中，将是一个“转移资金”的功能，这是金融体系的一项基本功能，从某种意义上说，也是其存在的原因。从该功能开始，可以应用 FRAM。该功能必须有明确的输入，即启动传输的内容。

此外，还必须至少有一个先决条件，因为贷款不应该只批准给任何要求贷款的人。最后，还必须有一个资源来提供所转移的资金。可能有时间和控制输入来调节传输，尽管不需要从一开始就描述。

此案例中，可以识别的功能为以下几点：转移资金、提供资金、信用风险评估、处理请求、风险管理、经济资源、购买、贷款申请。

（1）起点功能“转移资金”的各方面描述见表 11-8。

表 11-8 “转移资金”的 FRAM 表示

功能名称	转移资金
描述	这是金融机构（银行）履行的职能
方面	各方面描述
输入	核准金额
输出	贷款
前提	请求者已被批准
资源	暂无描述
控制	暂无描述
时间	暂无描述

对“转移资金”的描述指向了其他 3 个功能：需要第 1 个上游功能“提供资金”来提供“转移资金”的具体输入；需要第 2 个上游功能“信用风险评估”来提供“转移资金”的前提条件；第 3 个是为下游功能“购买”的接受者。2 个上游功能必须进一步描述，下游功能是背景功能或接收器，不需要详细说明。具体关系如图 11-8 所示。

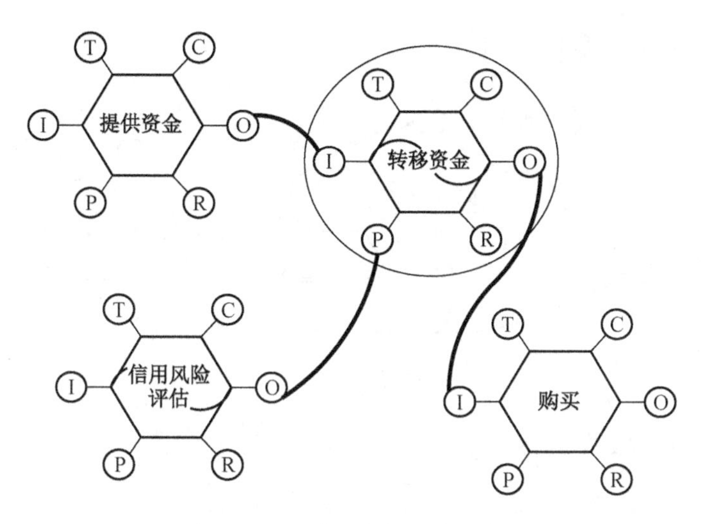

图 11-8 “转移资金”功能关系

（2）实现核准金额可以用一个名为“提供资金”的功能表示，见表 11-9。

表 11-9 “提供资金”的 FRAM 表示

功能名称	提 供 资 金
描述	这是金融机构（银行）履行的职能
方面	各方面描述
输入	批准的贷款申请
输出	核算金额
前提	暂无描述
资源	经济资源
控制	风险管理指引
时间	暂无描述

“提供资金”的描述依次指向其他 3 个功能：需要第 1 个上游功能“处理请求”来提供“提供资金”的输入；第 2 个上游功能“经济资源”，可以提供“提供资金”的资源；第 3 个上游功能“风险管理”可提供“提供资金”的控制。“提供资金”的下游功能“转移资金”已由另一个功能描述。提供资金的功能关系如图 11-9 所示。

为了简单起见，将假设资源“经济资源”是背景功能的输出，不需要接收其他功能的输入，因此“经济资源”功能不需要在案例中进一步描述（但正如最近的金融危机所表明的那样，这显然是一个可以变化的功能）。

（3）“转移资金”的前提条件是对请求者信誉的满意评估。这可以用一个名为“信用风险评估”的功能来表示，见表 11-10。

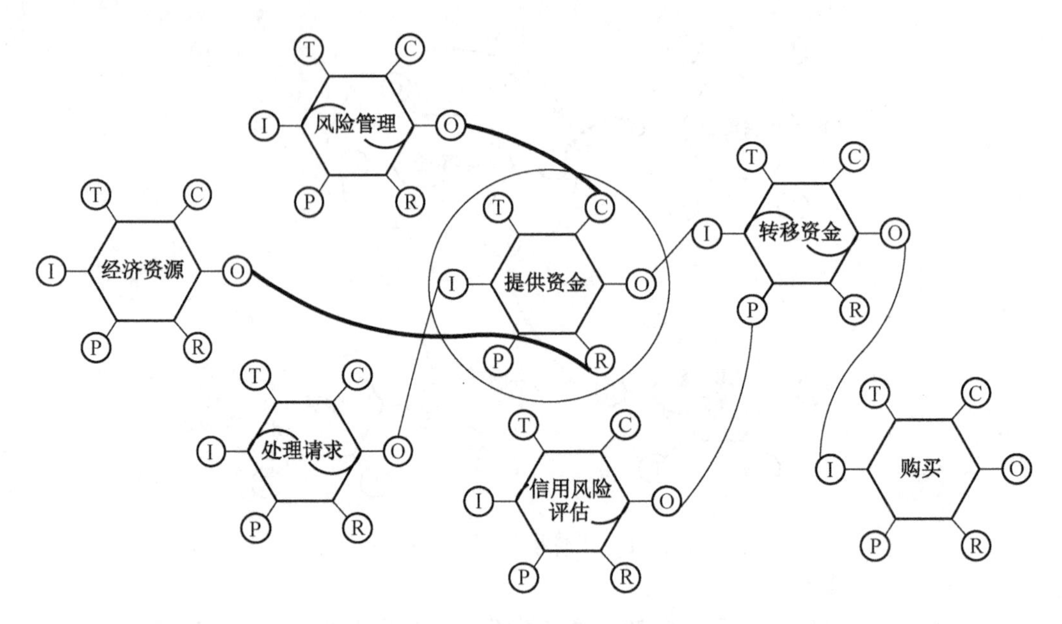

图 11-9 “提供资金”功能关系

表 11-10 “信用风险评估”的 FRAM 表示

功能名称	信用风险评估用风险评估
描述	这是由金融机构（银行）或专业服务提供商履行的职能
方面	各方面的描述
输入	批准的贷款申请
输出	请求者已被批准
前提	暂无描述
资源	暂无描述
控制	风险管理指引
时间	暂无描述

“信用风险评估”的描述依次指向其他 3 个功能：需要第 1 个上游功能“处理请求”来提供“信用风险评估”的输入；第 2 个上游功能“风险管理”可提供“提供资金”的控制；“信用风险评估”的下游功能“转移资金”已由另一个功能描述。信用风险评估的功能关系图如图 11-10 所示。

（4）“提供资金”和“信用风险评估”都指向另外 2 个功能：一个是上游功能“处理请求”，用于提供二者的输入；另一个是上游功能“风险管理”，用于提供二者的控制。处理请求的功能关系见表 11-11。

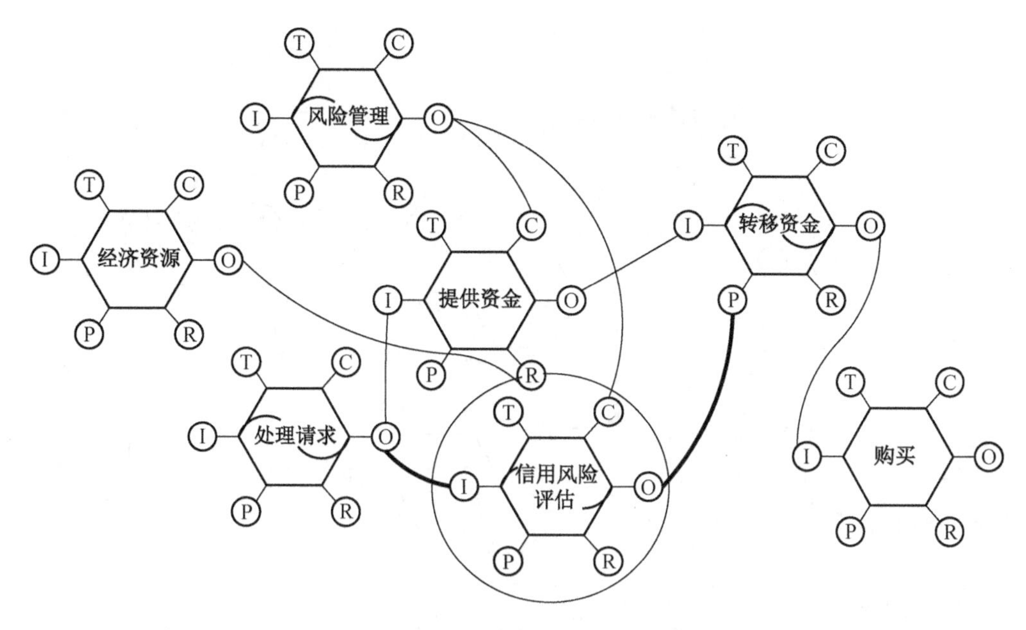

图 11-10 “信用风险评估”功能关系

表 11-11 “处理请求”的 FRAM 表示

功能名称	处 理 请 求
描述	这是由金融机构（银行）履行的职能。这是响应贷款请求的行政程序
方面	各方面描述
输入	贷款申请
输出	批准的贷款申请
前提	暂无描述
资源	暂无描述
控制	暂无描述
时间	暂无描述

“处理请求”的描述指向一个功能。存在一个上游功能“请求贷款”来提供“处理请求”的输入。处理请求的功能关系如图 11-11 所示。

（5）为了保持示例的简单性，可以说，“请求贷款”功能“独立”，但显然可以通过考虑（例如）时间和控制方面来进一步开发它。“风险管理”功能也是如此。因此，两者最初都被视为背景功能。风险管理的描述见表 11-12。

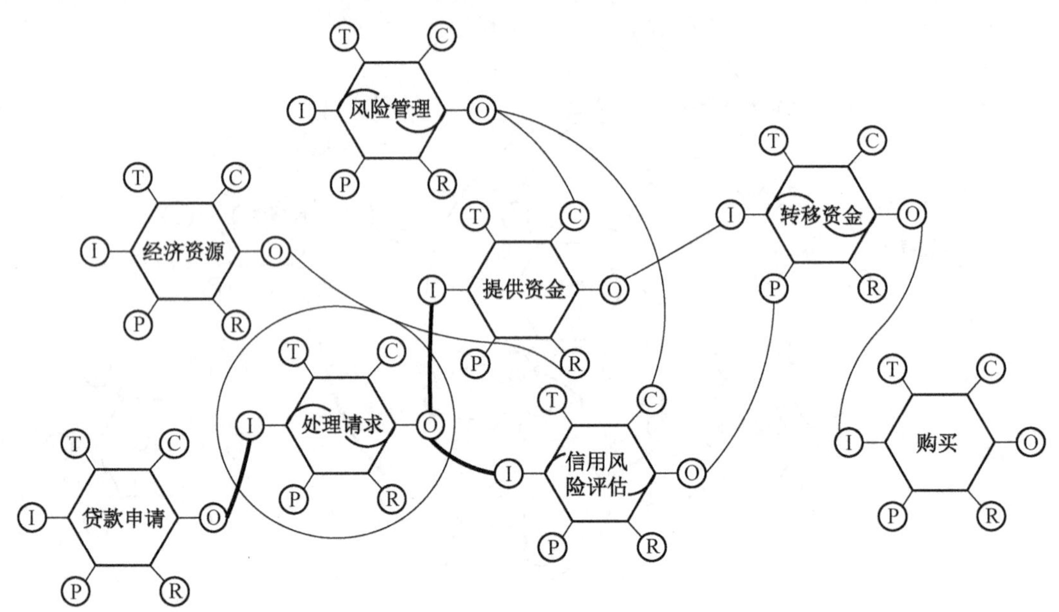

图 11-11 “处理请求”功能关系

表 11-12 “风险管理”的 FRAM 表示

功能名称	风 险 管 理
描述	这是由金融市场的官方（国家或国际）监管机构执行的职能
方面	各方面的描述
输入	暂无描述
输出	风险管理指引
前提	暂无描述
资源	暂无描述
控制	暂无描述
时间	暂无描述

风险管理的功能关系如图 11-12 所示。

2. 总结

简化的 FRAM 模型说明了功能之间的几种可能的耦合。因此，贷款需求可以触发经济资源的提供以及请求者的风险评估。如果信贷风险评估结果令人满意，则必要资源的可用性可能是启动转移的“信号”。资金的提供和信用风险评估均由独立的风险管理部门指导或控制。

耦合描述功能如何相互影响，不是从因果关系的角度，而是从变异性的传播角度。例如，如果无法令人满意地发挥作用（如，预期或监控效果不佳），则可能会受到不利影响。

3. 可变性来源

最近事件表明，金融市场的表现存在巨大的可变性。有人可能确实认为，金融市场不同于其他过程，它们本身并没有失败，而是以不同的效率（和可接受性）发挥作用。尽管

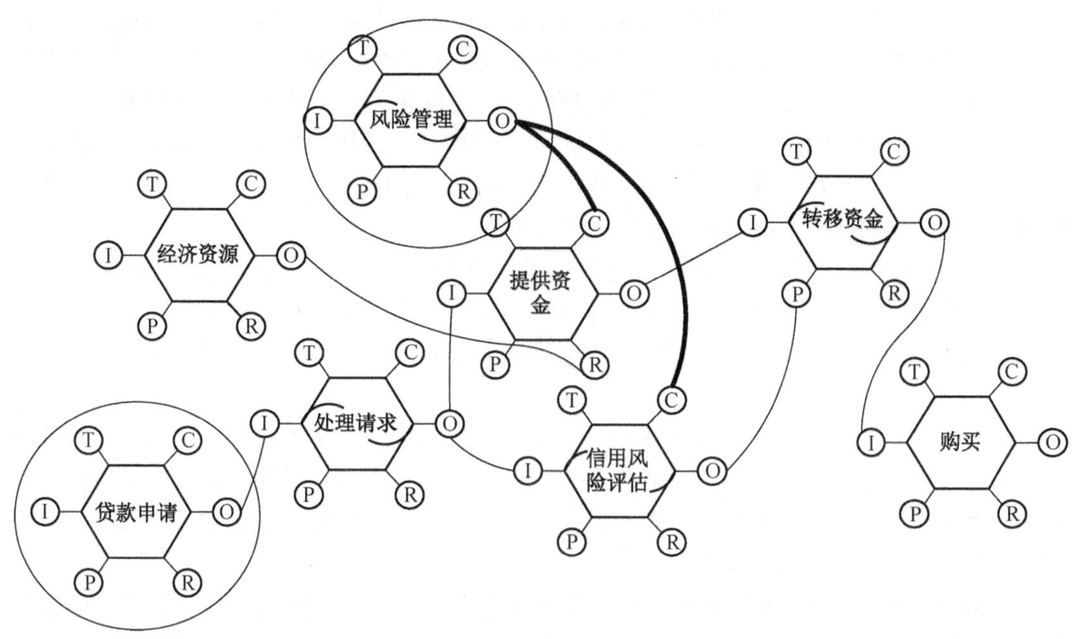

图 11-12 “风险管理”“贷款申请”功能关系图

金融市场可能功能失调，但不可能像自由企业的先驱一样倾覆，因为它已达到不可逆转的状态（个别公司的情况并非如此）。

（1）内部变异性。对于人体功能而言，假设内部变异性较高，主要是心理因素（即使这个例子像处理贷款一样普通，情况也是如此），绩效可变性的一个来源无疑是依赖认知权衡的倾向。

在“正常”条件下，组织职能的可变性可能较低，并且确实应该如此，以允许组织充当个体可变性的调节器或衰减器。但当金融机构的内部运作偶尔出现动荡时，波动性可能很高。

（2）外部变异性。就外部变化而言，这只会影响人和组织功能。处理个人贷款请求以及管理金融机构的总体贷款量，可能受到许多外部因素的影响。

这些因素包括市场动态——部分不可预测，部分未知，高度竞争的环境，市场短期和长期发展的不确定性，对“非理性”心理因素的依赖，以及金融系统无法控制的政治发展。

（3）上下游耦合。在金融系统中，这种可变性的来源被认为是最重要的。金融体系必须在一个相当动荡的环境中运行，它的所作所为将在很大程度上决定在这个环境中会发生什么。这意味着金融系统的模型应该比这里使用的例子大得多。有许多依赖或耦合可能会影响功能的资源、控制和时间，从而容易导致不稳定的动态。事实上，有人可以说，金融体系不应被视为与其互动的社会分离，反之亦然。

4. 模型实例化

金融体系的有效运行要求不提供贷款，除非个别情况。这意味着信贷风险评估工作符合预期，资金转移也符合预期。但如果认为信用风险评估变得过于多变（如过于肤浅），那么贷款将在本不应该发放的时候发放，这可能会被风险管理层（监管者）监管；如果他们的表现也是可变的，即不够彻底或严格，那么资金流将开始增加，这可能会导致情况失控（贷款发放的便利程度与贷款申请的规模之间存在耦合关系，这不是一个简单的比例关系，而是与其他因素的关系，如社会的稳定、经济前景、过去几年的稳定等）。贷款数量的增加将需要更容易获得资金。因此，该模型的第 2 次分析应扩展“货币供应”功能及其变化方式。最近的金融危机很容易提供一些建议。

原文献中指出，金融市场的不稳定性使得对于功能的时间进行更详细的描述也很重要，但由于篇幅的原因，原文献中并未进行更详细的描述。通过上述案例分析，期望可以说明 FRAM 如何能提供对金融市场运作的理解，以及在特定情况下性能的可变性如何发挥。

综上所述，在 FRAM 方法的应用中，早期主要的应用为对重大事故的分析，从系统的角度理解事故。之后有学者将 FRAM 应用到风险评估的过程中，通过对系统在运行的过程中发生“潜在”的变化进行分析，考虑系统功能可能出现的变化和变化的耦合情况，从而识别和衡量系统的功能共振现象。

FRAM 模型通过建立网络框架，分析各个节点之间的联系，找出某个节点的失效会导致整个系统功能发生共振，从而导致事故发生的一种定性分析方法。是一种从整体性考虑事故的发生，是一种系统性分析方法，它既有演绎推理的逻辑也有归纳式的推理，它认为事故的发生是由于系统中存在的某个功能模块的失效导致一系列的功能模块随之共振，从而导致事故的发生。因此 FRAM 事故分析模型是更能够反映客观规律和符合人的认知思维模型的，值得我们深入的研究和学习。

第十二章　10 种事故致因模型及分析方法的对比分析

第一节　10 种事故致因模型及定性比较

一、10 种事故致因模型

本书整理介绍了 10 种事故致因模型及分析方法的内容及其应用，其类型包括从链式事故致因模型到系统性的事故致因模型。不管是何种类型的模型，其中每一个模型都是在其所处的时代背景下提出和发展的，不同时代的技术环境及水平不同，对于安全生产的认知与理念不同，关注的重点因素不同，这也造就了模型的侧重点或特点就各有不同。因此，本书所介绍的每个模型会有自己侧重的方面，或多或少都会存在不足或无法涉及的方面。但是，模型和分析方法没有绝对的好或者不好，只是在不同的事故实际情况下，在不同的行业领域和不同类型的系统中，都有其适合应用的模型或分析方法。

目前，也已经有研究对不同事故致因模型进行讨论和综述，如从讨论危险属性的角度对事故致因理论进行综述[342]，依据具体的事故致因模型进行综述介绍[343]，或阐述事故致因理论的发展与其他理论、概念或方法的关系，如安全理念[344]、安全评价[345]、风险管理[346] 等。本章将从定性和定量 2 个方面对阐述的事故致因模型进行对比分析。

二、模型的定性比较

1. 模型发表时间比较

本书所介绍的 10 种事故致因模型的创建时间轴，如图 12-1 所示。

从图 12-1 可以看出，树形事故分析模型中故障树是最先被开发运用的。在 1988—2000 年期间，包括部分树形模型在内，共有 7 个模型被开发创建出来，是这几类模型开发创建的最集中时期。

在 1990 年前，开发创建的模型大多是链式模型。自 1990 年起，事故致因模型的类型从简单链式模型发展到复杂链式模型，再到系统的事故致因模型，相比于之前有了极大的变化。这是由于 1990 年提出的 Reason 模型及其理论，颠覆了当时对于安全的认知，详见第四章。因此，事故致因模型通过进一步的研究与对其模型框架的改良，在 Reason 模型基础上发展起来，如 HFACS。并且也有模型基于 Reason 模型的理论观点发展起来，如壳牌公司 Tripod 三脚架事故调查方法及突发事件原因分析方法（Incident Cause Analysis Method，ICAM）。总体来说，在 Reason 模型之后，链式的事故致因模型迅速发展。

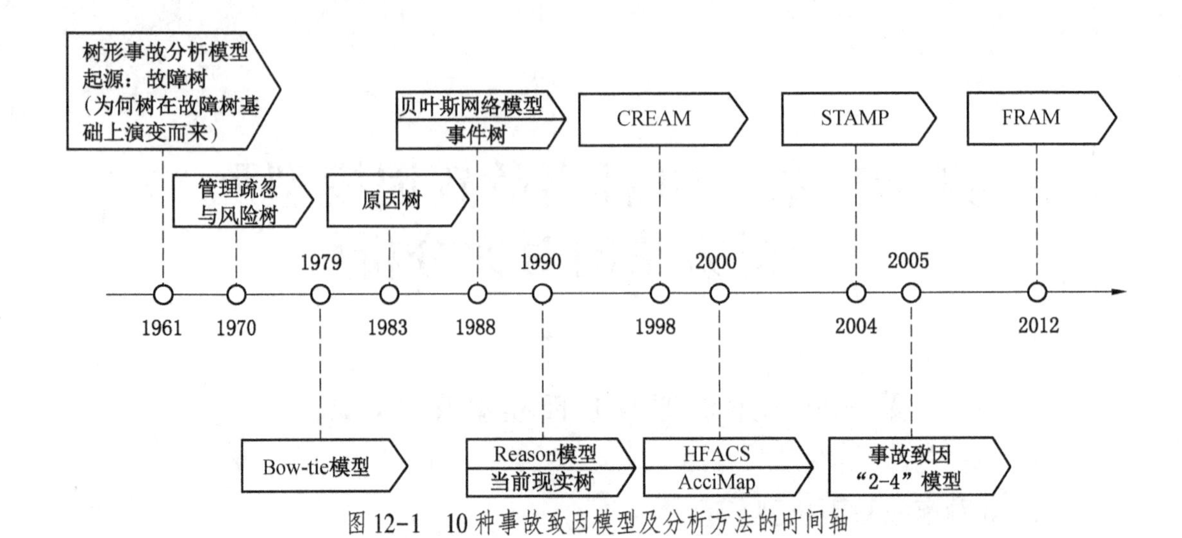

图 12-1　10 种事故致因模型及分析方法的时间轴

2000 年前后，由于技术的快速发展革新，系统逐渐变得复杂多样，形成了复杂的社会技术系统。一旦发生事故，其中可能涉及很多的人员、多个管理部门、高层决策部门、物理或技术环境、监管组织和政府部门等，这些因素可能会相互作用，多个因素结合引发其他因素的发生与发展。而链式模型由于其结构特点，可能导致某些链式的模型无法很好地全面分析有多因素交互的复杂系统的事故原因及其事故发生路径，以及社会技术系统中的动态和非线性交互。因此，一些系统性事故致因模型发展起来。这些模型大多都是在 2000 年后发展起来，如 AcciMap、STAMP、24Model、FRAM。

通过模型创建时间对比分析可以看出，自树形事故分析模型创建以来，1990 年和 2000 年是 2 个关键的时间节点。1990 年开始，由于 Reason 模型及其理论的影响，大量的事故致因模型发展起来。2000 年前后，为了适应复杂的社会技术系统，模型由链式的发展为系统的。

2. 模型的事故原因组成

表 12-1 从是否模块化、人的因素（人因）、物的因素（物因）、组织因素、组织外部因素和模型对各模块的定义 6 个方面，比较了各模型的事故原因组成。

表 12-1　各模型及分析方法的事故原因组成

模型	模型或分析方法	人因	物因	组织因素	组织外部因素	各模块定义
模块化	Reason 模型	√	√	√	—	—
	CREAM	√	√	√	—	√
	HFACS	√	√	√	—	√
	AcciMap	√	√	√	√	—
	24Model	√	√	√	√	√
非模块化	树形事故分析模型	√	√	√	—	—
	FRAM	√	√	√	√	√

表12-1（续）

模型	模型或分析方法	人因	物因	组织因素	组织外部因素	各模块定义
非模块化	STAMP	√	√	√	√	√
	贝叶斯网络模型	—	—	—	—	—
	Bow-tie 模型	√	√	√	—	—

注："—"表示在对应模型里没有相关定义。

根据模型对于事故原因分类，将模型分类2大类：模块化模型与非模块化模型。模块化模型是指将事故致因进行了具体分类的模型，有具体的事故致因分类的规定能够便于分析人员按照模型的模块进行事故分析，但模块化的模型限制分析人员在规定的事故致因模块内进行分析，这可能会限制分析人员对于事故致因的分析深度与广度；非模块化模型是指没有对事故致因进行具体分类的模型，此类模型关注于事故分析的深度与广度，能够挖掘出多种事故致因，但要求分析人员有丰富的模型运用与事故分析经验以及专业知识。

根据表12-1，在这10种事故致因模型及方法中，Reason模型、CREAM、HFACS、AcciMap、24Model属于模块化模型，树形事故分析模型、FRAM、STAMP、贝叶斯网络模型以及Bow-tie模型属于非模块化模型。

模块化模型中，Reason模型的事故致因包含了人因、物因和组织因素，但未包含组织外部因素，同时，虽然对于事故致因因素有具体的分类，即分为4个层级，但没有对各个层级的因素进行具体的定义。而在其基础上发展而来的HFACS模型的事故致因同样包含了人因、物因和组织因素，由于其在Reason模型基础上细化致因因素，因此同样没有涉及组织外部因素，但其对于各模块的致因因素有了具体的分类及定义。CREAM明确定义了其各个分析模块的具体含义，根据其模块定义的人因失误事件，能够确定其失误事件根本原因的因果链，但也同样不包含组织外部因素。AcciMap分析方法建立了社会-技术系统框架并划分了6个层级，在这6个层级中可以对人因、物因、组织因素和组织外部因素进行分析，但是模型没有针对每个模块进行具体的定义，没有给出每个层级包含的因素，在事故致因分析时对于事故致因因素的选取自由度相对较高，同时对于事故分析人员的要求较高。24Model作为模块化的模型，将事故致因因素进行了分类，并对各模块进行了清晰的定义，其事故至因因素涵盖了人因、物因、组织因素和组织外部因素，便于分析人员进行事故致因统计和分析的实践。

非模块化模型中，树形事故分析模型以及Bow-tie模型均只包含了人因、物因和组织因素，不涉及组织外部因素，也没有对各模块进行定义。STAMP和FRAM涵盖了人因、物因、组织因素和组织外部因素，并且对每个模块都有明确的定义。STAMP有3个基本结构：安全约束、分层安全控制结构和过程模型，并且对这3个模块有清晰的定义，在进行事故致因分析时不限制分析的范围，涵盖的因素较为全面。FRAM将系统功能划分为6个功能模块：输入、输出、资源、前提、控制、事件，以功能来界定系统，将系统视为6个功能模块的衔接结合，包含的事故致因因素也较为完整，对于功能模块的定义清晰完整。贝叶斯网络模型同样不涉及对于事故致因因素的分类，其分析的事故致因因素是由在使用之前，是用于分析现有致因因素的工具而决定的。

综上所述，链式模型涵盖的事故致因因素种类不太全面，且大多没有对其模型中模块进行明确的定义；而一些系统模型，如事故致因“2-4”模型、STAMP、FRAM，涵盖事故因素全面，对于模型内模块的定义清晰完整；还有一些其他模型，如 AcciMap，涵盖的事故致因因素也较为全面，但是没有对模型中各模块进行定义。

3. 模型关注的侧重点

各个模型由于其发展背景、结构、事故致因组成等因素的不同，其在分析事故时关注的侧重点也各有不同。根据之前章节的介绍，表 12-2 列出了各模型及分析方法在分析事故时的侧重点，也就是各个模型的特点。

表 12-2　各模型及分析方法的侧重点

模型或分析方法	事故分析的侧重点
树形事故分析模型	对事故原因的演绎推理与总结归纳
Bow-tie 模型	全面分析事故原因及事故后果的同时注重安全屏障与管理措施的分析
贝叶斯网络模型	能够很好地与各个模型结合，得到因素间量化的关联性
Reason 模型	人因因素及安全屏障
CREAM	特定情境下人员的观察、诊断、决策等认知活动过程中的人因失误
HFACS	事故中具体人因因素的分析与分类
AcciMap	社会-技术系统中在正常工作环境下参与者的决策、其造成的后果以及其关联
STAMP	复杂系统控制问题
事故致因“2-4”模型	“2”——个人行为和组织行为 “4”——安全文化、安全管理体系、习惯性行为和一次性行为与物态
FRAM	关注事件活动的功能及其之间耦合与共振，并不关注单一活动本身

从表 12-2 可以看出，每个模型在具体运用时都有不同的侧重点。其中较为早期的模型中，如树形事故分析模型、Bow-tie 模型，注重还原事故路径，对事故原因进行演绎推理，并且 Bow-tie 模型还在此基础上侧重于事故后果的还原以及安全屏障、管理措施的分析。Reason 模型、CREAM、HFACS 都关注与人因因素，但不同的是 Reason 模型没有将因素具体分类，HFACS 能够将人因因素进行分析与分类，CREAM 关注于人的认知活动中的人因失误。剩下的 AcciMap、STAMP、事故致因“2-4”模型、FRAM 虽然都为系统模型，关注复杂社会技术系统中的事故，但也有各自的侧重点。AcciMap 关注与社会-技术系统中参与者相关的决策与事件，STAMP 侧重于复杂系统的控制问题，事故致因“2-4”模型更加关注行为方面的致因因素，FRAM 关注系统功能的耦合。

还有其他可以进行定性比较的内容，如事故发生路径、事故影响对象、模型适用范围等，本节不再赘述。

第二节　模型的定量比较

模型之间除了可以定性比较，还可以从定量的角度针对事故致因模型中包含的事故致因因素等进行对比，即将事故致因模型中所涉及的因素进行量化，通过得到的数据进行对比分析。

定量比较模型就是将模型的事故分析结果进行量化，比较不同模型在同一起事故分析中的表现，包括分析得到的事故致因因素数量、因素关联度等。能够运用到的方法包括灰色关联分析、回归分析、卡方检验、让步比分析等被用于因素关联计算的方法，并且也可以运用贝叶斯网络模型对分析结果中致因因素的关联进行比较分析。下面以 CREAM 和事故致因“2-4”模型为例，对危险化学品运输事故实例进行致因分析，并运用灰色关联分析和回归分析定量比较 2 个模型关注事故原因的重点，此部分只做举例，还有其他很多定量比较方法不做过多阐述。

一、事故数据收集

从中华人民共和国应急管理部及各省应急厅（局）[347]、中国化学品安全协会[348]、化学品登记中心[349] 等网站，另外还有相关纸质书籍[350] 等渠道收集 30 起案例建立样本数据库，案例包含 2000—2018 年的一般、较大、重大、特别重大危险化学品运输事故。在 30 起事故中，共有 297 人死亡。其中，特别重大事故 6 起，死亡 96 人；重大事故 5 起，171 人死亡；较大事故 4 起，18 人死亡；一般性事故 15 起，12 人死亡。各事故数量与事故死亡人数如图 12-2 所示，运输各环节事故造成的死亡人数比例如图 12-3 所示。

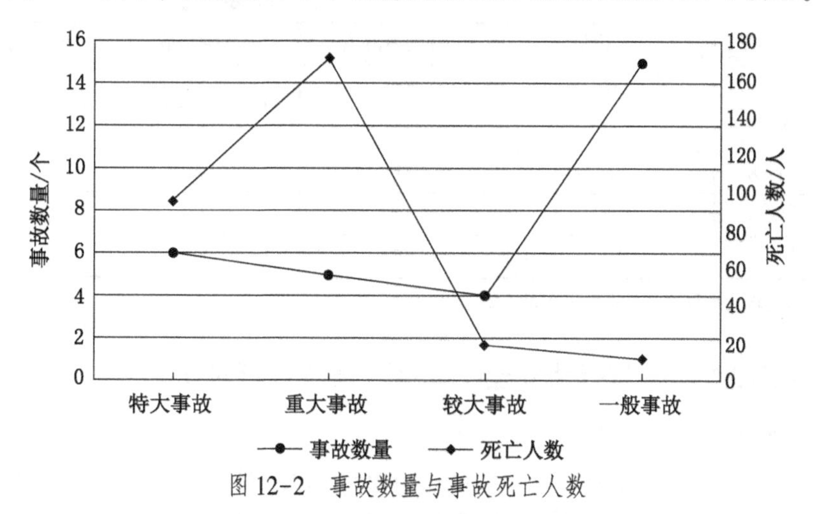

图 12-2 事故数量与事故死亡人数

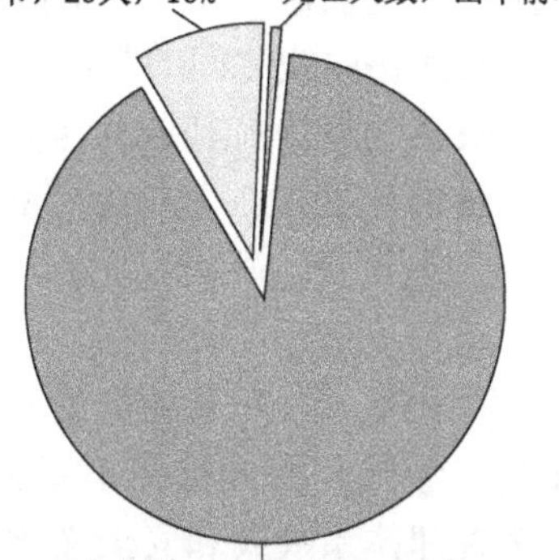

图 12-3 危化品运输事故的死亡人数所占比

运用 CREAM 和 24Model 方法分析 30 起事故的具体方法，见本书第六章和第十章。分析的具体过程在此处就不再阐述。

运用 CREAM 模型对收集 30 起危化品运输事故进行分析统计。统计结果见表 12-3。

表 12-3　30 起危化品运输事故 CREAM 分析统计结果

原因	事故类型			
	一般事故	较大事故	重大事故	特大事故
人因失误	19	5	8	6
与人有关的前因	75	17	20	12
与技术有关的前因	25	7	10	7
与组织有关的前因	88	20	25	14

注：数据代表 30 起事故中各类原因的个数。

运用 24Model 模型对收集的 30 起危化品运输事故进行分析，分析统计结果见表 12-4。

表 12-4　30 起危化品运输事故行为安全“2-4”模型分析统计结果

原因	事故类型			
	一般事故	较大事故	重大事故	特大事故
不安全动作	82	88	33	27
不安全物态	25	7	10	9
习惯性不安全行为	118	31	46	41
安全管理体系缺欠	43	12	17	14
安全文化缺欠	214	57	86	71

注：表中数据代表 30 起事故中各类事故原因的个数。

二、CREAM 模型与行为安全“2-4”模型分析对比

（一）灰色关联分析

采用灰色关联分析对行为安全“2-4”模型和 CREAM 模型统计结果进行深入研究。灰色关联分析方法是根据因素之间发展趋势的相似或相异程度，即“灰色关联度”，作为衡量因素间关联程度的一种方法。通过创建和开发已知信息提取有价值的信息。正确理解和有效控制系统运行的信息，关联度是曲线之间的几何差异度[351]。

其分析步骤如下：①确定反映系统行为特征的参考数列和影响系统行为的对比数列；②对参考数列和对比数列进行无量纲化处理；③求参考数列与对比数列的灰色关联系数；④求关联度并排序。

1. 影响因素指标体系的建立

行为安全“2-4”模型事故致因链，不安全动作受不安全物态、习惯性不安全行为、安全管理体系缺欠和安全文化缺欠影响，因此选择不安全动作作为参考数列 X_1，不安全物态、习惯性不安全行为、安全管理体系缺欠和安全文化缺欠分别作为对比数列 X_2、X_3、X_4、X_5，30 起事故行为安全“2-4”模型分析统计结果作为样本数据，见表 12-5。

表 12-5 行为安全“2-4”模型不安全动作影响因素统计

事故类型	不安全动作 X_1	不安全物态 X_2	习惯性不安全行为 X_3	安全管理体系缺欠 X_4	安全文化缺欠 X_5
一般事故	82	25	118	43	214
较大事故	22	7	31	12	57
重大事故	33	10	46	17	86
特大事故	27	9	41	14	71

注：表中数据代表各类原因的个数。

同理，CREAM 模型中，选择人因失误作为参考数列 X_1，与人有关的前因、与技术有关的前因和与组织有关的前因分别作为对比数列 X_2、X_3、X_4，30 起事故 CREAM 模型分析统计结果作为样本数据，见表 12-6。

表 12-6 CREAM 模型人因失误影响因素统计

事故类型	人因失误 X_1	与人有关的前因 X_2	与技术有关的前因 X_3	与组织有关的前因 X_4
一般事故	19	75	25	88
较大事故	5	17	7	20
重大事故	8	20	10	25
特大事故	6	12	7	14

注：表中数据代表各类原因的个数。

2. 关联度分析

为了使计算结果准确有效，后续步骤借助 DPS[352]（数据处理系统）软件实现。DPS 软件提供了常用的数据分析方法，如灰色关联分析、t 检验、回归分析和方差的多变量分析等。

利用 DPS 软件对表 12-5、表 12-6 中的数据进行处理，对应的 DPS 数据处理系统的结果见表 12-7 和表 12-8。

表 12-7 行为安全“2-4”模型不安全动作影响因素关联度分析结果

均值化变换结果	1.960	2.000	2.000	2.000	2.000
	0.549	0.525	0.558	0.532	0.536
	0.784	0.779	0.790	0.803	0.804
	0.705	0.694	0.651	0.663	0.658
X_1 与其他因子的绝对差值	X_2	0.039	0.012	0.020	0.047
	X_3	0.000	0.011	0.025	0.036
	X_4	0.000	0.021	0.014	0.007
	X_5	0.000	0.003	0.001	0.005
最大差值	$\Delta max = 0.047$				
关联系数	$G(1, 2) = 0.47513$　$G(1, 3) = 0.63950$　$G(1, 4) = 0.72783$　$G(1, 5) = 0.90965$				
关联序	$X_5 > X_4 > X_3 > X_2$				

注：表中数据是将表 12-5 数据输入到 DPS（Data Processing System）中得到的。其中，$X_1 \sim X_5$ 的含义见表 12-5；G(1, 2) 为 X_1 与 X_2 的关联系数；G(1, 3)、G(1, 4)、G(1, 5) 同 G(1, 2)；关联序代表 $X_2 \sim X_5$ 与 X_1 关联系数的排序。

由分析结果可以看出，安全文化 X_5 和不安全动作 X_1 的关联度最大为 0.90965。不安全物态 X_2 和不安全动作 X_1 的关联度最小为 0.47513。

表 12-8 CREAM 模型人因失误影响因素关联度分析结果

均值化变换结果	2.4194	2.0408	2.3946	2.0000	—
	0.5484	0.5714	0.5442	0.5263	—
	0.6452	0.8163	0.6803	0.8421	—
	0.3871	0.5714	0.3810	0.6316	—
X_1 与其他因子的绝对差值	X_2	0.4194	0.0221	0.1969	0.2445
	X_3	0.0408	0.0451	0.0258	0.0602
	X_4	0.3946	0.0179	0.1618	0.2506
最大差值	$\Delta max = 0.41935$				
关联系数	$G(1, 2) = 0.55386$ $G(1, 3) = 0.83190$ $G(1, 4) = 0.57207$				
关联序	$X_3 > X_4 > X_2$				

注：表中数据是将表 12-6 数据输入到 DPS（Data Processing System）中得到的。其中，$X_1 \sim X_4$ 的含义见表 12-6；$G(1, 2)$ 为 X_1 与 X_2 的关联系数；$G(1, 3)$、$G(1, 4)$ 同 $G(1, 2)$；关联序代表 $X_2 \sim X_4$ 与 X_1 关联系数的排序。

由分析结果可看出，与技术有关的前因 X_3 与人因失误 X_1 的关联度最大为 0.83190，其次是与组织相关的前因 X_4 为 0.57207，最后是与人有关的前因 X_2。

（二）回归分析比较

回归分析是一种统计分析方法，可以确定 2 个或多个变量之间的定量关系[353]。

1. 回归分析数据表的建立

30 起事故的行为安全“2-4”模型分析结果中（表 12-4），设不安全动作为因变量，记为 Y；不安全物态、习惯性不安全行为、安全管理体系缺欠和安全文化缺欠为自变量，分别记为 X_1、X_2、X_3、X_4。

同理，30 起事故的 CREAM 模型分析结果中（表 12-3），设人因失误为因变量，记为 Y；与人有关的前因、与技术有关的前因和与组织有关的前因为自变量，分别记为 X_1、X_2、X_3。

此部分数据表格式与表 12-7、表 12-8 相似，只是因素的标记称号不同，因此不再列表表示。

2. 回归分析结果

通过 DPS 数据处理软件，分别对上述 2 种模型分析结果中的因变量及自变量进行回归分析，结果见表 12-9 和表 12-10。

表 12-9 行为安全“2-4”模型回归分析结果

协方差阵	X_1	X_2	X_3	X_4	Y	—
X_1	204.7500	987.0000	358.5000	1791.0000	686.0000	—
X_2	987.0000	4758.0000	1728.0000	8634.0000	3307.0000	—
X_3	358.5000	1728.0000	629.0000	3140.0000	1203.0000	—

表 12-9（续）

协方差阵	X_1	X_2	X_3	X_4	Y	—
X_4	1791.0000	8634.0000	3140.0000	15686.0000	6009.0000	—
Y	686.0000	3307.0000	1203.0000	6009.0000	2302.0000	—
相关系数	X_1	X_2	X_3	X_4	Y	显著水平 p
X_1	1.0000	1.0000	0.9990	0.9994	0.9992	0.0008
X_2	1.0000	1.0000	0.9989	0.9994	0.9992	0.0008
X_3	0.9990	0.9989	1.0000	0.9997	0.9997	0.0003
X_4	0.9994	0.9994	0.9997	1.0000	1.0000	0.0001
Y	0.9992	0.9992	0.9997	1.0000	1.0000	0.0001
相关性	偏相关	t 检验值	p 值	—	—	—
r（Y，X_2）	-0.8269	1.4706	0.2792	—	—	—
r（Y，X_4）	1.0000	257.2793	0.0001	—	—	—

注：r（Y，X_2）与 r（Y，X_4）分别表示自变量 Y 与因变量 X_2 的相关性以及自变量 Y 与因变量 X_4 的相关性。

由表 12-9 可看出，不安全动作 Y 与安全文化缺失 X_4 的相关性最高；p 值 $=0.0001<0.01$，表示回归方程的线性关系显著。

表 12-10　CREAM 模型人因失误线性回归计算结果

协方差阵	X_1	X_2	X_3	Y	—
X_1	2614.0000	759.0000	3051.0000	564.0000	—
X_2	759.0000	222.7500	887.2500	166.5000	—
X_3	3051.0000	887.2500	3562.7500	659.5000	—
Y	564.0000	166.5000	659.5000	125.0000	—
相关系数	X_1	X_2	X_3	Y	显著水平 p
X_1	1.0000	0.9947	0.9998	0.9867	0.0133
X_2	0.9947	1.0000	0.9960	0.9978	0.0022
X_3	0.9998	0.9960	1.0000	0.9883	0.0117
Y	0.9867	0.9978	0.9883	1.0000	0.0001
相关性	偏相关	t 检验值	p 值	—	—
r（Y，X_2）	0.9881	6.4274	0.0234	—	—
r（Y，X_3）	-0.9346	2.6275	0.1194	—	—

注：r（Y，X_2）与 r（Y，X_4）分别表示自变量 Y 与因变量 X_2 的相关性以及自变量 Y 与因变量 X_3 的相关性。

由表 12-10 可知，人因失误 Y 和与技术有关的前因 X_2 的显著性最高。

定量分析发现，行为安全“2-4”模型分析中，不安全动作与安全文化的关联度最高，线性相关最为显著；CREAM 模型分析中，人因失误和与技术有关的前因关联度最高，线性相关最为显著。

三、定量比较

2个模型包含的事故的影响对象都涵盖了人员、设备、社会财富、环境和其他影响。但CREAM在分析形成的人因失误事件时不包含组织外部因素。2种模型在对同一起事故原因分析时，行为安全“2-4”模型分析出的原因总数、同类型原因的数量，比CREAM模型分析要多。这表明2种模型事故分析角度的差异性。

灰色关联分析发现，行为安全“2-4”模型分析结果中，安全文化与不安全动作的关联度最高，不安全物态关联度最低。CREAM模型分析结果中，人因失误和与技术有关的前因关联度最大，与人相关的前因的关联度最低。回归分析结果与灰色关联分析结果一致，这也验证了分析的正确性。

通过定量比较发现，2个模型研究侧重点有所不同，行为安全“2-4”模型更加关注企业的安全文化，而CREAM模型更加关注企业的生产技术。

根据上述方法可知，定量的分析方法可以适用于模型特点的比较，通过量化模型分析处理得到的结果数据，直观地表现出模型的特点。

第三节　模型结合分析

各个模型之间除了可定性和定量比较外，还可根据各自特点，结合使用，达到分析事故的目的，目前也有很多学者进行了相关的研究，本书中对各个模型研究现状介绍时已阐述相关内容，案例详见本书第七章第三节的内容。本节不再赘述。

第四节　10种模型的综合对比

树形事故分析模型和Bow-tie模型是其中较早形成的事故致因模型，并且树形事故分析模型从故障树的建立开始，在很长一段时间内接连出现了很多树形模型，包括管理疏忽与风险树、原因树、事件树等。同时，Bow-tie模型也是从故障树与事件树模型的基础上建立的。因此他们的性质、结构、适用范围等内容相似，其关注的事故致因也类似，注重对事故原因的演绎推理，在分析事故时通过还原事件发生顺序，或者列出失效事件的逻辑关系对事故致因进行分析。此外，Bow-tie模型在树形模型的基础上增加了安全屏障及对于事故后果的分析。但是模型的逻辑较为简单，未全面地考虑事故的影响对象，因而模型包含的事故致因也不太全面，不能很好地描述系统的实际情况，还原事故发生路径。

贝叶斯网络模型作为一种不确定性的因果关系模型，能被用作够事故致因因素推理及定量分析的重要工具。但由于其原本为实际问题推理研究的统计推理方法，在事故分析领域仅能作为一种分析方法或工具，无法对事故致因因素进行分析，并且也没有对于事故影响对象、事故致因因素的规定，这些性质都取决于在使用贝叶斯网络模型推理研究前进行分析，为建立贝叶斯网络模型提供事故致因因素的模型。

Reason模型和HFACS将事故的影响对象规定为人员、设备和社会，相对于树形分析模型有了发展进步，建立了安全屏障的思维，将事故致因因素划分了层级，并且提出了隐性因素的概念以及隐性因素与显性因素共同导致事故发生的观点。但所包含的因素仍不全面，未包含组织外部因素，存在缺少具体定义或者因素分类不清晰等问题，在实际运用方面仍然存在一定的限制。

CREAM 涵盖的事故影响对象较为全面，通过系统网状结构描述事故发生路径，关注于人的认知活动过程中的人因失误，是人因因素可靠性分析的有力工具，能够进行人因因素的定性分析以及人因失误概率的定量预测。但是分析需要以人因失误为出发点，并且定量预测部分过程繁复，对分析人员要求较高，在实际运用时可能出现效率较低的问题。

AcciMap 为事故分析建立了社会-技术系统的层级框架，并且涵盖因素全面，通过系统网状结构描述事故发生路径，能够通过分析展现复杂系统中事故参与者的决策以及参与者之间的联系对于事故进程的影响。但是模型对各模块的定义与界定不清晰，没有明确的事故致因分类，对分析人员的要求较高，并且在实际运用时可能出现分析结果难以复制的情况，分析人员的主观因素对分析结果存在影响。

STAMP 将安全视为控制问题，通过系统网状结构描述事故发生路径，提出安全约束、分层安全控制结构、过程模型，并且对每个模块都有明确的定义，涵盖的事故致因全面，能够有效地针对复杂系统的控制问题进行分析，对于事件的分析结果极为详尽。但是模型中每个模块没有细化原因的类型，使用时若面对大量的事故统计分析，分析详尽也会导致效率降低。

事故致因“2-4”模型将事故发生路径描述为系统网状结构，对事故致因有明确的分类且涵盖全面，作为模块化模型，对其划分的每个模块都有明确的定义，便于事故致因因素的统计分析，并且能够有效地分析事故致因因素中的个人行为和组织行为。但是模型在事故原因概率分析上的描述需进一步加强。

FRAM 的事故影响对象和事故致因因素涵盖全面，以“功能共振”理论为基础，将系统划分为 6 个功能的耦合，通过系统网状结构描述事故发生路径，从功能而非系统层级、事故参与者的角度对事故的原因逻辑及系统的功能与活动进行描述，但是对于分析人员的要求较高，需要具有特定专业知识背景或分析经验的人进行详细分析，不利于大量的事故致因统计分析。

事故致因模型从简单的链式结构发展至系统网状结构，越来越符合对于实际系统的客观描述。这不仅仅是模型结构或内容上的进步，更是学者们对于安全与事故关系的进一步认识，以及对于日益复杂的社会技术系统的适应发展。整体上来说，事故致因模型涵盖的事故原因组成越来越全面，对于事故影响对象的认识越来越广泛，并且对于事故发生路径的描述呈现出由链式的结构向系统网状结构发展的趋势。部分模型在其内部划分了分析模块并给出了明确的定义，强化了分析结果的可靠性如 CREAM、FRAM、STAMP；部分模型对于事故致因因素有明确的分类，便于事故分析及事故致因因素统计分析时的实际应用，如 HFACS、事故致因“2-4”模型。但是由于复杂性等原因，部分模型虽然在分析时覆盖的深度与广度极高，但是在实际应用时，这同时对于分析人员的要求也更高，分析结果也可能受分析人员的主观因素影响。并且过于详尽的分析也会使得分析繁复，较大的工作量可能导致分析效率降低，不适用于大量的统计分析。

模型在具体应用时各有利弊，因此需要根据不同的实际使用需求及系统的实际情况来选择相应的模型或分析方法：例如，需要进行深度的分析就应选择未进行原因分类的事故致因模型，或系统的事故致因模型；需要进行大量的统计分析，或者快速高效的事故致因分析，就应选择对事故致因分类明确的模型；针对复杂系统，若更希望得到控制方面的问题则选用 STAMP，希望发现功能耦合上的缺陷则选用 FRAM，希望查明人因认知失误方面事件及致因因素则选用 CREAM，希望量化分析各致因因素的关联性及重要度则选用贝叶斯网络模型。但是最重要的还是应保证分析结果的准确度和可靠性，因此模型未来可以在此基础上适应技术及系统的发展，逐渐完善事故致因模型及分析方法的内容及功能，实现量化分析的功能，并应用至实际的安全管理当中。

附录 “前因–后果”链

附表1 “观察”的一般、具体前因

	一般后果	一般前因	具体前因	
观察	错过观察	设备故障 诊断失败 不适当的计划 功能性缺陷 不注意	信息过载 多种信号	噪声 视差
	错误观察	疲劳 分心	无	
	错误辨识	分心 缺少信息 诊断失败 标识错误	模糊的符号 模糊的信号 错误的信息	生活习惯 信息过载

附表2 “解释”的一般、具体前因

	一般后果	一般前因	具体前因	
解释	诊断失败	认知偏差 错误辨识 不适当的计划 功能性缺陷 不注意	迷惑的信号 心理模型的错误 误导性症状 错误学习	多重干扰 新症状 错误对比
	推理错误	认知偏差 认知风格	目光短浅	错误的类比 过度概括 模式错误
	决策失误	恐惧 认知偏差 分心 社会压力	缺乏知识 模式错误 震惊	刺激超载 工作量
	延迟解释	程序不足 设备故障 疲劳	指示器失灵	指示器失灵
	不正确预测	认知偏见 模糊的信息 不完整的信息	无	

附表3 “计划”的一般、具体前因

	一般后果	一般前因	具体前因	
计划	计划不足	分心 记忆错误 错误推理 知识培训不充分 过分需求	目标错误 培训不足 模型错误 过度的前提条件	从侧面看结果 违规行为 太短的计划期限
	计划目标错误	诊断失败 通讯联络失败	合法高优先事项	相互矛盾的标准

附表4 “与临时人员有关的职能”的一般、具体前因

	一般后果	一般前因	具体前因	
与临时人员有关的职能	记忆错误	过分需求	空想 学过很久 其他优先事项	暂时的无能力
	恐惧	无	先前的错误 可能的后果	不确定性
	分心	设备故障 通信联络失败	老板/同事 安慰电话 骚动	竞争任务 电话
	疲劳	不利的环境条件 不规律的工作时间	精疲力竭	
	绩效波动	设备故障 过度需求 技能培训不充分	制度的改变 疾病	缺乏培训 个性
	不注意	不利的环境条件	暂时丧失能力	
	生理/心理紧张	不利的环境条件 不规律的工作时间 过分需求 知识不足	厌倦	

参 考 文 献

[1] GREENWOOD M, WOODS H M. The incidence of industrial accidents upon individuals with special reference to multiple accidents (Report No. 4) [M]. London: Industrial Fatigue Reasearch Board, 1919.

[2] HEINRICH H W. industrial accident prevention [M]. New York: McGraw- Hill, 1979.

[3] 百度词条. 事故遭遇倾向论 [EB/OL]. (2021-03-31) [2021-07-30]. https://baike. baidu. com/item/事故遭遇倾向论/781324? fr=aladdin.

[4] 崔克清. 安全工程大辞典 [M]. 北京: 化学工业出版社, 1995.

[5] 周卫. 如何应用鱼骨图分析法调查工艺安全事故 [J]. 现代职业安全, 2021, 22 (4): 80-81.

[6] 百度词条. 能量转移理论 [EB/OL]. (2021-07-17) [2021-07-30]. https://baike. baidu. com/item/能量转移.

[7] 理论百度词条. 瑟利模型 [EB/OL]. (2020-07-07) [2021-07-30]. https://baike. baidu. com/item/瑟利模型 .

[8] 百度词条. 海尔模型 [EB/OL]. (2018-06-14) [2021-07-30]. https://baike. baidu. com/item/海尔模型.

[9] BIRD F E. Management guide to loss control [M]. Atlanta: Institute Press, 1974.

[10] 金龙哲, 宋存义. 安全科学原理 [M]. 北京: 化学工业出版社, 2004.

[11] 罗春红, 谢贤平. 事故致因理论的比较分析 [J]. 中国安全生产科学技术, 2007, 30 (5): 111-115.

[12] 崔金玉, 詹淑慧, 王伟, 等. 基于 Bow-Tie 模型的燃气管道腐蚀泄漏事件分析 [J]. 煤气与热力, 2020, 40 (7): 26-28+46.

[13] 卢均臣, 王延平. 基于 Tripod Beta 事故模型的触电事故原因分析 [J]. 安全、健康和环境, 2014, 14 (12): 5-7.

[14] REASON J T. Human error [M]. Cambridge: Cambridge University Press, 1990.

[15] JEANNE M S. The encyclopedia of occupational health and safety [M]. Geneva: International Labour Office, 1998.

[16] RASMUSSEN J. Risk management in a dynamic society: A modelling problem [J]. Safety Science, 1997, 27 (2-3): 183-213.

[17] 梁凯林. 基于 CREAM 的海上交通事故人因分析 [D]. 大连: 大连海事大学, 2014.

[18] SHAPPELL S A, WIEGMANN D A. The human factors analysis and classification system-HFACS [J]. American Libraries, 2000, 31 (2): 1-15.

[19] STEWART J M. Managing for world class safety [M]. New York: John Wiley & Sons, 2012.

[20] LEVESON N. A new accident model for engineering safer systems [J]. Safety Science, 2004, 42 (4): 237-270.

[21] ERIK H. FRAM: The functional resonance analysis method: modelling complex socio-technical systems [M]. Florida: CRC Press, 2017.

[22] 傅贵, 陆柏, 陈秀珍. 基于行为科学的组织安全管理方案模型 [J]. 中国安全科学学报, 2005, 15 (9): 21-27.

[23] ATTWOOD D, KHAN F, VEITCH B. Occupational accident models—Where have we been and where are we going? [J]. Journal of Loss Prevention in the Process Industries, 2006, 19 (6): 664-682.

[24] KUJATH M F, AMYOTTE P R, KHAN F I. A conceptual offshore oil and gas process accident model [J]. Journal of Loss Prevention in the Process Industries, 2010, 23 (2): 323-330.

[25] FERJENCIK M. An integrated approach to the analysis of incident causes [J]. Safety Science, 2011, 49

(6): 886-905.

[26] RATHNAYAKA S, KHAN F, AMYOTTE P. SHIPP methodology: Predictive accident modeling approach. Part I: Methodology and model description [J]. Process Safety and Environmental Protection, 2011, 89 (3): 151-164.

[27] 百度词条. 认知模型 [EB/OL]. (2021-01-26) [2021-07-30]. https: //baike. baidu. com/item/认知模型/10726713? fr=aladdin.

[28] VENKATASUBRAMANIAN V, ZHANG Z. TECSMART: A hierarchical framework for modeling and analyzing systemic risk in sociotechnical systems [J]. Aiche Journal, 2016, 62 (9): 3065-3084.

[29] International Atomic Energy Agency. Root cause analysis following an event at a nuclear installation: Reference manual [R]. Vienna: Vienna International Centre, 2015.

[30] FREEMAN R A. CCPS guidelines for chemical process quantitative risk analysis [J]. Plant/Operations Progress, 1990, 9 (4): 231-235.

[31] LEE W S, GROSH D L, TILLMAN F A, et al. Fault tree analysis, methods, and applications , a review [J]. IEEE Transactions on Reliability, 2009, 34 (3): 194-203.

[32] ELLIOTT M S. Computer-assisted fault-tree construction using a knowledge-based approach [J]. IEEE Transactions on Reliability, 2002, 43 (1): 112-120.

[33] PUMFREY D J. The principled design of computer system safety analyses [D]. York: University of York, 1999.

[34] FURUTA H, SHIRAISHI N. Fuzzy importance in fault tree analysis [J]. Fuzzy Sets and Systems, 1984, 12 (3): 205-213.

[35] 张大信, 郭基联. 某型飞机氧气系统动态故障树分析 [J]. 航空维修与工程, 2021, 66 (7): 57-59.

[36] 陈必盛, 刘文剑. 基于故障树分析 (FTA) 的井下伤亡事故的控制 [J]. 西部探矿工程, 2005, 17 (2): 229-230.

[37] 张德平, 张国强. 基于故障树的轨道交通车载设备可靠性分析 [J]. 电子产品可靠性与环境试验, 2021, 39 (S1): 37-39.

[38] 马彦鸿. 基于故障树分析法的电梯检验现场安全管理研究 [J]. 房地产世界, 2021, 29 (13): 131-133.

[39] YUHUA D, DATAO Y. Estimation of failure probability of oil and gas transmission pipelines by fuzzy fault tree analysis [J]. Journal of Loss Prevention in the Process Industries, 2005, 18 (2): 83-88.

[40] VOLKANOVSKI A, ČEPIN M, MAVKO B. Application of the fault tree analysis for assessment of power system reliability [J]. Reliability Engineering & System Safety, 2009, 94 (6): 1116-1127.

[41] 张悦, 崔承刚, 周崇波, 等. 基于FTA-BN模型的煤粉锅炉受热面故障风险研究 [J]. 上海电力大学学报, 2021, 37 (2): 127-132.

[42] 陈洪转, 赵爱佳, 李腾蛟, 等. 基于故障树的复杂装备模糊贝叶斯网络推理故障诊断 [J]. 系统工程与电子技术, 2021, 43 (5): 1248-1261.

[43] 龙丹冰, 解丽萍, 杨成. 基于熵算法改进的故障树-云模型风险分析方法 [J]. 安全与环境学报, 2022, 22 (2): 633-641.

[44] SHALEV D M, TIRAN J. Condition-based fault tree analysis (CBFTA): A new method for improved fault tree analysis (FTA), reliability and safety calculations [J]. Reliability Engineering & System Safety, 2007, 92 (9): 1231-1241.

[45] 林卫. 管理疏忽和风险树分析方法在供电企业安全管理中应用的探讨 [J]. 广东电力, 2006, 19 (7): 14-16.

[46] 李晓宇，李明，高扬，等. 采用事件树方法对列车意外闯入作业地点的风险分析 [J]. 铁道技术监督，2021，49 (7)：35-38.

[47] MURUGAIAH U，BENJAMIN S J，MARATHAMUTHU M S，et al. Scrap loss reduction using the 5 - whys analysis [J]. International Journal of Quality & Reliability Management，2010，27 (5)：527-540.

[48] BRIK K，AMMAR F B. Causal tree analysis of depth degradation of the lead acid battery [J]. Journal of Power Sources，2013，228 (15)：39-46.

[49] 曾永刚，钱省三，周园，等. 基于 CRT 及 ISM 的组织内员工知识共享障碍因素分析 [J]. 图书情报知识，2010，28 (2)：100-105.

[50] LIVINGSTON A D，JACKSON G，PRIESTLEY K. Root causes analysis：Literature review [R]. HSE Contract Research Report，2001.

[51] British Petroleum. Incident investigation-root cause analysis trainig：Comprensive list of causes [R]. London，1999.

[52] VESELY W E，GOLDBERG F F，ROBERTS N H，et al. Fault tree handbook [R]. U. S. Nuclear Regulatory Commission，1981.

[53] 张景林. 安全系统工程 [M]. 2 版. 北京：煤炭工业出版社，2014.

[54] 刘绘珍，张力，王以群，等. 故障树中最小割集和最小径集的改进算法 [J]. 工业安全与环保，2006，32 (4)：58-59.

[55] 康正发，黄培清. 用关联矩阵求事故树最小径集的方法 [J]. 系统工程理论方法应用，1993，2 (3)：20-24+78.

[56] British Standards Institution. Occupational health and safety management systems [M]. British：British Standards Institution，2008.

[57] 河北省应急管理厅. 河北张家口中国化工集团盛华化工公司 "11 · 28" 重大爆燃事故调查报告 [EB/OL] (2019-02-03) [2021-05-11]. https：//yjgl. hebei. gov. cn/portal/index/getPortalNewsDetails？id=7bde0d83-7ff3-4108-9d92-385083c97da8&categoryid=3a9d0375-6937-4730-bf52-febb997d8b48.

[58] MYERS J. Risk based decision making guidelines [R]. USA：United States Coast Guard，2002.

[59] BUY J R. Standardization guide for construction and use of MORT-Type analystic trees [R]. Washington：Department of Energy (US)，1992.

[60] 于智光. 参数化设计在景观桥梁工程中的应用研究 [D]：南京：东南大学，2016.

[61] 丁涛，林镇创，王帆，等. 基于管理疏忽与风险树的航运事故案例分析 [J]. 重庆交通大学学报（自然科学版），2020，39 (10)：37-42+48.

[62] KNOX N W，EICHER R W. Mort user's manual：For use with the management oversight and risk tree analytical logic diagram [R]. EG and G Idaho，Inc.，Idaho Falls，ID (United States). System Safety Development Center，1992.

[63] FREI R，KINGSTON J，KOORNNEEF F，et al. NRI MORT User's maual [C] //Noordwijk：The Noordwijk Risk Initiative Foundation，2002.

[64] CCPS. Guidelines for hazard evaluation procedures [C] // New York：Center for Chemical Process Safety；American Institute of Chemical Engineers，1985.

[65] FERJENCIK M，KURACINA R. MORT work sheet or how to make MORT analysis easy [J]. Journal of Hazardous Materials，2008，151 (1)：143-154.

[66] NIVOLIANITOU Z S，LEOPOULOS V N，KONSTANTINIDOU M. Comparison of techniques for accident scenario analysis in hazardous systems [J]. Journal of Loss Prevention in the Process Industries，2004，17

(6): 467-475.

[67] GROSSEL S S. Loss prevention in the process industries, 2nd edition (1996) [J]. Journal of Loss Prevention in the Process Industries, 1997, 10 (4): 285-286.

[68] RAUSAND M, HOYLAND A. System reliability theory: Models, statistical methods, and applications [M]. New York: John Wiley & Sons, 2003.

[69] Center for Chemical Process Safety. Guidelines for Investigating Chemical Process Incidents [M]. USA: American Institute of Chemical Engineers, 2003.

[70] SIERRA E A. Causal analysis tree training [R]. USA: Presentation at DOE Facility Representative Workshop, 2009.

[71] DOGGETT A M. Root cause analysis: A framework for tool selection [J]. Quality Management Journal, 2005, 12 (4): 34-45.

[72] RUIJTER A D, GULDENMUND F. The bow-tie method: A review [J]. Safety Science, 2016, 88 (8): 211-218.

[73] ALIZADEH S S, MOSHASHAEI P. The bowtie method in safety management system: A literature review [J]. Scientific Journal of Review, 2015, 4 (9): 133-138.

[74] BOOK G. Lessons learned from real world application of the bow-tie method [C] //SPE Middle East Health, Safety, Security, and Environment Conference and Exhibition. One Petro, 2012.

[75] PRIMROSE M J, BENTLEY P D, GRAAF G C, et al. The HSE management system in practice-lmplementation [C] // SPE Health, Safety and Environment in Oil and Gas Exploration and Production Conference. OnePetro, 1996.

[76] 原创力文档. Bow-tie 模型研究和应用 [EB/OL]. (2019-05-08) [2021-06-18]. https: //max.book118. com/html/2019/0508/6221101144002030. shtm .

[77] DIANOUS V D, FIEVEZ C. ARAMIS project: a more explicit demonstration of risk control through the use of Bow-tie diagrams and the evaluation of safety barrier performance [J]. Journal of Hazardous Materials, 2006, 130 (3): 220-233.

[78] TALEB-BERROUANE M, KHAN F, HAWBOLDT K. Corrosion risk assessment using adaptive bow-tie (ABT) analysis [J]. Reliability Engineering & System Safety, 2021, 214 (4): 107731.

[79] 胡景武. 蝴蝶结风险辨识模型及其在典型石化企业中的应用 [D]. 辽宁: 辽宁石油化工大学, 2020.

[80] 薛鲁宁, 樊建春, 张来斌. 海上钻井井喷事故的蝴蝶结模型 [J]. 中国安全生产科学技术, 2013, 9 (2): 79-83.

[81] 胡满, 吴谦, 纪永强, 等. 深水固井作业井喷事故的蝴蝶结模型 [J]. 石油工业技术监督, 2014, 30 (5): 1-5.

[82] BURGESS-LIMERICK R, HORBERRY T, STEINER L. Bow-tie analysis of a fatal underground coal mine collision [J]. Ergonomics Australia, 2014, 10 (2): 1-5.

[83] 李红霞, 郑佳敏. 煤矿瓦斯爆炸模糊 Bow-tie 模型分析 [J]. 矿业安全与环保, 2020, 47 (5): 119-126.

[84] 佟瑞鹏, 谢贝贝. 基于模糊 Bow-tie 模型的煤矿顶板事故风险分析 [J]. 中国煤炭, 2018, 44 (4): 125-129.

[85] 孙殿阁, 孙佳, 王淼, 等. 基于 Bow-tie 技术的民用机场安全风险分析应用研究 [J]. 中国安全生产科学技术, 2010, 6 (4): 85-89.

[86] 刘俊杰, 张丽娟. 基于改进 Bow-tie 模型的民航重着陆事件分析 [J]. 交通信息与安全, 2016, 34 (4): 57-62.

[87] 陆正, 崔振新, 汪磊. 基于Bow-tie模型的民机着陆冲出跑道风险分析 [J]. 工业安全与环保, 2015, 41 (12): 4-8.

[88] 贾朋美, 於孝春, 宋前甫. Bow-tie技术在城镇燃气管道风险管理中的应用 [J]. 工业安全与环保, 2014, 40 (2): 14-17+39.

[89] 陈玉超, 蒋宏业, 吴瑶晗, 等. 基于Bow-tie模型的城镇输油管道风险评价方法研究 [J]. 中国安全生产科学技术, 2016, 12 (4): 148-152.

[90] 於孝春, 贾朋美, 张兴. 基于模糊Bow-tie模型的城镇燃气管道泄漏定量风险评价 [J]. 天然气工业, 2013, 33 (7): 134-139.

[91] 胡显伟, 段梦兰, 官耀华. 基于模糊Bow-tie模型的深水海底管道定量风险评价研究 [J]. 中国安全科学学报, 2012, 22 (3): 128-133.

[92] 孙震, 卢俊峰. 基于Bow-tie模型的模糊贝叶斯网络在风险评估中的应用 [J]. 中国内部审计, 2020, 24 (4): 51-58.

[93] 李琼, 杨洁, 詹夏情. 智慧社区项目建设的社会稳定风险评估——基于Bow-tie和贝叶斯模型的实证分析 [J]. 上海行政学院学报, 2019, 20 (5): 89-99.

[94] 崔文罡, 范厚明, 姚茜, 等. 基于模糊Bow-tie模型的油轮靠港装卸作业溢油风险分析 [J]. 中国安全生产科学技术, 2016, 12 (12): 92-98.

[95] 陈伟炯, 卢忆宁, 张善杰, 等. 跨海大桥船桥碰撞模糊Bow-tie风险评估方法 [J]. 中国安全科学学报, 2018, 28 (1): 87-92.

[96] BADREDDINE A, AMOR N B. A new approach to construct optimal bow tie diagrams for risk analysis [C]. Berlin: International Conference on Industrial, Engineering and Other Applications of Applied Intelligent Systems. 2010: 595-604.

[97] MCCLELLAND D C. Testing for competence rather than for" intelligence." [J]. American Psychologist, 1973, 28 (1): 1-14.

[98] AMER G. Corrective action preventive action (CAPA): A risk mitigating quality system [J]. Pharmaceutical Engineering, 2008, 28 (3): 66.

[99] RASMUSSE J. Human error mechanisms in complex work environments [J]. Reliability Engineering & System Safety, 1988, 22 (1-4): 155-167.

[100] ANDREWS J D, DUNNETT S J. Event-tree analysis using binary decision diagrams [J]. IEEE Transactions on Reliability, 2000, 49 (2): 230-238.

[101] 林柏泉, 张景林. 安全系统工程 [M]. 北京: 中国劳动社会保障出版社, 2007

[102] 田宏, 陈宝智, 吴穹, 等. 广义多态事件树模型 [J]. 中国安全科学学报, 2000, 10 (6): 38-42.

[103] NIELSEN D S. The cause/consequence diagram method as a basis for quantitative accident analysis [M]. Denmark: Riso National Laboratory, 1971.

[104] 徐纪进. 贵州福泉炸药运输车爆炸事故 [J]. 湖南安全与防灾, 2012, 15 (1): 47.

[105] 国务院安全生产委员会. 关于广东省清远市"8·27"重大爆炸事故的通报 [EB/OL]. (2012-9-7) [2021-03-15]. http://www.gov.cn/gzdt/2012-09/07/content_2219221.htm.

[106] 腾讯新闻. 湖南宁乡一鞭炮引线运输车发生爆炸造成12人死亡 [EB/OL]. (2010-12-20) [2021-03-15]. https://news.qq.com/a/20101220/000020.htm.

[107] 李研, 沈安信. 英德: 炸药配送车爆炸10死20伤 [J]. 广东交通, 2012, 28 (5): 39-39.

[108] 冀俊忠, 刘椿年, 沙志强. 贝叶斯网模型的学习、推理和应用 [J]. 计算机工程与应用, 2003, 26 (5): 24-27+47.

[109] DINDAR S, KAEWUNRUEN S, AN M, et al. Bayesian Network-based probability analysis of train derail-

ments caused by various extreme weather patterns on railway turnouts [J]. Safety Science, 2018, 110 (PartB): 20-30.

[110] TRUCCO P, CAGNO E, RUGGERI F, et al. A bayesian belief network modelling of organisational factors in risk analysis: A case study in maritime transportation [J]. Reliability Engineering and System Safety, 2008, 93 (6): 845-856.

[111] ZAREI E, AZADEH A, ALIABADI M M, et al. Dynamic safety risk modeling of process systems using bayesian network [J]. Process Safety Progress, 2017, 36 (4): 399-407.

[112] 肖仲明, 王新建, 章文俊. 基于贝叶斯网络模型的船舶搁浅事故分析 [J]. 安全与环境学报, 2017, 17 (2): 418-421.

[113] LI X, WANG X, FANG Y. Cause-chain analysis of coal-mine gas explosion accident based on bayesian network model [J]. Cluster Computing, 2019, 22 (1): 1549-1577.

[114] ZHANG C, QIN T X, HUANG S, et al. Quantitative analysis of factors that affect oil pipeline network accident based on Bayesian networks: A case study in China [C] //E3S Web of Conferences. EDP Sciences, 2018: 1-6.

[115] 李书帆. 基于贝叶斯网络的浮动式核电站人因可靠性研究 [D]. 衡阳: 南华大学, 2019.

[116] 黄海燕, 李健, 江田汉, 等. 基于贝叶斯网络的事故多级多米诺效应计算方法研究 [J]. 中国安全生产科学技术, 2019, 15 (6): 157-161.

[117] 陈雪, 李德顺, 韩恩慧. 危险化学品仓库火灾爆炸事故贝叶斯网络研究 [J]. 沈阳理工大学学报, 2017, 36 (3): 106-110.

[118] 刘志强, 王玲, 张爱红, 等. 基于贝叶斯模型的雾霾天高速公路交通事故发生机理研究 [J]. 重庆理工大学学报 (自然科学版), 2018, 32 (1): 43-49.

[119] ARGENTI F, LANDUCCI G, RENIERS G, et al. Vulnerability assessment of chemical facilities to intentional attacks based on bayesian network [J]. Reliability Engineering & System Safety, 2018, 169 (9): 515-530.

[120] HOSSAIN M, MUROMACHI Y. A Bayesian network based framework for real-time crash prediction on the basic freeway segments of urban expressways [J]. Accident Analysis and Prevention, 2012, 45 (1): 373-381.

[121] KHAKZAD N, KHAN F, AMYOTTE P. Dynamic safety analysis of process systems by mapping bow-tie into Bayesian network [J]. Process Safety and Environmental Protection, 2013, 91 (1-2): 46-53.

[122] 单羽, 王聪, 张金亮. 基于 FUZZY-FTA-BN 的涂装车间除尘器爆炸事故分析 [J]. 宁波工程学院学报, 2017, 29 (4): 9-15.

[123] 孙书钢. 船舶碰撞事故致因链分析 [D]. 大连: 大连海事大学, 2010.

[124] 梁策. 基于贝叶斯网的危化品爆炸事故致因因素分析 [D]. 北京: 北京化工大学, 2016.

[125] 厉海涛, 金光, 周经伦, 等. 贝叶斯网络推理算法综述 [J]. 系统工程与电子技术, 2008, 30 (5): 935-939.

[126] COOPER G F. The computational complexity of probabilistic inference using bayesian belief networks [J]. Artificial Intelligence, 1990, 42 (2-3): 393-405.

[127] 知乎. 飞机是最安全的交通工具吗? [EB/OL]. (2014-03-15) [2021-03-15], https: //www. zhihu. com/question/22970078? rf=20789614.

[128] The Poynter Institute. Bus association head says buses safest mode of commercial [EB/OL]. transportationhttps: //www. politifact. com/factchecks/2011/jun/11/peter-pantuso/bus-association-head-says-buses-safest-mode-commer/, 2011-06-07.

[129] 薛宇敬阳. 我国通用航空飞行事故原因研究 [D]. 中国矿业大学（北京），2019.

[130] NAGEL D C. Human error in aviation operations [M]. New York: Academic Press, 1988: 263-303.

[131] SHAPPELL S A, WIEGMANN D A. U. S. naval aviation mishaps, 1977-92: Differences between single- and dual-piloted aircraft [J]. Aviation, Space, and Environmental Medicine, 1996, 67 (1), 65-69.

[132] RASMUSSEN J. Human errors: A taxonomy for describing human malfunction in industrial installations [J]. Journal of Occupational Accidents, 1982, 4 (2-4): 311-333.

[133] RASMUSSEN J, DUNCAN K. New technology and human error [M]. New York: John Wiley & Sons, 1987.

[134] Salvendy. Handbook of human factors and ergonomics [M]. New York: John Wiley & Sons, 2012.

[135] HEINRICH H W, PETERSEN D, ROOS N. Industrial accident prevention: A safety management approach (5th ed.) [M]. New York: McGraw-Hill, 1980.

[136] BONADONNA C, FOLCH A, LOUGHLIN S, et al. Future developments in modelling and monitoring of Volcanic ash clouds: outcomes from the first IAVCEI-WMO workshop on Ash Dispersal Forecast and Civil Aviation [J]. Bulletin of Volcanology, 2012, 74 (1): 1-10.

[137] O'HARE D. Pilots' perception of risk and hazard in general aviation [J]. Aviation Space and Environmental Medicine, 1990, 61 (7): 599-603.

[138] DEGANI A, WIENER E L. Philosophy, policies, procedures and practices: The four 'P' s of flight deck operations [J]. Aviation Psychology in Practice. Routledge, 2017: 44-67.

[139] SANDERS M, SHAW B. Research to determine the contribution of system factors in the occurrence of underground injury accidents [M]. Pittsburgh, PA: Bureau of Mines, 1988.

[140] REASON J T, MANSTEAD A S R, STRADLING S, et, al. Interim report on the investigation of driver errors and violations [R]. University of Manchester: Department of Psychology, 1988.

[141] 郝红勋. 民航飞行员人因失误评价模型研究 [D]. 北京：中国矿业大学（北京），2017.

[142] WIEGMANN D A, SHAPPELL S A. A human error approach to aviation accident analysis [M]. Bodmin, Cornwall: MPG Books Ltd, 2003.

[143] REASON J, HOLLNAGEL E, PARIES J. Revisiting the " Swiss Cheese" Model of Accidents [J]. Journal of Clinical Engineering, 2006, 27 (4): 110-115.

[144] REASON J T. Managing the risks of organizational accidents [M]. Aldershot, UK: Ashgate Publishing Limited, 1997.

[145] REASON J. Understanding adverse events: Human factors [J]. BMJ Quality & Safety, 1995, 4 (2): 80-89.

[146] 彭朝荣. REASON 模型在航空事故分析中的应用 [J]. 长沙航空职业技术学院学报, 2017, 17 (3): 83-88.

[147] 刘文评. 基于 Reason 模型的航空事故人为因素分析 [J]. 中国科技信息, 2020, 26 (10): 36-37.

[148] PAGAN B J, DE VOOGT A J, VAN DOORN R R A. Ultralight aviation accident factors and latent failures: A 66-case study [J]. Aviation Space and Environmental Medicine, 2006, 77 (9): 950-952.

[149] CAI J Y, HUANG W F, LI J. Mechanism analysis of astronaut manual rendezvous and docking human error based on reason model [C] //Man-Machine-Environment System Engineering. Singapore, 2016: 553-540.

[150] 徐影，杨高升，夏柠萍，等. 基于 FTA-Reason 的施工作业高空坠落风险预控研究 [J]. 中国安全生产科学技术, 2015, 11 (7): 171-177.

[151] HORTY J. Modifying the reason model [J]. Artificial Intelligence and Law, 2021, 29 (2): 271-285.

[152] BONSU J, VAN DYK W, FRANZIDIS J P, et al. A systems approach to mining safety: An application of the Swiss Cheese Model [J]. Journal of the Southern African Institute of Mining and Metallurgy, 2016, 116 (8): 776-784.

[153] 刘凯辛. 基于模糊贝叶斯网络的海底管道泄漏事故风险评估 [D]. 哈尔滨: 哈尔滨理工大学, 2018.

[154] 韩新营. 基于 CREAM 模型的埃航 409 航班坠海事故人误分析 [J]. 中国高新区, 2017, 4 (21): 228.

[155] 乔善勋. 质量与安全系列 都是疲劳惹的祸——埃塞俄比亚航空 409 号航班空难 [J]. 大飞机, 2020, 4 (2): 72-74.

[156] SWAIN A D, GUTTMANN H E. Handbook of human-reliability analysis with emphasis on nuclear power plant applications, final report [R]. USA: Sandia National Labs, 1983.

[157] HANNAMAN, G W. Human cognitive reliability model for PRA analysis [R]. Singapore: National University of Singapore, 1984.

[158] SWAIN A D. Human reliability analysis: Need, status, trends and limitations [J]. Reliability Engineering & System Safety, 1990, 29 (3): 301-313.

[159] GRANDJEAN E P. Fitting the task to the man [M]. London: Taylorand Francis, 1980.

[160] 张力. 概率安全评价中人因可靠性分析技术 [M]. 北京: 原子能出版社, 2006.

[161] 辽宁大学经济系资料室. 工业企业管理名词解释 [R]. 沈阳: 辽宁大学经济系, 1980.

[162] 李鹏程, 陈国华, 张力, 等. 人因可靠性分析技术的研究进展与发展趋势 [J]. 原子能科学技术, 2011, 45 (3): 329-340.

[163] KIM M C, SEONG P H. An analytic model for situation assessment of nuclear power plant operators based on Bayesian inference [J]. Reliability Engineering and System Safety, 2006, 91 (3): 270-282.

[164] 高文宇, 张力. 人因可靠性分析方法 CREAM 及其应用研究 [J]. 人类工效学, 2002, 8 (4): 8-12+70-71.

[165] HOLLNAGEL E. Cognitive Reliability and Error Analysis Method [M]. Oxford (UK): Elsevier Science Ltd, 1998.

[166] HOLLNAGEL E, CACCIABUE P C. Cognitive modelling in system simulation [C] //Proceedings of Third European Conference on Cognitive Science Approaches to Process Control. Cardiff, September 2-6, 1991.

[167] NEISSER U. Cognition and reality [M]. San Francisco: W. H. Freeman, 1976.

[168] HOLLNAGEL E. Human reliability analysis-Context and control [J]. Academic Press, 1993, 53 (1): 99-101.

[169] 高文宇. 核电厂人因可靠性分析的几个问题研究 [D]. 衡阳: 南华大学, 2011.

[170] LYU Y, XIAO Y, ZHOU Q X. Classification and cause analysis of human errors in the flight accidents of international modern fighter planes [C] //International Conference on Man-Machine-Environment System Engineering. Singapore, 2017, Springer.

[171] 黄宝军, 陈治怀. 飞机起飞阶段人为失误类型与原因分析 [J]. 人类工效学, 2011, 17 (2): 63-65.

[172] ABUJAAFAR K M, YANG Z, WANG J. Modelling adequacy of organization in human reliability analysis a case of maritime operations [R]. Safety and Reliability of Complex Engineered Systems-Proceedings of the 25th European Safety and Reliability Conference, 2015, 3157-3164.

[173] HOLLNAGEL E, KAARSTAD M, LEE H C. Error mode prediction [J]. Ergonomics, 1999, 42 (11):

1457-1471.

[174] MITOMO N, HIKIDA K, YOSHIMURA K, et al. Common performance condition for marine accident -Experimental approach [C] //Emerging Trends in Engineering and Technology (ICETET), 2012 Fifth International Conference on. IEEE, 2012.

[175] LEE S M, HA J S, SEONG P H. CREAM-based communication error analysis method (CEAM) for nuclear power plant operators' communication [J]. Journal of Loss Prevention in the Process Industries, 2011, 24 (1): 90-97.

[176] 刘国中, 张勇军, 李哲, 等. 基于CREAM追溯法的变电运行人因失效分析 [J]. 中国电力, 2007, 52 (5): 91-95.

[177] 付琴, 陈沅江, 邓奇春. CREAM追溯法在交通事故人因分析中的应用研究 [J]. 安全与环境学报, 2011, 11 (6): 247-251.

[178] 张锦朋, 陈伟炯, 张浩, 等. 基于CREAM的值班驾驶员避险可靠性分析 [J]. 中国安全科学学报, 2012, 22 (9): 90-96.

[179] WU B, YAN X P, WANG Y, et al. An Evidential reasoning-Based CREAM to human reliability analysis in maritime accident process [J]. Risk Analysis, 2017, 37 (10): 1936-1957.

[180] 高扬, 王义龙, 牟德一. 基于不确定理论和CREAM的飞行员应急操作可靠性分析 [J]. 中国安全科学学报, 2013, 23 (10): 56-62.

[181] 陆海波, 王媚, 郭创新, 等. 基于CREAM的电网人为可靠性定量分析方法 [J]. 电力系统保护与控制, 2013, 41 (5): 37-42.

[182] MARSEGUERRA M, ZIO E, LIBRIZZI M. Human reliability analysis by fuzzy " CREAM" [J]. Risk Analysis, 2007, 27 (1): 137-154.

[183] FELICE F D, PETRILLO A, ZOMPARELLI F. A hybrid model for human error probability analysis [J]. IFAC-PapersOnLine, 2016, 49 (12): 1673-1678.

[184] 王丹, 刘琳, 贺宏博. 人因可靠性分析在煤矿生产中的改进与应用 [J]. 内蒙古大学学报 (哲学社会科学版), 2013, 45 (4): 60-65.

[185] ALLEN J F. Maintaining knowledge about temporal intervals [J]. Communications of the ACM, 1983, 26 (11): 832-843.

[186] REASON J, LUCAS D. Absent - mindedness in shops: Its incidence, correlates and consequences [J]. British Journal of Clinical Psychology, 1984, 23 (2): 121-131.

[187] 王遥, 沈祖培. CREAM——第二代人因可靠性分析方法 [J]. 工业工程与管理, 2005, 10 (3): 17-21.

[188] PARRY G W. Human reliability analysis-Context and control [J]. Reliability Engineering & System Safety, 1996, 53 (1): 99-101.

[189] BEARE A N, DORRIS R E. A simulator-based study of human errors in nuclear power plant control room tasks [C] //Proceedings of the Human Factors Society Annual Meeting. Sage CA: Los Angeles, CA: SAGE Publications, 1983: 170-174.

[190] WILLIAMS J C. Human reliability data- The state of the art and the possibilities [J]. In Proceedings Reliability' 89, 1989, 1 (6): 14-16.

[191] 高佳, 沈祖培, 何旭洪. 第二代人因可靠性分析方法的进展 [J]. 中国安全科学学报, 2004, 14 (2): 18-22.

[192] FUJITA Y, HOLLNAGEL E. Failures without errors: quantification of context in HRA [J]. Reliability Engineering&System Safety, 2004, 83 (2): 145-151.

[193] 山东省应急管理厅. 临沂金誉石化有限公司“6・5”罐车泄漏重大爆炸着火事故调查报告 [EB/OL]. (2021-07-22) [2021-09-10]. http://yjt.shandong.gov.cn/xwzx/zt/zxxd2022/jsjy/202107/t20210722_3678335.html.

[194] WIEGMANN D A, SHAPPELL S A. A human error approach to aviation accident analysis: The human factors analysis and classification system [M]. Routledge, 2017.

[195] SHAPPELL S A, WIEGMANN D A. Applying reason: The human factors analysis and classification system (HFACS) [J]. Human Factors and Aerospace Safety, 2001, 1 (1): 59-86.

[196] WIEGMANN D A, SHAPPELL S A. Human error analysis of commercial aviation accidents: Application of the human factors analysis and classification system (HFACS) [J]. Aviation, Space, and Environmental Medicine, 2001, 72 (11): 1006-1016.

[197] SHAPPELL S A, WIEGMANN D A. The Human Factors Analysis and Classification System (HFACS) [R]. Washington DC: Federal Aviation Administration, 2000.

[198] WIEGMANN D A, SHAPPELL S A. A human error analysis of commercial aviation accidents using the Human Factors Analysis and Classification System (HFACS) [R]. The Report of Office of Aviation Medicine Federal Aviation Administration, 2001.

[199] SHAPPELL S A, WIEGMANN D A. A human error analysis of general aviation controlled flight into terrain accidents occurring between 1990—1998 [R]. The Report of Office of Aviation Medicine Federal Aviation Administration, 2003.

[200] WIEGMANN D A, SHAPPELL S A. Human error and general aviation accidents: A comprehensive, fine-Grained analysis using HFACS [R]. The Report of Office of Aviation Medicine Federal Aviation Administration, 2005.

[201] SHAPPELL S, DETWILER C, HOLCOMB K, et al. Human error and commercial aviation accidents: an analysis using the human factors analysis and classification system [J]. Human Factors, 2007, 49 (2): 227-242.

[202] DARAMOLA A Y. An investigation of air accidents in Nigeria using the Human Factors Analysis and Classification System (HFACS) framework [J]. Journal of Air Transport Management, 2014, 35 (4): 39-50.

[203] 潘卫军, 许友水. 机场跑道入侵人为因素识别与预防研究 [J]. 人类工效学, 2014, 20 (3): 75-79.

[204] 甘旭升, 崔浩林, 高文明, 等. 基于 HFACS 的空中相撞事故分析及建议 [J]. 中国安全生产科学技术, 2015, 11 (10): 96-102.

[205] 江浩. 基于 HFACS 模型的航空事故人因分析及其安全管理体系建设研究 [D]. 西安: 陕西师范大学, 2015.

[206] MICHAł L, MAGOTT J, SKORUPSKI J. A system-Theoretic accident model and process with Human Factors Analysis and Classification System taxonomy [J]. Safety Science, 2018, 110 (PartA): 393-410.

[207] RASHID H S J, PLACE C S, BRAITHWAITE G R. Helicopter maintenance error analysis: Beyond the third order of the HFACS-ME [J]. International Journal of Industrial Ergonomics, 2010, 40 (6): 636-647.

[208] 魏水先, 孙有朝, 陈迎春. 基于 HFACS 的飞行事故人为差错分析方法研究 [J]. 航空计算技术, 2014, 44 (2): 50-53.

[209] 王黎静, 莫兴智, 曹琪琰. HFACS-MM 模型构建与应用 [J]. 中国安全科学学报, 2014, 24 (8): 73-78.

[210] 庞兵，于雯宇. 基于改进的 HFACS 和模糊理论的航空事故人因分析［J］. 安全与环境学报，2018，18（5）：1886-1890.

[211] 王家旭，梁敏. 基于 HFACS-AHP 的航电试验机飞行试验人因分析［J］. 价值工程，2020，39（17）：240-243.

[212] 罗晓利，曾先林，赵珊. 基于 HFACS 模型的机场威胁与差错因素研究［J］. 中国民用航空，2014，15（1）：91-94.

[213] PATTERSON J M，SHAPPELL S A. Operator error and system deficiencies：analysis of 508 mining incidents and accidents from Queensland，Australia using HFACS［J］. Accident Analysis & Prevention，2010，42（4）：1379-1385.

[214] ZHOU L，FU G，XUE Y J Y. Human and organizational factors in Chinese hazardous chemical accidents：A case study of '8 · 12' Tianjin Port fire and explosion using the HFACS-HC［J］. International Journal of Occupational Safety & Ergonomics Jose，2018，24（3）：329-340.

[215] HALE A，WALKER D，WALTERS N，et al. Developing the understanding of underlying causes of construction fatal accidents［J］. Safety Science，2012，50（10）：2020-2027.

[216] GONG Y，FAN Y. Applying HFACS approach to accident analysis in petro-Chemical industry in China：Case study of explosion at Bi-Benzene plant in Iilin［M］. Germany Advances in Safety Management and Human Factors. Springer International Publishing，2016.

[217] COHEN T N，FRANCIS S E，WIEGMANN D A，et al. Using HFACS-Healthcare to identify systemic vulnerabilities during surgery［J］. American Journal of Medical Quality，2018，33（6）：614-622.

[218] ORASANU J M. Decision making in the cockpit［J］. Cockpit Resource Management，1993：137-172.

[219] HELMREICH R L，FOUSHEE H C. Why crew resource management? Empirical and theoretical bases of human factors training in aviation［M］. New York：Academic Press，1993.

[220] NICOGOSSIAN A E. Space physiology and medicine［M］. USA：National Aeronautics and Space Administration Scientific and Technical Information Branch，1982.

[221] PINA M A L. Transportes aereos ejecutivos，SA（TAESA）：Expresion de un sistema politico indeseable［J］. El Cotidiano，2000，16（101）：65-73.

[222] 杨茂林，罗渝川. 法航 447 航班事故分析与安全对策［J］. 电子技术，2020，49（6）：29-31.

[223] 刘玉婷. 基于人误模板法分析法航 447 航班事故［J］. 科技视界，2019，9（23）：32-34.

[224] 徐冕，胡迪. 关于法航 447 失事原因的气象分析报告［J］. 空中交通管理，2009，15（11）：49-52.

[225] CHEN S T，WALL A，DAVIES P，et al. A Human and Organisational Factors（HOFs）analysis method for marine casualties using HFACS-Maritime Accidents（HFACS-MA）［J］. Safety Science，2013，60：105-114.

[226] SCHRöDER-HINRICHS J U，BALDAUF M，GHIRXI K T. Accident investigation reporting deficiencies related to organizational factors in machinery space fires and explosions［J］. Accident Analysis & Prevention，2011，43（3）：1187-1196.

[227] SONER O，ASAN U，CELIK M. Use of HFACS-FCM in fire prevention modelling on board ships［J］. Safety Science，2015，77（3）：25-41.

[228] REINACH S，VIALE A. Application of a human error framework to conduct train accident/incident investigations［J］. Accident Analysis & Prevention，2006，38（2）：396-406.

[229] WATERSON P，JENKINS D P，SALMON P M，et al. 'Remixing Rasmussen'：The evolution of Accimaps within systemic accident analysis［J］. Applied Ergonomics，2016，59（Pt B）：483-503.

[230] WATERSON P，ROBERTSON M M，COOKE N J，et al. Defining the methodological challenges and op-

portunities for an effective science of sociotechnical systems and safety [J]. Ergonomics, 2015, 58 (4): 565-599.

[231] HALE A R, HOVDEN J. Management and culture: the third age of safety. A review of approaches to organizational aspects of safety, health and environment [M]. USA Occupational injury: Risk, prevention and intervention, 1998: 129-165.

[232] RASMUSSEN J, BATSTONE R. Toward improved safety control and risk management [R]. World Bank: Washington, DC, 1991.

[233] LEE S, MOH Y B, TABIBZADEH M, et al. Applying the AcciMap methodology to investigate the tragic Sewol Ferry accident in South Korea [J]. Applied Ergonomics, 2017, 59 (4): 517-525.

[234] RASMUSSEN J, SUEDUNG I. Proactive risk management in a dynamic society [M]. Sweden: Swedish Rescue Services Agency, 2000.

[235] SVEDUNG I. RASMUSSEN J. Graphic representation of accident scenarios: mapping system structure and the causation of accidents [J]. Safety Science, 2002, 40 (5): 397-417.

[236] STRÖMGREN M. Manual för AcciMap - Kompendium för kursen Kvalificerad olycksutredningsmetodik [M]. Karlstad: Karlstad University, 2009.

[237] BRANFORD K. An investigation into the validity and reliability of the AcciMap approach [D] Canberra: Australian National University, 2007.

[238] BRANFORD K, HOPKINS A, NAIKAR N. Guidelines for AcciMap analysis [M]. Australia Learning from High Reliability Organisations. CCH Australia Ltd, 2009.

[239] 孙逸林, 李洪兵, 刘险峰, 等. 基于AcciMap模型的化工事故致因定量分析方法研究 [J]. 安全与环境学报, 2021, 21 (4): 1670-1675.

[240] IGENE O O, CHRISTOPHER W J, JENNY L. An evaluation of the formalised AcciMap approach for accident analysis in healthcare [J]. Cognition, Technology & Work, 2021, 24 (1): 1-21.

[241] JOHNSON C W, MUNIZ D A. An investigation into the loss of the Brazilian space programme's launch vehicle VLS-1 V03 [J]. Safety Science, 2008, 46 (1): 38-53.

[242] THOROMAN B, SALMON P, GOODE N. Applying AcciMap to test the common cause hypothesis using aviation near misses [J]. Applied Ergonomics, 2020, 87 (2): 103-110.

[243] VICENTE K J, CHRISTOFFERSEN K. The Walkerton E. Coli outbreak: A test of rasmussen's framework for risk management in a dynamic society [J]. Theoretical Issues in Ergonomics Science, 2006, 7 (2): 93-112.

[244] GOODE N, SALMON P M, LENNE MICHALE G, et al. Systems thinking applied to safety during manual handling tasks in the transport and storage industry [J]. Accident analysis & prevention, 2014, 68 (6): 181-191.

[245] YOUSEFI A, HERNANDEZ M R, PENA V L. Systemic accident analysis models: A comparison study between AcciMap, FRAM, and STAMP [J]. Process Safety Progress, 2019, 38 (2): 1-16.

[246] STEMN E, HASSALL M E, BOFINGER C. Systemic constraints to effective learning from incidents in the Ghanaian mining industry: A correspondence analysis and AcciMap approach [J]. Safety Science, 2020, 123 (11): 1-14.

[247] GONCALVES A P, JUN G T, WATERSON P. Four studies, two methods, one accident - An examination of the reliability and validity of AcciMap and STAMP for accident analysis [J]. Safety Science, 2019, 113 (10): 310-317.

[248] STANTON N A, SALMON P M, WALKER G H, et al. Models and methods for collision analysis: A com-

parison study based on the Uber collision with a pedestrian [J]. Safety Science, 2019, 120 (6): 117-128.

[249] SALMON P, WILLIAMSON A, LENNE M, et al. Systems-based accident analysis in the led outdoor activity domain: Application and evaluation of a risk management framework [J]. Ergonomics, 2010, 53 (8): 927-939

[250] IGENE O O, JOHNSON C. To computerised provider order entry system: A comparison of ECF, HFACS, STAMP and AcciMap approaches [J]. Health Informatics Journal, 2020, 26 (2): 1017-1042.

[251] AKYUZ E. A hybrid accident analysis method to assess potential navigational contingencies: The case of ship grounding [J]. Safety Science, 2015, 79 (7): 268-276.

[252] 傅贵，索晓，贾清淞，等. 10种事故致因模型的对比研究 [J]. 中国安全生产科学技术，2018，14 (2)：58-63.

[253] 惠州市应急管理局. 宜宾恒达科技有限公司“7·12”重大爆炸着火事故调查报告 [EB/OL]. (2019-06-24) [2021-03-15]. http://yingji. huizhou. gov. cn/aqscxxgk/scaqsgdcbg/content/post_864472. html.

[254] LEVESON N G. High-pressure steam engines and computer software [C] //Proceedings of the 14th international conference on Software engineering, 1992: 2-14.

[255] BENNER L. Accident investigations: Multilinear events sequencing methods [J]. Journal of Safety Research, 1975, 7 (2): 67-73.

[256] LADD J. Bhopal: An essay on moral responsibility and civic virtue [M]. London: Routledge, 2017: 153-171.

[257] AYRES R U, ROHATGI P K. Bhopal: Lessons for technological decision-makers [J]. Technology in Society, 1987, 9 (1): 19-45.

[258] LEVESON N. Engineering a Safer World: Systems Thinking Applied to Safety [M]. USA: MIT Press, 2011.

[259] LEVESON N. Rasmussen's legacy: A paradigm change in engineering for safety [J]. Applied ergonomics, 2017, 59 (2): 581-591.

[260] LEPLAT J. Occupational accident research and systems approach [J]. Journal of Occupational Accidents, 1984, 6 (1-3): 77-89.

[261] LEVESON N G, ALLEN P, STOREY M A. The analysis of a friendly fire accident using a systems model of accidents [C] //Proceedings of the 20th International System Safety Conference. International Systems Safety Society: Unionville, USA, 2002: 345-357.

[262] LEVESON N, DAOUK M, DULAC N, et al. Applying STAMP in accident analysis [C] //4 NASA Conference Publication. NASA; 2003: 177-198.

[263] YOUNG W, LEVESON N. Inside risks-an integrated approach to safety and security based on system theory: Applying a more powerful new safety methodology to security risks [J]. Communications of the ACM, 2014, 57 (2): 31-35.

[264] 李文琳，马汉鹏，李雪冰，等. 基于STAMP模型对某金矿爆炸事故致因分析 [J]. 华北科技学院学报，2021，18 (2)：47-52.

[265] 赵江平，刘小龙，东淑等. STAMP模型在危化品道路运输事故分析中的应用研究 [J]. 中国安全生产科学技术，2020，16 (5)：160-165.

[266] 姚天雨，赵建平. 基于STAMP模型的深圳“12·20”滑坡事故致因分析 [J]. 系统科学学报，2020，28 (2)：73-78+89.

[267] 祝楷. 基于系统论的STAMP模型在煤矿事故分析中的应用 [J]. 系统工程理论与实践, 2018, 38 (4): 1069-1081.

[268] ZHANG Y, SUN C, SHAN W, et al. Systems approach for the safety and security of hazardous chemicals [J]. Maritime Policy & Management, 2020, 47 (4): 500-522.

[269] ALLISON C K, REVELL K M, SEARS R, et al. Systems Theoretic Accident Model and Process (STAMP) safety modelling applied to an aircraft rapid decompression event [J]. Safety Science, 2017, 98 (6): 159-166.

[270] KAZARAS K, KIRYTOPOULOS K, RENTIZELAS A. Introducing the STAMP method in road tunnel safety assessment [J]. Safety Science, 2012, 50 (9): 1806-1817.

[271] KIM T, NAZIR S, OVERGÅRD K I. A STAMP-based causal analysis of the Korean Sewol ferry accident [J]. Safety Science, 2016, 83 (11): 93-101.

[272] NIU H, MA C, WANG C, et al. Hazard analysis of traffic collision avoidance system based on STAMP model [C] //2018 IEEE International Conference on Progress in Informatics and Computing (PIC), 2018: 445-450.

[273] RONG H, TIAN J. STAMP-based HRA considering causality within a sociotechnical system: a case of Minuteman III missile accident [J]. Human Factors, 2015, 57 (3): 375-396.

[274] OUYANG M, HONG L, YU M H, et al. STAMP-based analysis on the railway accident and accident spreading: Taking the China - Jiaoji railway accident for example [J]. Safety Science, 2010, 48 (5): 544-555.

[275] DULAC N, LEVESON N. An approach to incorporating safety in early concept formation and system architecture evaluations [C] //Proceedings of the first IAASS conference on space safety, a new beginning. 2005, 599: 221-226.

[276] HARDY K, GUARNIERI F. Modelling and hazard analysis for contaminated sediments using stamp model [J]. Chemical Engineering Transactions, 2011, 25 (5): 737-742.

[277] 张玥, 帅斌, 尹德志, 等. 基于STAMP-ISM的铁路危险品运输系统风险-事故分析方法 [J]. 中国安全生产科学技术, 2020, 16 (9): 147-153.

[278] 尹德志, 帅斌, 黄文成. 基于STAMP-PageRank的铁路危险品运输事故分析方法 [J]. 交通运输工程与信息学报, 2021, 19 (1): 71-80.

[279] 胡剑波, 李俊, 郑磊. 航空四站气体保障过程的STAMP建模与STPA安全性分析 [J]. 航空工程进展, 2017, 8 (4): 408-415.

[280] CHEN L, ZHONG D, JIAO J, et al. Improving accident causality analysis based on STAMP through integrating model checking [C] //2017 Annual Reliability and Maintainability Symposium (RAMS), 2017: 1-7.

[281] CHATZIMICHAILIDOU M M, WARD J, HORBERRY T, et al. A comparison of the Bow - Tie and STAMP approaches to reduce the risk of surgical instrument retention [J]. Risk Analysis, 2018, 38 (5): 978-990.

[282] RAPOPORT A. General system theory: Essential concepts & applications [M]. Florida: CRC Press, 1986.

[283] ASHBY W R. An introduction to cybernetics [M]. New York: Chapman & Hall Ltd, 1961.

[284] Checkland, P. Systems thinking, systems practice: includes a 30-year retrospective [J]. Journal-Operational Research Society, 2000, 51 (5): 647-648.

[285] 南希·莱文森. 基于系统思维构筑安全系统 [M]. 北京: 国防工业出版社, 2015.

[286] YANG X, HAUGEN, S. Implications from major accident causation theories to activity-related risk analysis [J]. Safety Science, 2018, 101 (8): 121-134.

[287] UNDERWOOD P, WATERSON P. Systems thinking, the Swiss Cheese Model and accident analysis: A comparative systemic analysis of the Grayrigg train derailment using the ATSB, AcciMap and STAMP models [J]. Accident Analysis and Prevention, 2014, 68 (4): 75-94.

[288] GALLINA B, PROVENZANO L. Deriving reusable process-based arguments from process models in the context of railway safety standards [J]. Ada User Journal, 2015, 36 (4): 237-241.

[289] 哈尔滨市应急管理局. 哈尔滨市道里区哈尔滨市玉手食品有限责任公司库房"8·4"较大坍塌事故调查报告 [EB/OL]. (2021-01-31) [2021-04-10] http://xxgk.harbin.gov.cn/module/download/downfile.jsp?classid=0&filename=aa1cd11d80574b57a9af1dc21353f3c6.pdf, .

[290] 隋鹏程. 事故因果论 [J]. 现代职业安全, 2004, 4 (5): 45.

[291] HEINRICH H W, SUPERINTENDENT A. Relation of accident statistics to industrial accident prevention [J]. Proc. of the Casuallity Act. Society, 1930, 16 (33-34): 170-174.

[292] 傅贵, 樊运晓, 佟瑞鹏. 通用事故原因分析方法 (第4版) [J]. 事故预防学报, 2016, 2 (1), 7-12.

[293] 傅贵, 殷文韬, 董继业. 行为安全"2-4"模型及其在煤矿安全管理中的应用 [J]. 煤炭学报, 2013, 38 (7): 1123-1129.

[294] 傅贵. 安全学科结构的研究 [M]. 北京: 安全科学出版社, 2015.

[295] 傅贵, 何冬云, 张苏. 再论安全文化的定义及建设水平评估指标 [J]. 中国安全科学学报, 2013, 23 (4): 140-145.

[296] 傅贵. 安全科学学及其应用探讨 [J]. 安全, 2019, 40 (2): 1-10.

[297] 傅贵, 陈奕燃, 许素睿, 等. 事故致因"2-4"模型的内涵解析及第6版的研究 [J]. 中国安全科学学报, 2022, 32 (1): 12-19.

[298] 吕千, 傅贵, 姜利辉, 等. 中美瓦斯爆炸事故不安全动作原因对比分析 [J]. 煤矿安全, 2019, 50 (9): 240-243.

[299] 孙世梅. 高大模板支撑体系坍塌事故不安全行为原因分析 [J]. 安全, 2020, 41 (5): 1-6.

[300] 许素睿. 基于24Model的电梯事故原因分类统计与分析 [J]. 安全, 2020, 41 (11): 41-46.

[301] 李林娜, 王冬梅, 邵明洲. 水利工程建设项目安全生产违规行为分析及监管模式优化 [J]. 安全, 2021, 42 (1): 69-74.

[302] 殷文韬. 基于行为安全理论的煤矿冲击地压事故分析 [J]. 煤矿安全, 2021, 52 (2): 244-247.

[303] SUO X, FU G, WANG C, et al. An application of 24Model to analyse capsizing of the eastern star ferry [J]. Polish Maritime Research, 2017, 24 (1): 116-122.

[304] WANG J, FU G, YAN M. Investigation and analysis of a hazardous chemical accident in the process industry: Triggers, roots, and lessons learned [J]. Processes, 2020, 8 (4): 477-495.

[305] 付净, 傅贵, 聂方超, 等. 煤矿事故不安全动作原因识别及作用研究 [J]. 煤矿安全, 2020, 51 (1): 242-245.

[306] 左博睿, 帅斌, 黄文成. 基于ISM-24Model的重大铁路事故组织致因研究 [J]. 中国安全科学学报, 2020, 30 (10): 47-54.

[307] CHEN M, WU Y, WANG K, et al. An explosion accident analysis of the laboratory in university [J]. Process Safety Progress, 2020, 39 (4): 1-10.

[308] 马跃, 傅贵, 臧亚丽. 企业安全文化建设水平评价指标体系研究 [J]. 中国安全科学学报, 2014, 24 (4): 124-129.

[309] 傅贵，李亚，王秀明．基于24Model的制造业企业安全管理模式架构［J］．中国安全科学学报，2017，27（10）：117-122.

[310] 史培霞．危险源辨识方法在神维分公司的应用与改进［J］．内燃机与配件，2018，39（2）：183-184.

[311] 安泽，刘大鹏．基于“2-4”模型的安全文化元素改进及实证应用［J］．矿业安全与环保，2017，44（5）：111-115.

[312] 李乃文，冀永红，刘孟潇，等．基于24Model的矿工怠工行为管理模式架构及策略研究［J］．安全，2019，40（9）：26-34．7，44（5）：111-115.

[313] 付净，傅贵，张江石，等．基于24Model的煤矿企业安全文化缺欠表征研究［J］．安全与环境学报，2019，19（6）：2033-2040.

[314] 葛瑛，傅贵．预防特别重大瓦斯爆炸事故安全培训体系构建［J］．煤炭工程，2019，51（1）：106-109.

[315] 汪洪焦，窦滨，张其东，等．烟草行业实验室安全文化评价模型［J］．中国烟草学报，2020，26（2）：101-106.

[316] WU Y，CHEN M，NIU L，et al. A new safety supervision model for underground coal mines in China［J］. Energy Sources，Part A：Recovery，Utilization，and Environmental Effects，2020，42（3）：1-15.

[317] 郭利．事故致因2-4模型（24Model）［J］．中国安全生产科学技术，2019，15（4）：193.

[318] 傅贵．行为安全“2-4”模型（事故致因链）及相关定义［EB/OL］．（2013-12-7）［2021-3-30］．http：//blog. sciencenet. cn/blog-603730-747917. html.

[319] 傅贵，吴琼，李亚，等．不安全动作与不安全物态的判定方法探讨［J］．安全与环境学报，2017，17（3）：994-998.

[320] CHI S，HAN S，KIM D Y. Relationship between unsafe working conditions and workers' behavior and impact of working conditions on injury severity in u. s. construction industry［J］. Journal of Construction Engineering & Management Asce，2013，139（7）：826-838.

[321] 傅贵．出事故，该不该责备员工？员工是谁？［EB/OL］．http：//blog. sciencenet. cn /blog-603730-1059664. html，2017-06-08/2020-02-18.

[322] 傅贵，薛宇敬阳，佟瑞鹏，等．HFACS与24Model不安全动作因素对应关系研究［J］．中国安全科学学报，2017，27（1）：7-12.

[323] JIANG W，FU G，LIANG C，et al. Study on quantitative measurement result of safety culture［J］. Safety Science，2020，128（8）：1-13.

[324] 傅贵．安全管理学［M］．北京：科学出版社，2013.

[325] 郑大威．基于FRAM的铁路事故分析研究［D］．北京：北京交通大学，2018.

[326] 苗东升．论系统思维（六）：重在把握系统的整体涌现性［J］．系统科学学报，2006，14（1）：1-5.

[327] 张杨薇．基于FRAM的危险化学品道路运输系统恢复力提升研究［D］．北京：中国地质大学（北京），2018.

[328] LORENZ E N. Deterministic nonperiodic flow［J］. J. Atoms. 1963，2020（2）：130-141.

[329] Benzi R，Sutera A，Vulpiani A. The machanism of stochastic resonance［J］. Journal of Physics A：Mathematical and General，1981，14（11）：453-457.

[330] ZHANG S，ZHANG H，LIU H，et al. Resonance enhanced magnetoelastic method with high sensitivity for steel stress measurement［J］. Measurement，2021，186（6）：110-139.

[331] RICCARDO P，GIANLUCA D P，GIULIO D G，et al. FRAM for systemic accident analysis：a matrix representation of functional resonance［J］. International Journal of Reliability，Quality and Safety Engineer-

ing, 2018, 25 (1): 1850001.

[332] HOLLNAGEL E. Resilience engineering in practice : a guidebook [M]. UK: Ash gate, 2011.

[333] SALIHOGLU E, BEIKCI E B. The use of Functional Resonance Analysis Method (FRAM) in a maritime accident: A case study of prestige [J]. Ocean Engineering, 2021, 219 (9): 108223.

[334] PATRIARCA R D, GRAVIO G, WOLTJER R, et al. Framing the FRAM: A literature review on the functional resonance analysis method [J]. Safety Science, 2020, 129 (5): 104827.

[335] BJERGA T, AVEN T, ZIO E. Uncertainty treatment in risk analysis of complex systems: The cases of STAMP and FRAM [J]. Reliability Engineering & System Safety, 2016, 156 (8): 203-209.

[336] 王仲. 功能共振分析方法在事故分析中的改进应用 [D]. 北京: 中国地质大学 (北京), 2017.

[337] 李耀华, 巩子瑜. 基于改进 FRAM 的民机系统安全性分析 [J]. 航空学报, 2020, 41 (12): 308-318.

[338] 高扬, 徐佳迪, 武文涛, 等. 基于 FRAM-AHP 法的公务航空飞行事故分析 [J]. 安全与环境学报, 2019, 19 (3): 754-760.

[339] 乔万冠, 李新春, 刘全龙. 基于改进 FRAM 模型的煤矿重大事故致因分析 [J]. 煤矿安全, 2019, 50 (2): 249-252+256.

[340] 张玥, 帅斌, 黄文成, 等. 基于 FRAM 的铁路危险品运输事故演化机制研究 [J]. 中国安全科学学报, 2020, 30 (2): 171-176.

[341] 樊运晓, 李冰怡, 云霞皓月. 基于 FRAM 的天津港 "8·12" 事故致因分析 [J]. 安全, 2019, 40 (9): 51-55+6.

[342] 樊运晓, 卢明, 李智, 等. 基于危险属性的事故致因理论综述 [J]. 中国安全科学学报, 2014, 24 (11): 139-145.

[343] 米丰瑞, 余金龙, 李少翔. 事故致因链的分析与对比 [J]. 中国公共安全 (学术版), 2014, 10 (1): 41-44.

[344] 陈宝智, 吴敏. 事故致因理论与安全理念 [J]. 中国安全生产科学技术, 2008, 28 (1): 42-46.

[345] 程华瑞. 事故致因理论在化工企业安全评价中的应用研究 [D]. 太原: 太原理工大学, 2013.

[346] 蒋林艳, 覃红林, 陈荣杰, 等. 汽车制造企业生产安全事故致因分析与风险管理——基于 SGMW 安全管理的案例 [J]. 化学工程与装备, 2016, 45 (9): 293-298+254.

[347] 中华人民共和国应急管理部, 省应急厅 (局) [EB/OL]. (2019-11-15) [2021-09-10]. https: //www. mem. gov. cn/gk/sgcc/tbzdsgdcbg/.

[348] 中国化学品安全协会. 事故案例 [EB/OL]. (2021-3-22) [2021-09-10], http: //www. chemicalsafety. org. cn/channel/jm8v962jv92y4d1k.

[349] 应急管理部化学品登记中心, 化学品事故信息网 [EB/OL]. (2021-3-24) [2021-09-10], http: //accident. nrcc. com. cn: 9090/Portalsite/Index. aspx. .

[350] 中国安全生产科学研究院. 危化品事故案例 [M]. 北京: 化学工业出版社, 2005.

[351] 赵秀菊. 灰色关联度在水污染因素分析中的应用 [J]. 胜利油田师范专科学校学报, 2000, 13 (4). 39-41.

[352] 唐启义. DPS 数据处理系统 [M]. 北京: 科学出版社, 2013.

[353] 马立平. 现代统计分析方法的学与用 (十) ——多元线性回归分析 [J]. 北京统计, 2000, 16 (10): 38-39.